51单片机C语言编程一学就会

- 资源丰富
- 实例教学
- 轻松入门
- 迅速提高

何应俊　曾祥云◎主编

机械工业出版社
CHINA MACHINE PRESS

本书以 STC89C52（AT89S52）为例，介绍了 51 单片机的结构和特点、入门和提高所需的 C 语言知识，51 单片机的输入/输出、定时器、中断、串行通信、A-D 和 D-A 转换、交流和直流电动机及步进电动机的驱动。所有内容围绕着密切联系实际的典型应用（开发）示例而进行和展开。本书充分考虑初学者的特点，对程序可能存在的疑难点进行了详细解释。

本书适合单片机的初学者作自学教材，也适合职业院校电类专业作培训教材，还适合作中职单片机技能大赛的辅导用书。

图书在版编目（CIP）数据

51 单片机 C 语言编程一学就会/何应俊，曾祥云主编. —北京：机械工业出版社，2014.7（2021.8 重印）

ISBN 978-7-111-46996-4

Ⅰ.①5… Ⅱ.①何…②曾… Ⅲ.①单片微型计算机 – C 语言 – 程序设计 Ⅳ.①P368.1②TP312

中国版本图书馆 CIP 数据核字（2014）第 123913 号

机械工业出版社（北京市百万庄大街 22 号 邮政编码 100037）
策划编辑：刘星宁 责任编辑：江婧婧
版式设计：霍永明 责任校对：丁丽丽
封面设计：陈 沛 责任印制：常天培
北京中科印刷有限公司印刷
2021 年 8 月第 1 版第 6 次印刷
184mm × 260mm · 18 印张 · 434 千字
标准书号：ISBN 978-7-111-46996-4
定价：45.00 元

电话服务	网络服务
客服电话：010-88361066	机 工 官 网：www.cmpbook.com
010-88379833	机 工 官 博：weibo.com/cmp1952
010-68326294	金 书 网：www.golden-book.com
封底无防伪标均为盗版	机工教育服务网：www.cmpedu.com

前 言

现在单片机的应用非常普遍，发展也很迅猛，学习和使用单片机的人员在不断增加。虽然新型微控制器在不断推出，但 51 单片机价格低廉、易学易用、性能成熟，在家电和工业控制中应用很广，而且学好了 51 单片机，也就容易学好其他的新型微控制器，所以现在大中专院校学生还是以学习 51 单片机为主。为了帮助单片机的初学者快速入门和提高，我们总结教学和辅导学生参加技能大赛的经验和教训，充分考虑初学者的认知特点，编写了本书。

本书具有以下特点：

① 按先易后难的顺序编排，符合初学者的特点。

② 知识和技能都围绕着具体的应用（开发）示例展开，初学者能感受到学习单片机的应用价值，能看到学习效果，体会到成功的喜悦，容易激发进一步学习、探索的积极性。

③ 为了初学者阅读轻松，本书针对可能对初学者造成阅读障碍的内容做了详细的解释。读者可以选择性地阅读（若能看懂，则不需要看解释）。

④ 每章后面附有典型训练题。多数训练题很典型，应用价值较高，如全自动洗衣机、微波炉、点焊机、生产线的控制等。有些训练题是省、市技能大赛的试题。读者可先行自己独立去做，若有障碍，可阅读本书所附学习资料上的训练题参考程序。读者可通过登录 http：//www. cmpbook. com/网站进入“服务中心”，从“资源下载”中的“视频下载”中下载学习资料。

⑤ 本书所附学习资料含一些常用的单片机开发工具软件、本书部分程序代码源文件（C 文件）、本书训练题参考程序代码、部分省级比赛和国家级比赛试题及参考程序代码、YL-236 单片机实训考核装置的模块图片及相应介绍，以及篇幅所限而不能在书上表达的内容（如多机通信、PID 算法、无线模块、模块化编程等）。

⑥ 本书各项目的程序代码都已在 YL-236 单片机实训考核装置上验证。读者若没有 YL-236 单片机实训考核装置，也可以将任务书略作修改后在其他实验板上做实验，还可以用仿真软件模拟做实验（注：不同的单片机实验板，思想和方法实质是一样的。并不是一定要某种实验板才能学单片机或者才能参考某本书）。

⑦ 本书目录较为详细，有利于需要选择性阅读的读者查阅相关知识点。

本书由长阳职教中心何应俊、曾祥云主编。参编人员有长阳职教中心熊维、柯燕、董玉芳、杨昌盛。

由于编者水平有限，书中错、漏和不妥之处在所难免，请广大读者批评指正！

编 者

目 录

第2篇 提 高 篇

第3篇 综合应用篇

第1篇　入门篇

第1章
学习单片机的必备基础

本章导读

本章简洁、明了地介绍了什么是单片机，单片机的应用、引脚功能、工作条件（最小系统）、数制和数制转换方法、单片机的开发环境等，是阅读本书的必备基础知识。本章本着实用、易懂的原则，省略了一些知识，以符合初学者的特点。

1.1　单片机的基本概念

1.1.1　初步了解单片机

单片机的全称是单片微型计算机，它是将中央处理器（CPU）、存储器（RAM和ROM）、中断系统、定时器/计数器和输入/输出端口（简称I/O口）等集成在一起的集成电路，是简化了的微型计算机。

单片机常用作智能系统的核心控制器件，因为单片机体积小，可以方便地移植（嵌入）到智能系统，所以它又被称为嵌入式控制器，也称微控制器（MCU）。人们希望单片机实现什么功能，就可以将单片机和一定的硬件结合成一个完整的系统，再编写相应的程序，输入（烧入）到单片机中，单片机就可以按人们的愿望去工作（实现控制功能）。单片机现已广泛应用于家电、通信、机电一体化、测控等领域，几乎是无处不在。

单片机的种类很多，它们具有各自的优缺点。下面简要介绍几种。

1. 8051系列单片机

8051系列单片机是以Intel公司生产的8051系列单片机为内部核心的一系列单片机的总称，属于集中指令集（CISC）的单片机。由于8051系列单片机是Intel公司最早推出的单片机，市面上硬件支持和软件应用都非常丰富、方便，所以有多家公司购买了8051的内核推出了与之兼容的新一代51单片机，如AT89S51、AT89S52、STC89C52（见图1-1）等。新一代51单片机在内部集成了更多的功能部件，功能更丰富。虽然不同厂家、不同型号的51

系列单片机各有特点，但内核和指令系统相同，是历史最悠久并且应用较为广泛的一种单片机。51 系列单片机都是 8 位单片机（注：单片机的位数指内部能一次并行处理的二进制数的位数）。51 单片机易学易用，学会 51 单片机，可以为学会其他功能更为强大的新型微控制器打下坚实的基础。本书以 STC89C52（或 AT89S52）为例详细介绍了单片机控制系统硬件电路的搭建和程序的编写。

a) AT89S52 (PLCC封装，为贴片封装的一种)

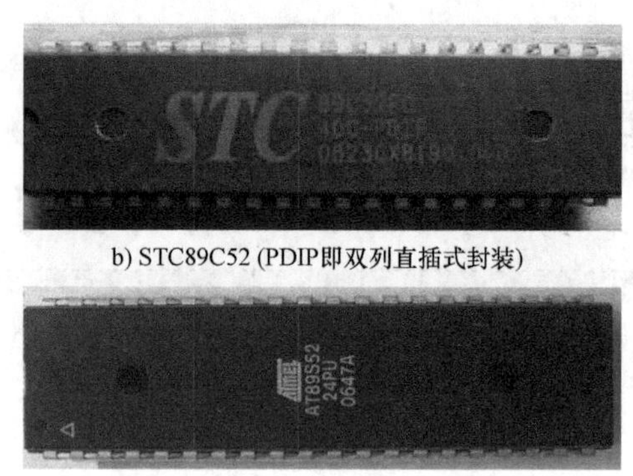

b) STC89C52 (PDIP即双列直插式封装)

c) AT89S52 (PDIP)

图 1-1 新一代 51 单片机实物示例

2. AVR 单片机

AVR 单片机是 Atmel 公司推出的，属于增强精简指令集（RJSC），在吸取 8051 系列单片机优点的基础上做了大量改进，与 51 单片机相比具有运行速度更快、存储容量更大、片内资源更丰富、保密性强、电源电压范围宽（2.7～6.0V）、抗干扰能力强等优点，而且使用 ISP（在线编程）下载方式编程使其开发成本低廉，广泛应用于高灵活性的场合。

AVR 单片机有 8 位、16 位、32 位，常见型号有 ATMEGA48、ATMEGA8、ATMEGA16、ATMEGA169P、AVR32 等。实物外形示例如图 1-2 所示。

图 1-2 AVR 单片机实物示例

3. PIC 单片机

PIC 单片机也是采用精简指令集的单片机，到目前为止，有 8 位、16 位、32 位。具有指令运行速度快、效率高、体积小、功耗低、价格低、驱动能力强、保密性好等优点。

1.1.2 熟悉 51 单片机的引脚功能

初学单片机编程，首先要着重掌握单片机各引脚的功能，特别是要掌握 4 组输入、输出端口，因为这是单片机接收外界信号、输出控制指令的端口。至于单片机部分引脚的第二功能［即图 1-3 中（）内的内容］，暂不介绍，将在本书后续章节结合具体应用实例进行讲

解。下面以 Atmel 公司的 AT89S52 单片机为例进行介绍，其封装有 40 脚 PDIP，44 脚贴片式（PLCC）封装等。在学习、训练和实验中采用 PDIP 封装的单片机有利于拆装和烧写程序。PDIP 的 AT89S52 单片机的引脚名称和功能如图 1-3 所示。

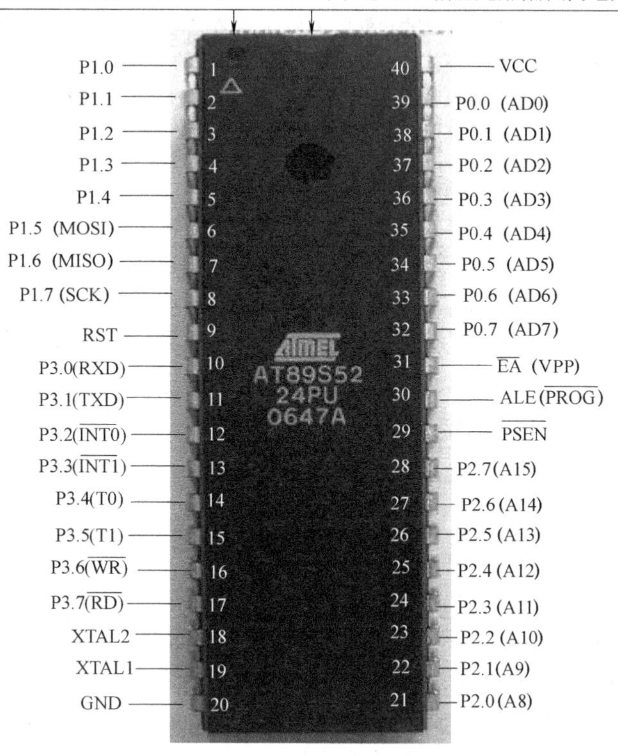

图 1-3　AT89S52 单片机的引脚基本功能

图 1-3 所示的 AT89S52 单片机各引脚的基本功能详见表 1-1。

表 1-1　AT89S52 单片机各引脚的基本功能（29、30、31 脚暂时不需深入了解）

引脚编号	功　能	说　明
1～8	P1 口	是一个具有内部上拉电阻的 8 位准双向 I/O 口，每位能驱动 4 个 TTL 电平，即可带四个 TTL 负载（注：TTL 负载就是由晶体管等双极型器件集成的器件。COMS 负载是由场效应晶体管这种单极型晶体管集成的）
10～17	P3 口	是一个具有内部上拉电阻的 8 位准双向 I/O 口，每位能驱动 4 个 TTL 电平。第二功能：P3.0（RXD）、P3.1（TXD）用于串口通信的接收数据和发送数据；P3.2（$\overline{INT0}$）、P3.3（$\overline{INT1}$）为外中断 0、外中断 1 的请求信号输入端；P3.4（T0）、P3.5（T1）为定时器/计数器作为计数器使用时计数脉冲的输入端；P3.6（$\overline{WR}$）为写外部程序或数据时自动产生的写选通信号；P3.7（$\overline{RD}$）为读外部程序或数据时自动产生的读选通信号
21～28	P2 口	是一个具有内部上拉电阻的 8 位准双向 I/O 口，每位能驱动 4 个 TTL 电平。第二功能是在扩展外部存储器（扩展地址）时用作数据总线和地址总线的高 8 位

（续）

引脚编号	功　能	说　明
29	$\overline{PSEN}$	单片机读外部程序存储器时的选通信号引脚。不用外部程序存储器时，此引脚为空
30	ALE/$\overline{PROG}$	地址允许锁存信号端。单片机访问外部“地址”时，地址的低8位由P0口送出，30脚送出低8位地址的锁存信号，用于将低8位的地址锁存到外部锁存器中。不扩展外部器件时，该脚输出的脉冲频率为时钟频率的1/6，可用作外部定时器或时钟使用。编程（即向单片机中的存储器Flash或EPROM写入程序代码时，该引脚输入编程脉冲）
31	$\overline{EA}$/VPP	选通运行内部程序或者外部程序。通常接电源，以选择内部程序存储器中的程序来运行。该引脚也是编程电压的输入引脚
32～39	P0口	是一个漏极开路的双向I/O口，每位能驱动8个TTL电平。第二功能是在扩展外部存储器（扩展地址）时用作数据总线和地址总线的低8位
9	RST	复位信号输入，高电平有效。晶振工作时，RST持续2个机器周期的高电平会使单片机复位（注：复位、时钟信号、供电是单片机的工作条件）。详见1.1.3节
18、19	XTAL2、XTAL1	外接晶体振荡器（晶振）。晶振与单片机内部电路配合，给单片机提供时钟信号
20	GND	接地，即接直接供电的负极，为0V
40	VCC	接电源，+5V

注：1. TTL电平。用+5V等价于逻辑“1”，0V等价于逻辑“0”，这被称为TTL（晶体管－晶体管逻辑电平）信号系统，这是计算机处理器控制的设备内部各部分之间通信的标准技术。在数字电路中，TTL电平就是由TTL电子元器件组成的电路使用的电平。电平是个电压范围，规定输出高电平>2.4V，输出低电平<0.4V。在室温下，一般输出的高电平是3.5V，输出低电平是0.2V。

2. COMS电平。CMOS集成电路使用场效应晶体管（MOS管），其功耗小，工作电压范围很大，速度相对于TTL电路来说较低。但随着技术的发展，速度在不断提高。CMOS电平的高电平（1逻辑电平）电压接近于电源电压，低电平（0逻辑电平）电压接近于0V。而且具有很宽的噪声容限。

TTL电路和CMOS电路相连接时，由于电平的数值不同，所以需要设置电平转换电路。

1.1.3 理解单片机的最小系统

单片机的最小系统包括直流供电、时钟电路、复位电路。这些电路处于正常状态是单片机正常工作的必需条件。最小系统的电路如图1-4所示。

1. 直流供电

直流供电不正常，单片机肯定不能正常工作。AT89S52单片机的工作电压为4～5.5V，推荐电压为5V，额定电流为0.5A或1A。5V的直流电压可由专用的5V直流电源（见图1-5）提供。也可以将220V交流电降压、整流，再用三端稳压器7805稳压后得到5V直流电压。

由于一般的应用中，单片机使用内部程序，所以EA（即单片机的引脚）要接电源（高电平），若接地，则单片机访问外部程序（使用外部程序存储器）。

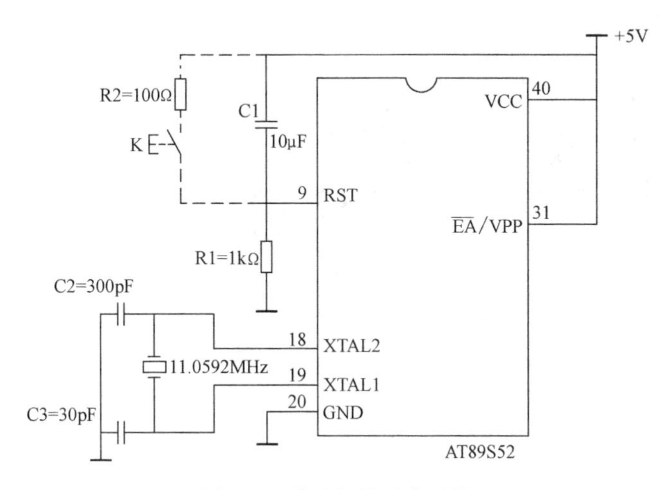

图1-4 单片机的最小系统

注：I/O口没有画出。

图1-5 5V直流电源

2. 时钟电路

时钟电路的作用是产生时钟信号（为脉冲信号）。时钟信号的作用是使单片机按一定的时间规律来工作（执行指令）。时钟电路由图1-4中单片机18、19、20引脚外接的两个瓷片或贴片电容（C2、C3）和一个晶振和单片机的部分内部电路组成。常用晶振的频率有6MHz、11.0592MHz、12MHz、24MHz。晶振的频率越高，时钟信号的周期就越小，单片机运行也就越快。瓷片电容的值为10～30pF，电容对时钟信号的频率有一定的影响，做高精度电子钟时需注意。

3. 复位

复位是单片机的初始化操作。单片机启动运行时，都需要先复位，其作用是使CPU和系统中其他部件处于一个确定的初始状态，并从这个状态开始工作。因而，复位是一个很重要的操作方式。但单片机本身是不能自动进行复位的，必须配合相应的外部电路才能实现。

复位，实质上是在单片机上电后，使单片机的复位引脚（9引脚）保持一定时间（很短，一般为几个机器周期）的高电平，然后再变为低电平。复位的方法有以下两种：

（1）上电复位。由9引脚外接的电解电容器C1（容量可取1～20μF）和电阻R1（阻值可取1～10kΩ）组成。

（2）手动复位。由按钮SB、限流电阻R2和虚线组成。系统上电后，手动点按一下按键，可使单片机重新复位。若自动复位出现故障后，按下按键，也可以使单片机复位。

图1-4所示的这个最小系统是单片机正常工作所必需的，但是该电路不能实现任何控制功能，因为没有使用I/O口。单片机要实现自动控制，就需要接收、输出信息，必须通过I/O口来实现。在后续章节介绍的实例电路中，都使用了一些I/O口。**至于电源、时钟、复位电路，就不再画出（读者自己要明白，该电路是必须掌握的内容）。**

在某单片机实训开发板上，时钟电路和复位电路元件的实物外形如图1-6所示。

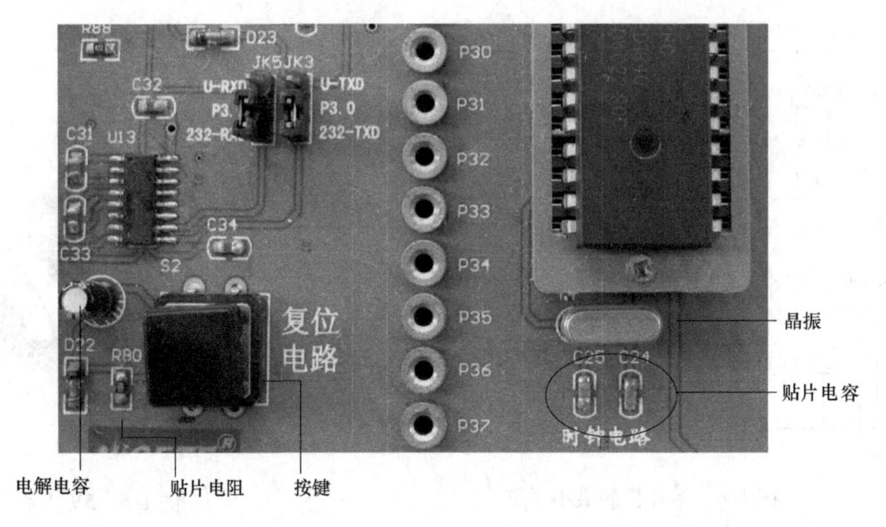

图1-6 某单片机实训开发板上的时钟电路、复位电路元件的实物外形

1.2 不同数制及相互转换简介

日常生活中，人们习惯采用十进制数。在单片机C语言编程中一般采用二进制、十六进制和八进制。对于一个固定的数，用不同进位制的数制表示时，数码不一样，但大小是一样的。C语言编程时，常需要对一个数进行数字的转换。

1.2.1 十进制数

十进制数用0、1、2、3、4、5、6、7、8、9十个基本数字符号的不同组合来表示一个数，计数的基数是10。当任何一个数比9大1时，则向相邻高位进1，本位复为0，其计数规律是“逢十进一”。十进制数可用下标“D”来表示，也可以不加下标“D”。一个十进制数有个位、十位、百位等，任何一个十进制数都可以用该数的各位数码乘以该位的加权系数来表示，例如对一个十进制2138的表示方法如下：

各位的数码：　2（千位）　1（百位）　3（十位）　8（个位）

数位的加权系数：　10^3　10^2　10^1　10^0

$$2138_D = (2\times10^3 + 1\times10^2 + 3\times10^1 + 8\times10^0)_D$$

1.2.2 二进制数

二进制数只有0、1两个数码，二进制数可用下标“B”来表示，是按“逢二进一”的原则进行计数的，例如，$0_D=0_B$，$1_D=1_B$，$2_D=10_B$，$3_D=11_B$，$4_D=100_B$。

同样，任何一个二进制数都可以用该数的各位的数码乘以该位的加权系数来表示，例如对一个二进制数1011的表示方法如下：

各位的数码：　1　0　1　1

数位的加权系数：　2^3（值为8）　2^2（值为4）　2^1（值为1）　2^0（值为1）

$$1011_B = (1\times2^3 + 0\times2^2 + 1\times2^1 + 1\times2^0)_D$$
$$=11_D$$

这也就是二进制数转化为十进制数的方法。

1.2.3　十六进制数

十六进制数共有16个数码：0、1、2、3、4、5、6、7、8、9、A、B、C、D、E、F。其中A、B、C、D、E、F分别对应着十进制的10、11、12、13、14、15。十六进制数可用下标H来表示。计数规律是逢“十六进一”，例如，$9_D=9_H$，$10_D=A_H$，…，$14_D=E_H$，$15_D=F_H$，$16_D=10_H$（逢十六进了一位，原位归0）。

同样，任何一个十六进制数都可以用该数的各位数码乘以该位的加权系数来表示，例如对一个十六进制数$0A3F_H$的表示方法如下：

$0A3F_H=(0\times16^3+A\times16^2+3\times16^1+F\times16^0)_D=(0+10\times256+3\times16+15\times1)_D=2623_D$。

这也就是**十六进制数转化为十进制数的方法。**

1.2.4　八进制数

八进制数共有0、1、2、3、4、5、6、7 8个数码，其计算规律是逢八进一。略。

1.2.5　各种数制之间相互转换的方法

1. 各种数制转换为十进制

已作介绍。

2. 十进制数转换为二进制数

十进制数转换为二进制数的方法是，用十进制数不断除以2，所得到的余数即为相应的二进制数，注意：第一次得到的余数为二进制数的最低位，直到商为0时所得到的余数为二进制数的最高位，例如，将十进制数14转换为二进制的方法如下：

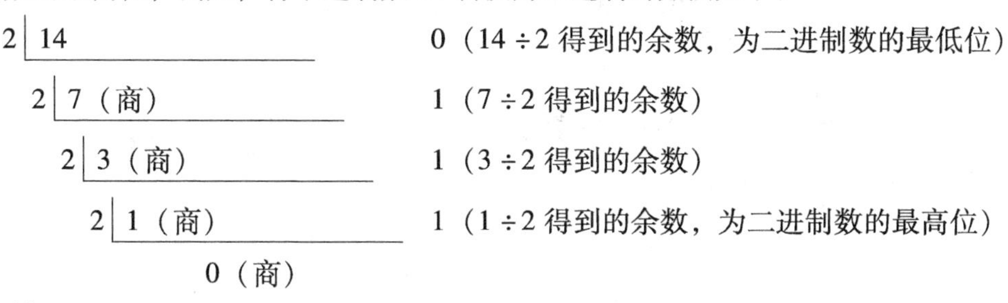

所以$14_D=1110_B$。

3. 十进制数转换为十六进制数

与十进制转换为二进制数相似，十进制数转换为十六进制数的方法是，用十进制数不断除以16，所得到的余数即相应的十六进制数，注意：第一次得到的余数为十六进制数的最低位，直到商为0时所得到的余数为十六进制数的最高位。

4. 十六进制数转换为二进制数

方法是将十六进制的每一位数码先转换为十进制，再转换成4位二进制数，若不足4位，则将高位补0。

例如对十六进制“2E”中的“2”转换为十进制仍为“2”，转换为二进制的数为“0010”，“E”转换为十进制为“14”，再转换为二进制为“1110”，所以$2E_H=00101110_B$。

5. 二进制数转换为十六进制数

以小数点为界，将二进制数每4位为一组，小数点左边若不足4位，则在高位补0，小数点右边若不足4位，则在低位补0。再将每一组转换为十进制数，然后转换为十六进制数。

例如对二进制数“101101”的转换方法如下：

$101101_B = (10\quad 1101)_B = (0010\quad 1101)_B$

10 → 一组；1101 → 一组；0010 → 不足4位，高位补0

其中0010转化为十进制数为2，再转化为十六进制数仍为2；1101转化为十进制数为13，再转为二进制数为D，所以，转换结果为2D，即 $101101_B = 2D_H$。

6. 利用计算器快捷地进行数制转换

（1）计算器的调出方法。**利用计算机操作系统自带的计算器，可以快捷地进行各种数制的转换，这在单片机C语言编程中经常使用，十分方便。**其方法是：以XP操作系统为例，用鼠标左键依次单击“开始”、“所有程序”、“附件”、“计算器”，弹出的计算器界面如图1-7所示。

图1-7 标准型计算器的界面

用鼠标左键依次单击“查看”、“科学型”，弹出科学型计算器的界面如图1-8所示。

图1-8 科学型计算器的界面

（2）利用计算器进行数制转换的方法。以十进制数“18”转换成十六进制数为例，首先用鼠标左键单击选中所需的数制（十进制），再输入十进制数的具体数值18，再单击“十六进制”，则相应的十六进制数会在显示区显示出来。（注：①十六进制的A、B、C、D、E、F则需键盘输入。②其他计算机操作系统中也都自带有计算器）。

1.3 搭建51单片机开发环境

对于初学者来说，一个完备的开发环境可以使入门变得更加轻松。51单片机的开发环境包括硬件开发系统和软件编程环境，两者缺一不可，其他单片机也是这样。

1.3.1 硬件开发系统

一般的程序员只需关注软件开发环境和程序代码，因为其代码运行在通用的计算机系统中。而单片机开发人员不仅要关心代码，还要设计硬件电路。因为单片机的程序是运行在一个独立的单片机系统（由单片机和相应的外围电路构成，控制功能不同，则相应的外围电路也就不同），而不是运行在通用的计算机中。

1. 自行搭建单片机硬件系统

根据需要实现的控制功能，绘制原理图，再根据原理图准备元器件，在万能板（又叫面包板）上用导线将元器件连接（焊接）成完整的电路，这就是自行搭建的单片机硬件系统。注意，单片机不宜直接焊接在电路板上，而是先在电路板上焊上插座，再将单片机插入插座，这样可方便地拆装单片机。例如，控制15个彩灯流水点亮的自行搭建的硬件系统如图1-9所示。

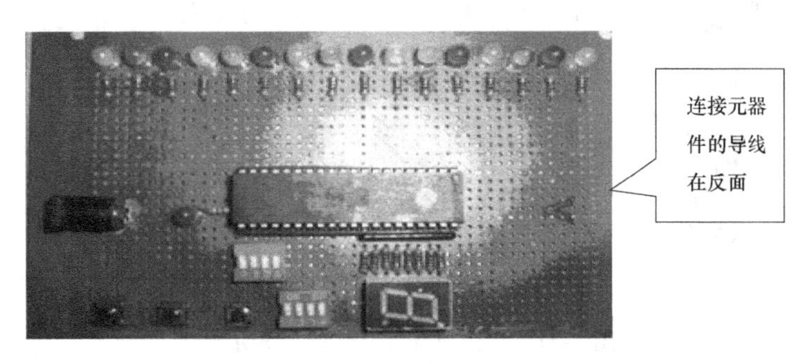

图1-9 自行搭建的单片机硬件系统示例

对于自行搭建的单片机硬件系统，由于没有设置下载（烧写）程序的电路，所以需将单片机插入编程器中，将在电脑上编好的代码下载（烧写）到单片机的程序存储器（ROM）中，再将单片机插入硬件系统中的单片机专用插座。然后就可以通电调试。单片机编程器价格低廉，一般不超过20元，在电子市场和淘宝网上很容易购到。某51单片机编程器如图1-10所示。

2. 单片机开发（实验）板

单片机开发板上有多种功能的硬件（见图1-11），通过插接线（见图1-12）可将硬件连接成不同的电路，实现不同的控制功能。值得说明一下：利用一种小巧的转接板，可以将51单片机的开发板用于其他单片机（如AVR、STM32等）的开发实验，非常方便。某51

图1-10 51单片机下载器示例

转AVR的转接板如图1-13所示。同样，开发板和转接板在电子市场或淘宝网也很容易买到，价格低廉。

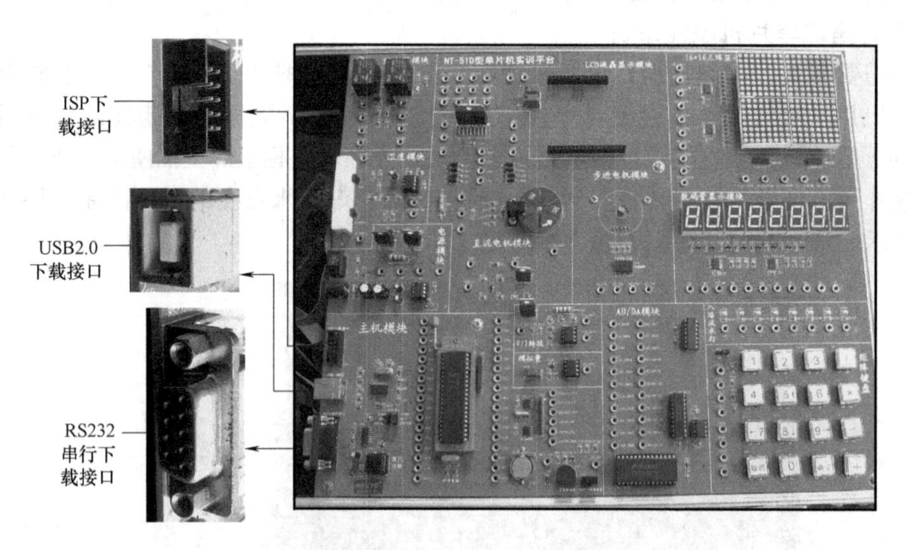

图1-11 单片机开发（实验）板示例

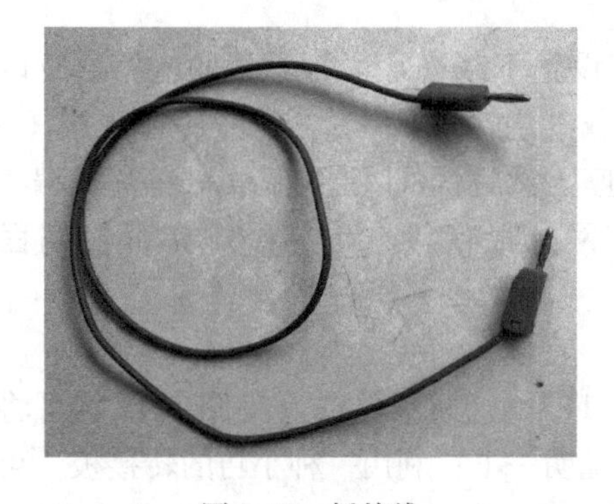

图1-12 插接线

图1-13 51转AVR转接板

实验板带 ISP 下载接口、USB 下载接口、串行下载接口，并有相应的下载线（下载器）。下载线一端的插头接在实验板上相应的接口上，另一端接在计算机的 USB 输出接口或串口上，在计算机上编写的程序代码通过下载软件下载到实验板上的单片机中。USB-ISP 下载线如图 1-14 所示。串行下载线如图 1-15 所示。

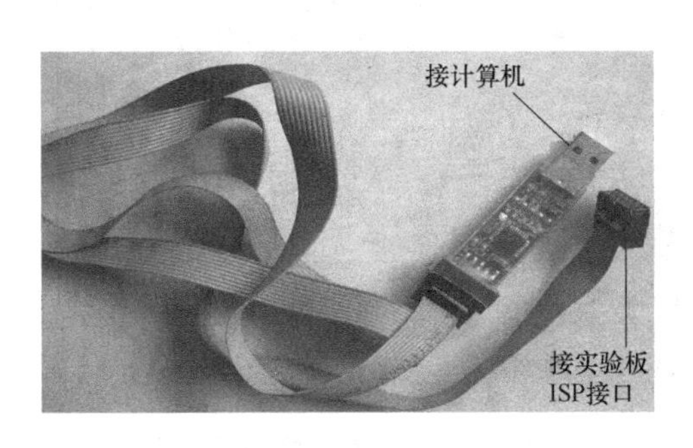

图 1-14　USB-ISP 下载线

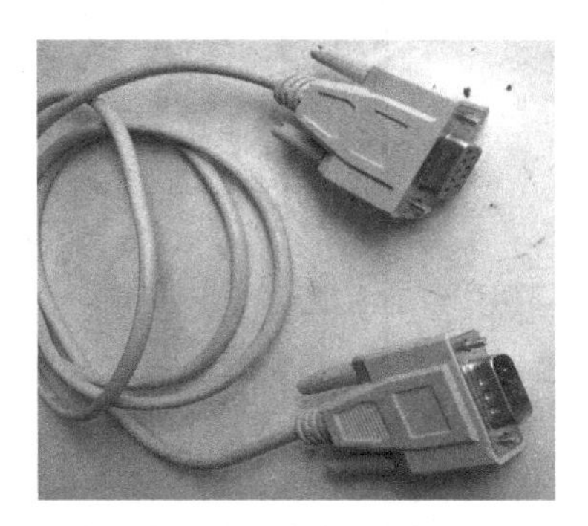

图 1-15　串行下载线

ISP 下载的意思是在线编程，即不需将单片机从系统中卸下，可直接对系统中的单片机进行编程（即“烧入程序”）。USB 下载、串口下载现在也都可以实现在线编程。

1.3.2　搭建软件开发环境（Keil μVision）

有了硬件开发环境，还需要一个友好的软件开发环境。Keil μVision 系列软件是最为经典的单片机软件集成开发环境（编译器），支持汇编语言、C 语言以及 C 语言和汇编语言的混合编程，能将用汇编语言或者 C 语言编写的程序代码自动转化为“.bin”文件或者“.hex”文件格式，这两种格式的文件是单片机能够识别的，可用专用的下载软件下载到单片机的 ROM 内。默认情况下，转化为“.hex”文件。

目前常用的版本有 Keil μVision2、Keil μVision3、Keil μVision4，其下载、安装和使用方法相同。高版本的软件功能更齐全、更友好。

这些软件可以在网络上下载，本书所附的视频资料中也含有该软件。安装方法和其他办公软件的安装基本相同，不再赘述。

1.3.3　Keil μVision4 的最基本应用——第一个 C51 工程

1. 启动 Keil μVision4

双击桌面上 Keil μVision4 的图标，启动 Keil μVision4 编译器，界面如图 1-16 所示。

注：菜单栏中各个菜单的子菜单也有很多。各个子菜单的作用需在具体的应用中逐步掌握，这里不作介绍。同样，各个工具栏中的工具的作用也宜在应用中掌握。

2. 创建一个工程

以点亮一个发光二极管（LED）为例。

（1）在菜单栏用鼠标左键依次单击【Project】（工程）→【New μVision Project】（新工程），如图 1-17 所示。

（2）在弹出建立新工程的选择框，给工程命名、选择存储位置（这里我们存储在桌面的单片机项目文件夹中），单击【保存】，如图 1-18 所示。保存之后弹出选择芯片的对话

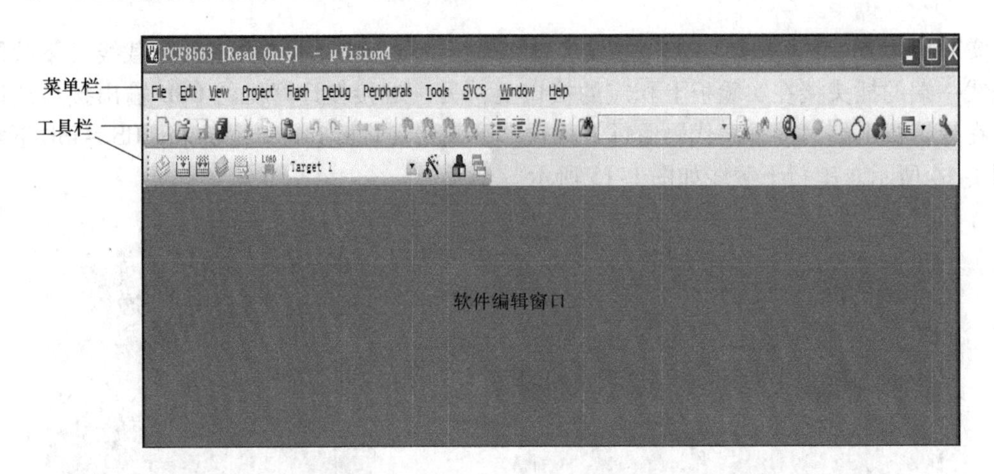

图1-16 Keil μVision4编译器

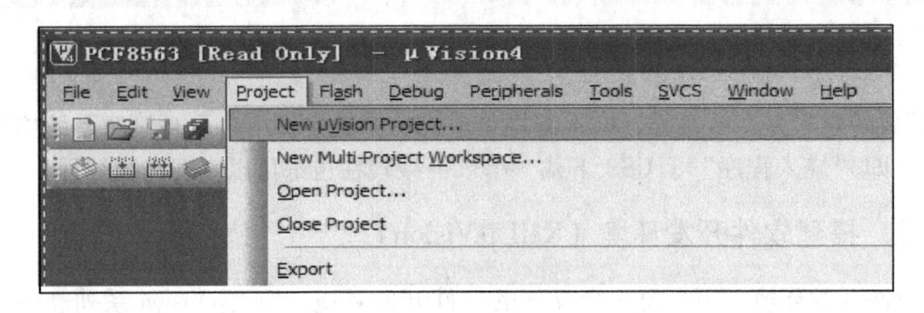

图1-17 创建一个新工程

框，如图1-19所示。

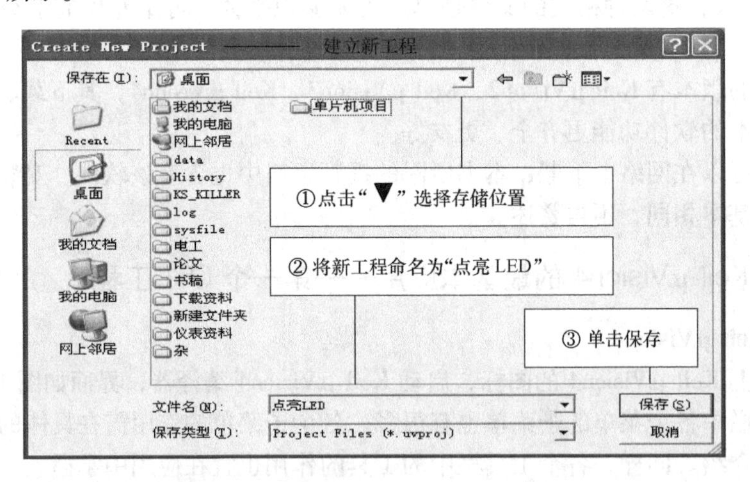

图1-18 给新工程命名、选择存储位置

（3）在弹出的选择芯片对话框（见图1-19）中，假设我们现在使用的是Atmel公司的AT89C52，所以就应单击Atmel左边的“+”，在展开的项目中单击“AT89C52”，再单击【OK】，弹出“询问是否将系统自带的初始化文件添加到你的工程”的对话框，如图1-20所示，选择【是】或【否】都可以。这时在图1-16所示的主界面的左边的“Project”面板

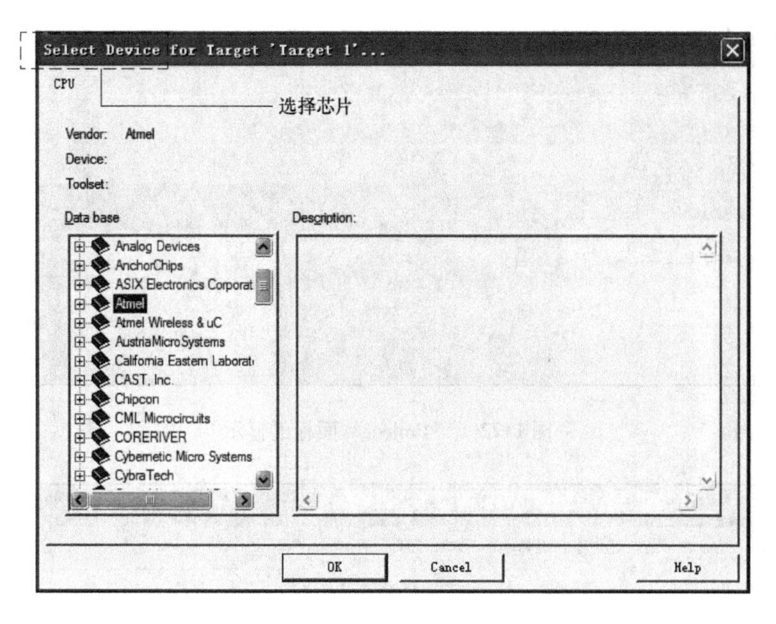

图1-19 选择芯片对话框

（即项目管理窗口）会显示出新建的工程。此时工程建立完毕。

图1-20 弹出的询问窗口

如果没有显示出“Project”面板，则可单击工具栏中的图标“”的下三角符，再单击“Project”（见图1-21），则“Project”面板会显示出来，如图1-22所示。

图1-21 打开“Project”面板

（4）新建源程序文件（即用来编写程序的文件）。

1）单击【File】→【New】或单击快捷图标，在软件编辑窗口会出现一个文本编辑窗口，如图1-23所示。

图1-22 “Project”面板的显示

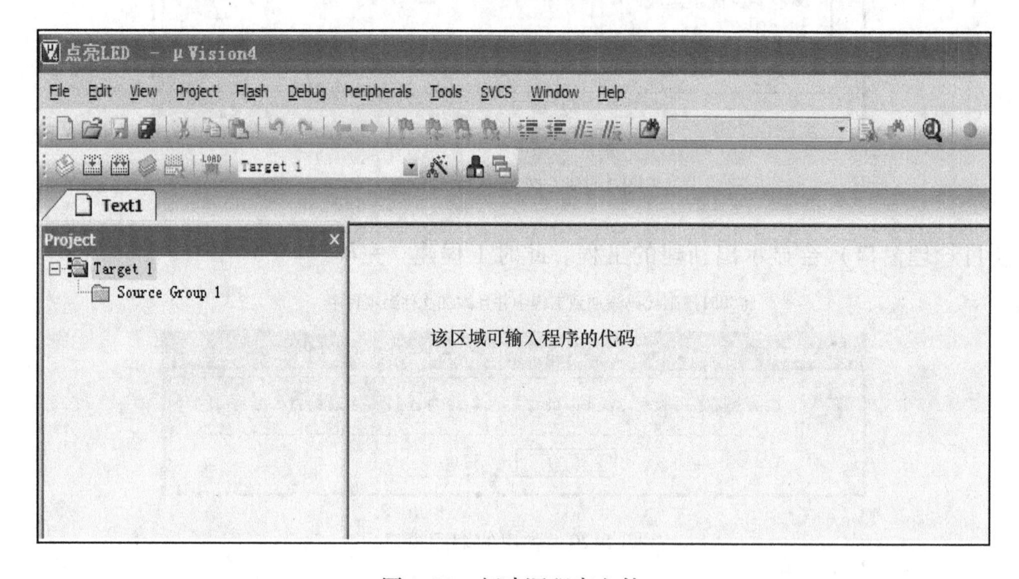

图1-23 新建源程序文件

此时不必急于输入内容（输入也不会出错）。单击（或使用Ctrl+5）保存该文件，默认情况是该文件与工程文件保存在同一个文件夹里，一般不需改变。注意：给源文件命名时，一定要加上扩展名“.c”，以表明它是一个C语言程序文件。若是汇编语言程序，则应加扩展名“.a”或“.asm”，如图1-24所示。

2）将源程序文件添加到工程中。在“Project”面板中，用鼠标右击【Source Group 1】→左键单击【Add Files to Group‘Source Group 1’】（见图1-25），在弹出的对话框（见图1-24）中，选择工程保存的目标文件夹（注：本例的工程文件存储在桌面的“单片机项目”文件夹中），双击打开，再选择源程序文件，单击【Add】，如图1-26所示。此时，“Project”面板中会出现刚才添加的源程序文件。若没有，则点击“+”号展开后就能看见。若没有“+”号，则说明添加源程序文件不成功。

3. 设置发布选项

选中生成“.hex”文件选项，这样在Keil编译器对源程序文件进行编译时才能产生扩展名为“.hex”的文件，这是“烧入单片机的”的源文件。方法是：依次单击【Project】→

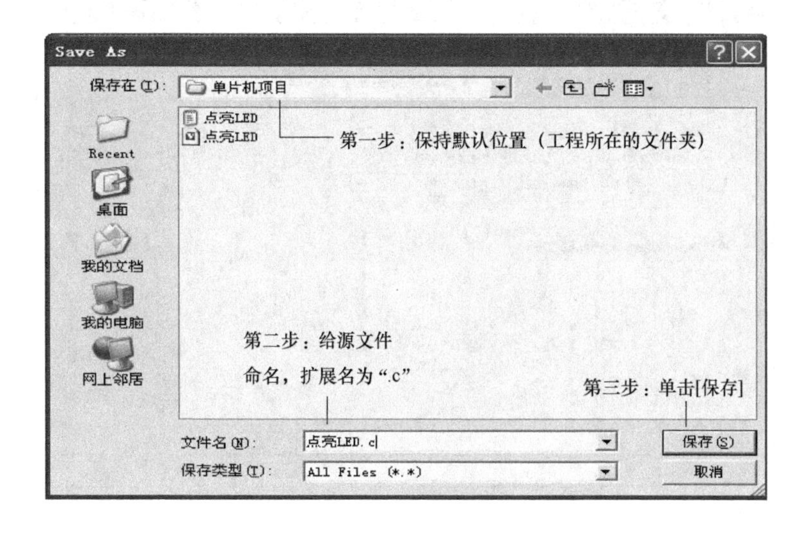

图1-24 文件的保存

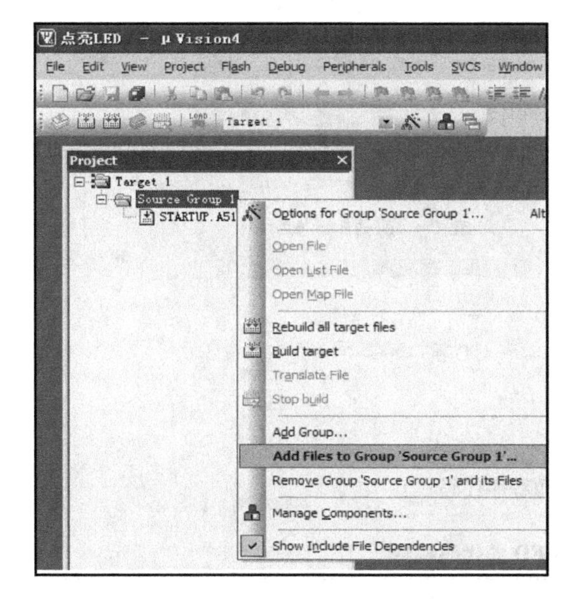

图1-25 将源程序文件添加到工程中

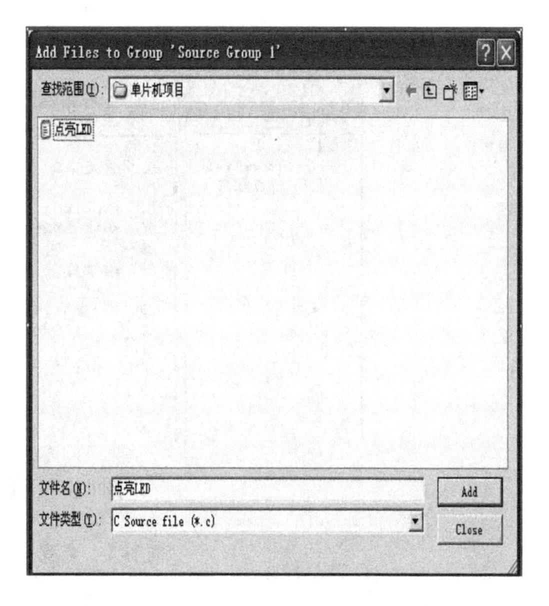

图1-26 【Add】窗口

【Options for ‘Target 1’】或单击快捷图标，弹出目标选项对话框。再选择“Output”（注：意为输出）标签，勾选“Great HEX File”（即建立“HEX”文件）、单击【OK】即可，如图1-27所示。

4. 编写、编译源程序（代码）

（1）按图1-28所示输入点亮一个LED的代码（首先不管为什么要这样写）。

点亮一个LED的代码解释见表1-2。

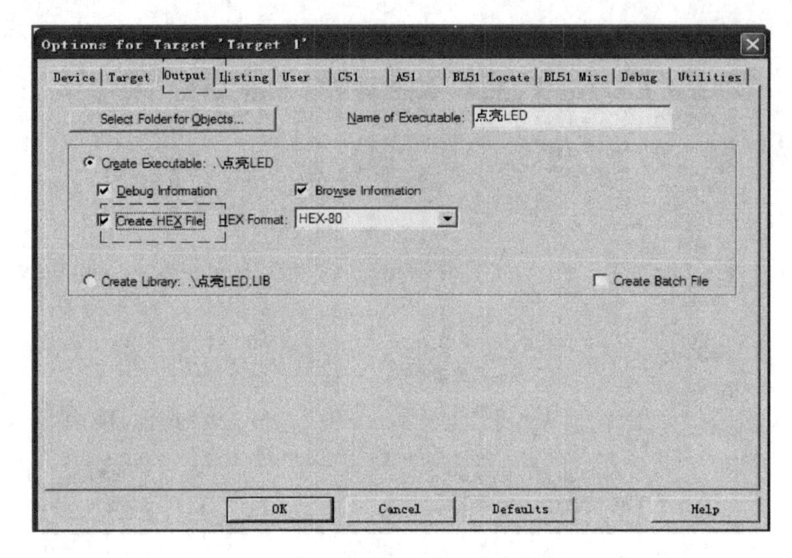

图1-27 勾选创建HEX文件选项

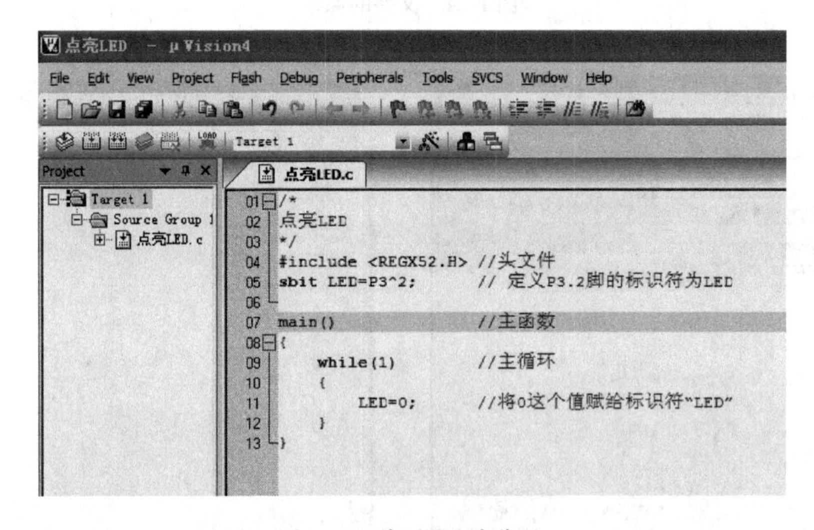

图1-28 编写源程序代码

表1-2 点亮一个LED的代码解释

行 数	解 释	备 注
01~03	C语言中有两种注释方法。一种是以/*开头，以*/结束，常用于有多行的注释。另一个是//……，常用于不换行的注释	注释是为了程序好懂、便于调试。注释不参与编译（即注释不会被编译器编译成".hex"文件，不会占用存储器的空间
04	"#include"称为文件包含命令，"REGX52.H"称为头文件。"REGX52.H"是Keil软件已定义好了的，包含对单片机的I/O口和特殊功能寄存器的声明（即进行地址映射）。只有声明了，各I/O口和特殊功能寄存器在编程时才能使用。这一行的意思是将"REGX52.H"这个头文件包含到程序中来。	"REGX52.H"和其他的头文件可以在安装文件夹中的Keil\C51\INC中找到

（续）

行　　数	解　　释	备　　注
05	P3^2 表示 P3 口的 P3.2 引脚。一个 I/O 口的状态只能是 0（即低电平）或 1（即高电平），也就是只能是一“位”。 sbit 是系统的关键词，用于定义一个特殊功能的“位”标识符。这一行的意思是用“LED”这个位标识符来表示 P3.2 这个端口	“;”是 C 语言语句的程序结束符号
06	不同的功能模块之间可留一空行，形成模块化，有利于阅读和调试，即所谓可读性强	
07、08、13	主函数。main 是主函数名，后面的一对（）是定义函数所必需的。后面的一对｛｝之内是主函数的内容	不管主函数在程序中的位置如何，主函数都是 C 语言程序执行的起点
09、10、12	为 while 循环语句的结构	
11	将“0”赋给标识符 LED，可使 P3.2 端口输出低电平	“=”为赋值运算符，作用是将“=”右边的值赋给左边的标识符

（2）编译。以上输入的程序需要通过编译，生成调试和可以烧写到单片机内部的文件中（“.hex”文件）。编译的方法是单击工具栏上的或，编译进程在信息窗口会出现一些提示，显示错误和警告信息。若编译后显示“0 Error”（意为 0 错误），“0 Warning”（意为 0 警告），说明编译成功，如图 1-29 所示。

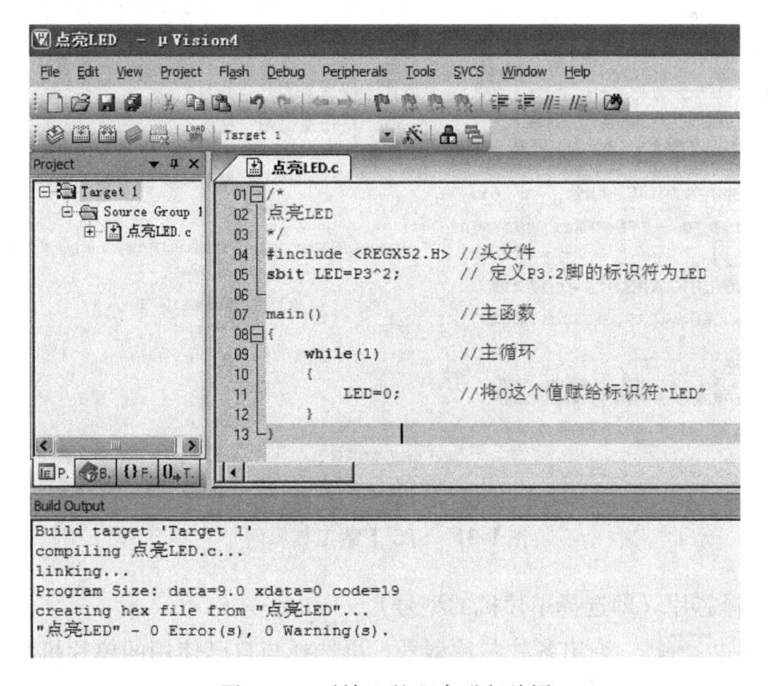

图 1-29　对输入的程序进行编译

注意：编译时，编译器只是进行了一些语法检测，并不能查出程序中的所有错误。编译有错误，则不能生成“.hex”文件，则需要根据提示进行语法检查。若编译成功，则能生成“. hex”文件，但是也不能说明程序就一定能按我们的设想去运行。这就需将程序“烧写”到单片机，启动单片机和实际外围电路，或者在实验开发板上去验证，看能否按设计的思路去运行。若不能正常运行，则需修改程序、重新编译。编译成功后，在工程保存的那个文件夹中会生成“. hex”文件，该文件最后要写入单片机程序存储器内部，单片机就是根据该文件的内容进行控制工作的。

5. 将程序代码下载（即所谓“烧写”）**进单片机的程序存储器中**

下载程序的方法很简单。不同的单片机用的下载软件不一样，均可以在网上下载，可根据下载工具所附带的说明来将生成的“. hex”文件下载到单片机内。下面以应用很广的STC单片机为例说明下载的基本方法。

首先，用串口下载器将开发板的串口与计算机的串口相连。将下载软件STC_ISP解压、安装，再双击快捷方式STC_ISP（见图1-30），打开下载工具界面，如图1-31所示，接着按照图1-31所示界面上的步骤进行操作。下面详细介绍。

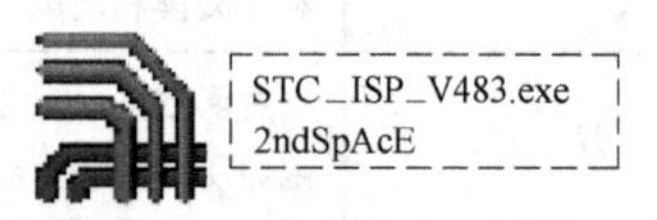

图1-30 STC_ISP快捷方式

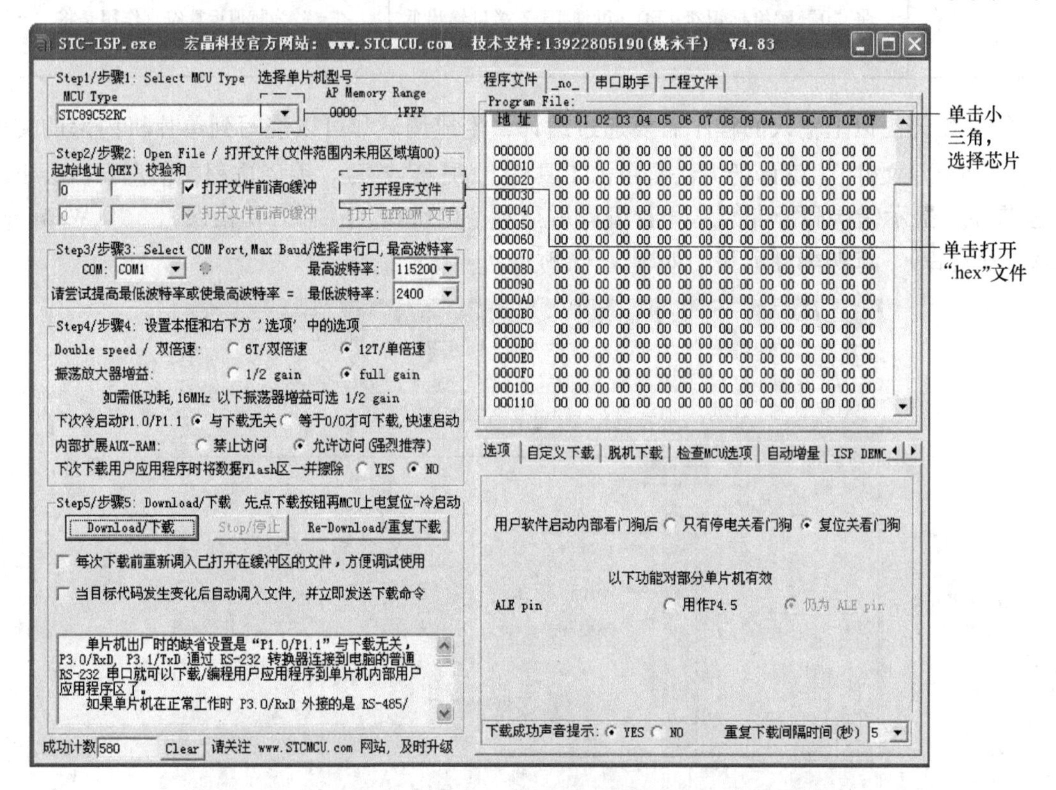

图1-31 STC下载工具界面

步骤1：选择芯片（即选择单片机的型号）。

单击小三角“▼”，弹出各种芯片型号，再选择与自己使用的单片机相同的型号（见图1-31）。

步骤2：打开程序文件（即打开“. hex”文件）。

单击“打开程序文件”，弹出打开程序文件（“. hex”或“. bin”）对话框，如图1-32所示。

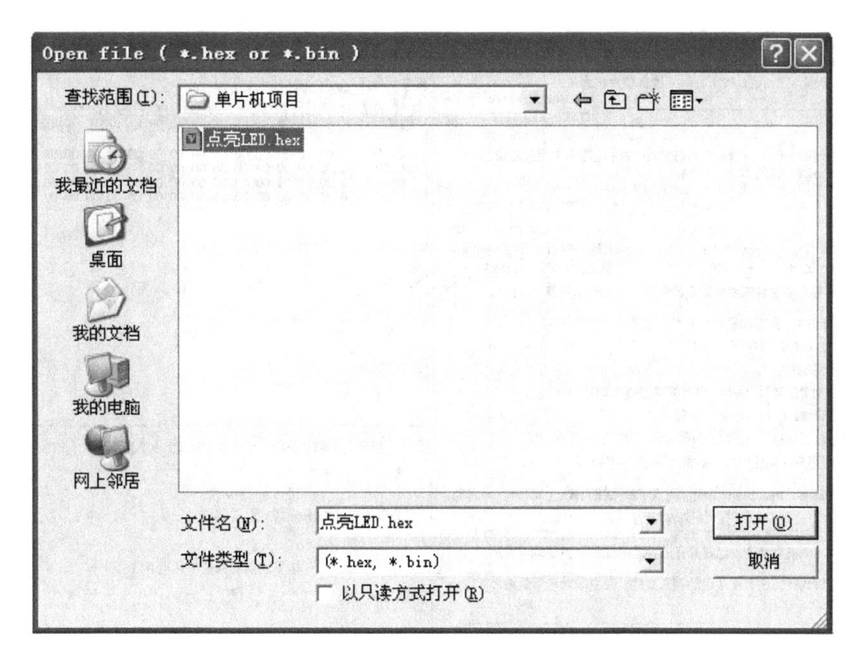

图1-32　打开程序文件（“.hex”或“.bin”）对话框

在图1-30中，在保存工程的那个文件夹（本例中我们保存在桌面/单片机项目中），选中、打开“.hex”文件，界面如图1-33所示。

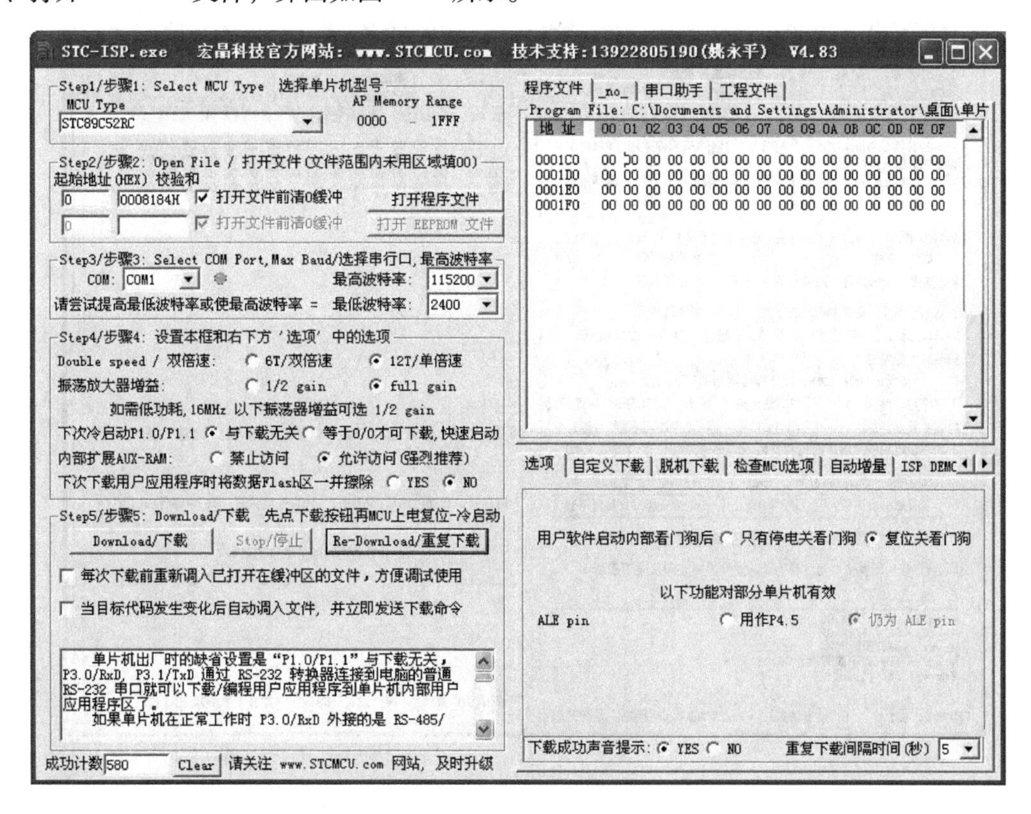

图1-33　打开、载入“.hex”文件后的界面

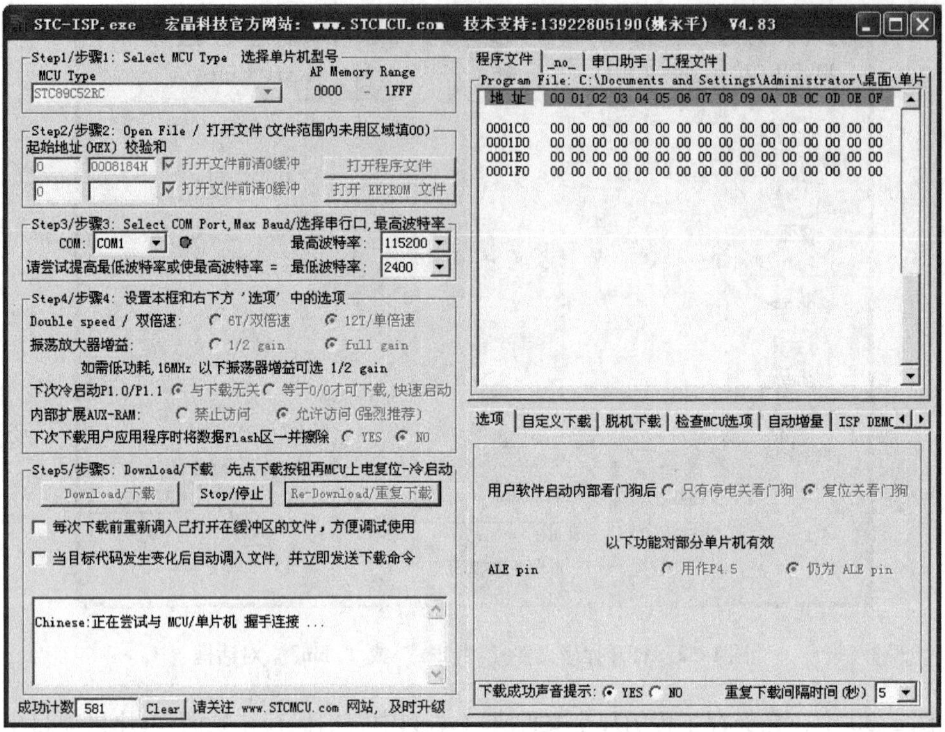

STC-ISP.exe 宏晶科技官方网站: www.STCMCU.com 技术支持:13922805190(姚永平) V4.83

Step1/步骤1: Select MCU Type 选择单片机型号
MCU Type
STC89C52RC
AP Memory Range
0000 - 1FFF

Step2/步骤2: Open File / 打开文件(文件范围内未用区域填00)
起始地址(HEX) 校验和
0 0008184H 打开文件前清0缓冲 打开程序文件
0 打开文件前清0缓冲 打开 EEPROM 文件

Step3/步骤3: Select COM Port, Max Baud/选择串行口,最高波特率
COM: COM1 最高波特率: 115200
请尝试提高最低波特率或使最高波特率 = 最低波特率: 2400

Step4/步骤4: 设置本框和右下方'选项'中的选项
Double speed / 双倍速: 6T/双倍速 12T/单倍速
振荡放大器增益: 1/2 gain full gain
如需低功耗,16MHz 以下振荡器增益可选 1/2 gain
下次冷启动P1.0/P1.1 与下载无关 等于0/0才可下载,快速启动
内部扩展AUX-RAM: 禁止访问 允许访问(强烈推荐)
下次下载用户应用程序时将数据Flash区一并擦除 YES NO

Step5/步骤5: Download/下载 先点下载按钮再MCU上电复位-冷启动
Download/下载 Stop/停止 Re-Download/重复下载
每次下载前重新调入已打开在缓冲区的文件,方便调试使用
当目标代码发生变化后自动调入文件,并立即发送下载命令

Chinese:正在尝试与 MCU/单片机 握手连接 ...

成功计数 581 Clear 请关注 www.STCMCU.com 网站,及时升级

程序文件 | _no_ | 串口助手 | 工程文件 |
Program File: C:\Documents and Settings\Administrator\桌面\单片

地址	00	01	02	03	04	05	06	07	08	09	0A	0B	0C	0D	0E	0F
0001C0	00	00	00	00	00	00	00	00	00	00	00	00	00	00	00	00
0001D0	00	00	00	00	00	00	00	00	00	00	00	00	00	00	00	00
0001E0	00	00	00	00	00	00	00	00	00	00	00	00	00	00	00	00
0001F0	00	00	00	00	00	00	00	00	00	00	00	00	00	00	00	00

选项 | 自定义下载 | 脱机下载 | 检查MCU选项 | 自动增量 | ISP DEMO

用户软件启动内部看门狗后 只有停电关看门狗 复位关看门狗
以下功能对部分单片机有效
ALE pin 用作P4.5 仍为 ALE pin

下载成功声音提示: YES NO 重复下载间隔时间(秒) 5

a)

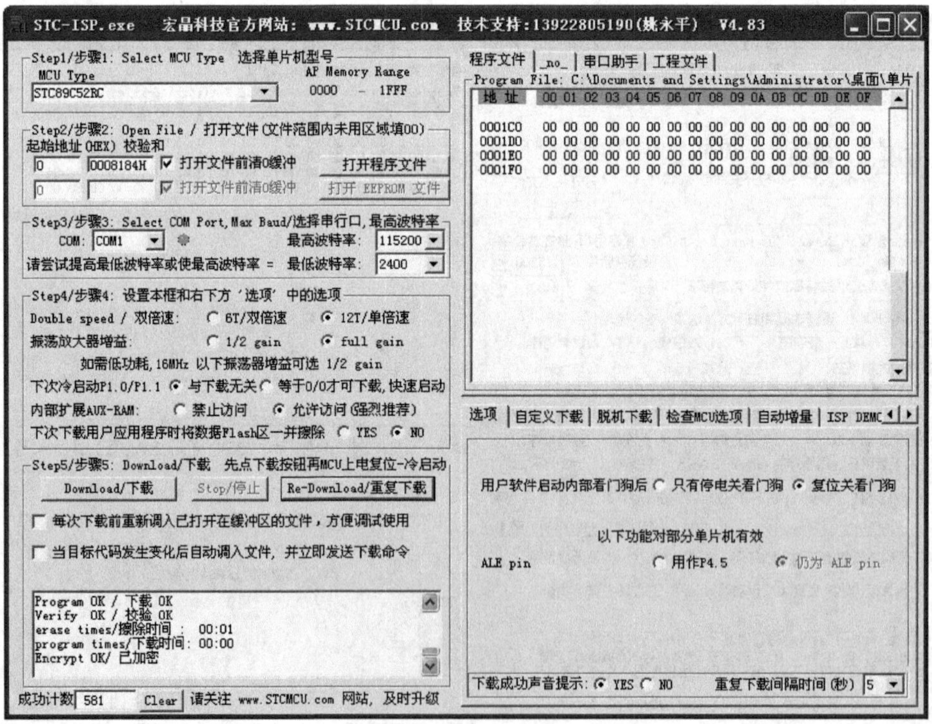

STC-ISP.exe 宏晶科技官方网站: www.STCMCU.com 技术支持:13922805190(姚永平) V4.83

Step1/步骤1: Select MCU Type 选择单片机型号
MCU Type
STC89C52RC
AP Memory Range
0000 - 1FFF

Step2/步骤2: Open File / 打开文件(文件范围内未用区域填00)
起始地址(HEX) 校验和
0 0008184H 打开文件前清0缓冲 打开程序文件
0 打开文件前清0缓冲 打开 EEPROM 文件

Step3/步骤3: Select COM Port, Max Baud/选择串行口,最高波特率
COM: COM1 最高波特率: 115200
请尝试提高最低波特率或使最高波特率 = 最低波特率: 2400

Step4/步骤4: 设置本框和右下方'选项'中的选项
Double speed / 双倍速: 6T/双倍速 12T/单倍速
振荡放大器增益: 1/2 gain full gain
如需低功耗,16MHz 以下振荡器增益可选 1/2 gain
下次冷启动P1.0/P1.1 与下载无关 等于0/0才可下载,快速启动
内部扩展AUX-RAM: 禁止访问 允许访问(强烈推荐)
下次下载用户应用程序时将数据Flash区一并擦除 YES NO

Step5/步骤5: Download/下载 先点下载按钮再MCU上电复位-冷启动
Download/下载 Stop/停止 Re-Download/重复下载
每次下载前重新调入已打开在缓冲区的文件,方便调试使用
当目标代码发生变化后自动调入文件,并立即发送下载命令

Program OK / 下载 OK
Verify OK / 校验 OK
erase times/擦除时间 : 00:01
program times/下载时间: 00:00
Encrypt OK/ 已加密

成功计数 581 Clear 请关注 www.STCMCU.com 网站,及时升级

程序文件 | _no_ | 串口助手 | 工程文件 |
Program File: C:\Documents and Settings\Administrator\桌面\单片

地址	00	01	02	03	04	05	06	07	08	09	0A	0B	0C	0D	0E	0F
0001C0	00	00	00	00	00	00	00	00	00	00	00	00	00	00	00	00
0001D0	00	00	00	00	00	00	00	00	00	00	00	00	00	00	00	00
0001E0	00	00	00	00	00	00	00	00	00	00	00	00	00	00	00	00
0001F0	00	00	00	00	00	00	00	00	00	00	00	00	00	00	00	00

选项 | 自定义下载 | 脱机下载 | 检查MCU选项 | 自动增量 | ISP DEMO

用户软件启动内部看门狗后 只有停电关看门狗 复位关看门狗
以下功能对部分单片机有效
ALE pin 用作P4.5 仍为 ALE pin

下载成功声音提示: YES NO 重复下载间隔时间(秒) 5

b)

图1-34 单片机程序下载

步骤3：选择串行下载端口和下载波特率。

由于本章我们使用的是串口下载器，下载器连接在哪个端口就选用相应的串口，我们接在“COM1”口，所以就要选择“COM1”。关于波特率，一般可选中等数值。

步骤4：下载程序代码至单片机。

单击“Download/下载”，开始下载，界面如图1-34所示。再开启目标板（即单片机实验板）的电源，程序“烧入”单片机中。

复习题

1. STC89C52单片机有哪些I/O口？
2. 画出单片机的最小系统图。
3. 怎样搭建单片机的软件开发环境？
4. 叙述编译程序的方法。
5. 对STC单片机怎样下载程序？
6. ISP是什么意思？
7. 常用的单片机有哪些类型？
8. 上网查询资料，掌握用USB-ISP下载器下载程序的方法。

第2章 花样流水灯和电动机的控制

本章导读

通过对本章的学习，读者可以灵活地操纵各I/O口（即各I/O口接收用户或传感器传来的信号，输出控制信号，使相应电路动作）。并且通过实例能掌握51单片机C语言（即所谓C51语言）的基本结构和常用语句等。本章是单片机C语言编程入门的关键章。

学习方法建议：在学习本章C语言知识时，有部分内容可能似懂非懂，这没关系，只要结合后面的示例程序，一般就能较好地理解了。有极少数概念不要求全懂，只有了解一下，有一定的印象就可以了，在后续章节结合相应的具体的应用实例就能较深刻地理解。

2.1 花样流水灯电路精讲

2.1.1 花样流水灯电路原理图

图2-1所示为流水灯的电路原理图。D0～D7为发光二极管（简称LED）。由于LED工作时能承受的电流很小，所以用R0～R7作LED限流电阻，以防烧坏LED。其硬件电路可用开发实训板（各种实训开发板的原理、功能、用法基本一样），也可以用万能板自行搭建。某单片机实训开发板（NT-51D）的电源部分、主机部分、LED流水灯部分如图2-2所示。

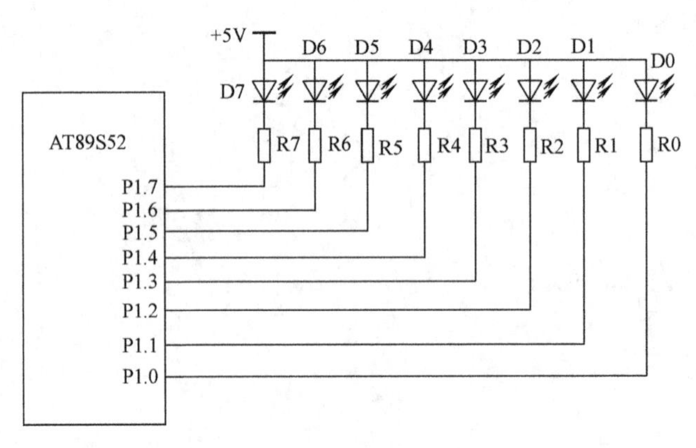

图2-1　流水灯的电路原理图

注：也可以用单片机的P0、P2、P3端口中的任一组。

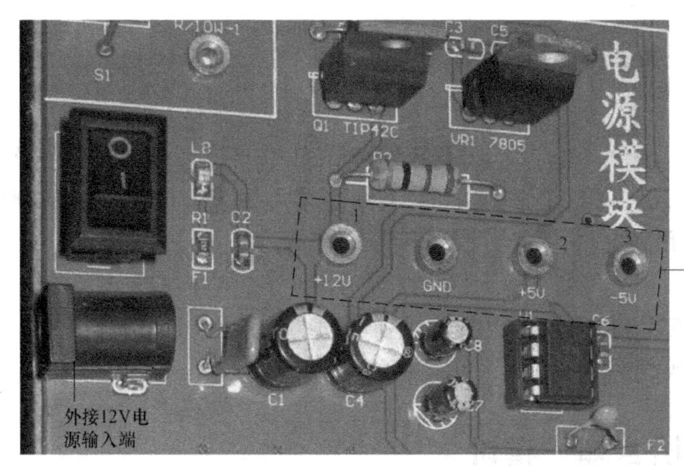

1、2、3插孔与GND(地)之间可输出+12V、+5V、-5V的直流电压，电源模块给实训板上的其他模块供电

a) 电源模块

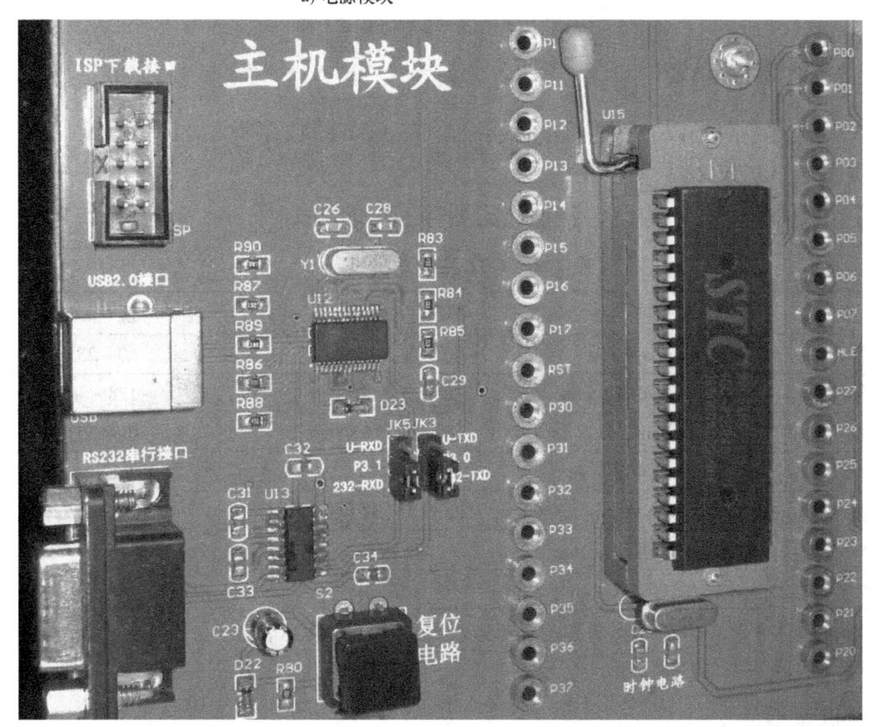

b) 主机模块(注：①电源模块的+5V通过印制线给单片机供电，不需插接导线供电。②各插孔与单片机的各I/O口是连通的，将导线的一端插入这些插孔，导线的另一端插入其他(外设)模块上的插孔，可将单片机输出的电平传送给外设器件，控制外设器件的工作)

c) LED显示模块(注：①电源模块通过印制线给各个LED的正极供电，不需用导线连接。②各插孔是与LED的负极相连的，可用导线将LED各插孔与单片机的I/O相连通，以实现单片机对LED的控制)

图2-2 流水灯的硬件

2.1.2 单片机控制花样流水灯工作原理简介

1. LED闪烁的原理

图2-1中，以D0的闪烁为例，单片机P1.0引脚输出低电平，可使D0两端形成电位差，D0被点亮，当单片机P1.0引脚输出高电平时，D0两端失去了电位差，于是D0熄灭。P1.0引脚交替地输出低电平和高电平，就会使D0闪烁。

2. 花样流水灯的原理

通过编程，控制单片机的P1口的8个引脚，使它们周期性地输出低、高电平，从而使8个LED周期性地闪烁，构成流水灯。

2.2 相关的C51语言知识精讲

2.2.1 数据类型概述

数据在单片机内部都是以二进制的形式存储的。C51的数据类型如下：

1. 基本类型

C51的基本数据类型有字符型、整型、实型等，见表2-1。

表2-1 C51的数据类型

数据类型	关键字	所占位数	值域
无符号字符型	unsigned char	单字节（8位）	0～255
有符号字符型	signed（可省） char	单字节（8位）	-128～+127
无符号整型	unsigned int	双字节（16位）	0～65535
有符号整型	signed（可省） int	双字节	-32768～+32767
无符号长整型	unsigned long	四字节（32位）	0～4294967295
长整型	signed（可省） long	四字节	-2147483648～+2147483647
位类型	bit	1	0或1

注：1. 3.4e-38即为3.4乘以10的负38次方，3.4e38就是3.4乘以10的38次方。

2. bit型是C51语言特有的类型。

2. 其他数据类型

除基本类型外，还有构造类型（含数组、结构体、共用体）、指针类型、空类型（void）等。在这里只需先了解一点，在后续的章节中根据需要来详细、深入地学习。

2.2.2 常量和变量

1. 常量

在程序运行过程中，其值不能被改变的量称为常量。

（1）整型常量。整型常量通常可以表示为以下几种形式：

十进制整数：如1234、-5678、0等。

十六进制整数：以0x开头的数是十六进制数，如程序中出现的0x123表示十六进制数123H，相当于十进制数291。x用小写或大写都可以。

（2）字符型常量。详见第五章知识链接。

（3）实型常量。如 110. 38，3. 14e-3 等。由于实型数据占用的存储空间较大，一般尽量避免采用实型。本书不作介绍。

注意：符号常量

编程时常用一些符号来代替常量的值，这样的符号叫做“符号常量”。符号常量的可用英文的全称或简写，也可用汉语拼音，但不能用系统的关键词。要尽量做到“见名知意”，这样有利于阅读。符号常量须用关键字“const”来修饰，定义格式示例如下：

const double P1 =3. 14. 5926;

编译时，符号量被视为一个常量，不被分配内存空间。在程序执行过程，遇到该符号常量，将用其定义时的初值来代替。所以声明符号常量时须赋初值。

用宏定义也可以定义符号常量，如下：

#define LEDON 0xfe

上述语句就是宏定义语句，编译时，LEDON 都会用 0xfe 代替。这样做的好处是：见名知意（例如我们用 LEDON 表示 LED 点亮，名字的意义很清楚。注：本例中 0xfe 为点亮 LED 的具体数据。硬件的连接不同，则数据不一样）。

2. 变量

变量在程序的执行过程，会占用单片机内存（RAM）的空间。

（1）变量是在程序执行过程中其值可以改变的量。C 语言程序中的每一个变量都必须有一个标识符作为它的变量名。在使用一个变量之前，必须先对该变量进行定义，指出它的数据类型和存储模式，以便编译系统为它分配相应的存储单元。

（2）C51 中对变量进行定义的格式如下：

[存储种类] 数据类型 [存储器类型] 变量名表;

解释如下：

1）“存储种类”和“存储器类型”是可选项。变量的存储种类有四种：自动变量（auto）、全局变量、静态变量（static）、寄存器（register），详见表 2-2。

2）变量的数据类型有位（bit）、有符号字符型（signed char）、无符号字符型（unsigned）、有符号整型（signed int）、无符号整型（unsigned int）和浮点型等。

表 2-2　变量的 4 种存储种类

变量存储种类	特　点	定 义 方 法
自动变量 （关键字：auto）	在程序执行过程，系统给自动变量动态地分配存储空间，当函数或复合语句执行完毕后，该变量的存储空间被立即取消，即该自动变量失效	一般在函数内部或复合语句内部使用。函数或复合语句内部定义自动变量时，关键字 auto 可省略 （函数或复合语句内部的自动变量也称局部变量）
全局变量 （关键字：无）	全局变量有时也常称为外部变量。作用域为整个程序文件，即全局变量可以被程序中的任何函数调用。程序执行过程，全局变量被静态地分配存储空间（即全局变量一旦被分配存储空间，则在整个程序运行过程，该变量一直占用着给它分配的存储空间）	定义在所有函数的外部（即整个）

（续）

变量存储种类	特 点	定义方法
静态变量 （关键字：static）	在程序执行过程，静态变量始终占据着给它分配的存储空间，这一点和全局变量类似。从作用域来看，若静态变量被定义在函数内部，则与自动变量类似，只作用于定义该变量的函数内部。若定义在函数的外部，则具有和全局变量一样的作用域	示例：定义一个静态变量 ch：static char ch；
寄存器变量 （关键字：register）	单片机的 CPU 寄存器中也可保存少量的变量，这种变量叫做寄存器变量 对寄存器变量的操作速度要比其他存储种类的变量快得多。但单片机资源有限，程序中只允许同时定义两个寄存器变量	示例：定义一个寄存器变量 pt：register int pt；

3）存储器类型。C51 编译器还允许说明变量的存储器类型。Keil C51 编译器完全支持 8051 系列单片机的硬件结构，可以访问其硬件系统的所有部分。对每个变量可以准确地赋予其存储器类型，从而可使其能在单片机系统内准确地定位。如果省略存储器类型，则默认将存储器类型定义为“date”型，在该类型下，可直接访问单片机内部数据存储器，访问速度最快。一般都是将变量定义为“date”型。

例如：unsigned int x，y；该语句定义了无符号整形变量 x 和 y，省略了存储种类和存储器类型。

定义变量注意事项：

定义变量时，只要值域（数值范围）够用，就应尽量定义使用较小的数据类型，如 char 型、bit 型，因为较小的数据类型占用的内存单元较小。例如，若 x 的值是 1，当将 x 定义为 unsigned int 型时，占用两个字节的存储空间，若定义为 unsigned char 型，则只占用 1B 的存储空间，若定义为 bit 型，则只占用 1bit 的存储空间。

51 系列单片机是 8 位机，进行 8 位数据运算要比 16 位及更多位数的数据的运算快得多，所以要尽量用 char 型。

如果满足需要，尽量使用 unsigned（即无符号）的数据类型，因为单片机处理有符号的数据时，要对符号进行判断和处理，运算速度会变慢。由于单片机的速度比不上 PC，单片机又是工作在实时状态，所以任何可以提高效率的措施都要重视。

4）变量名可用任意合法的标识符。

2.2.3 标识符和关键字

1. 标识符

在编程时，标识符用来表示自定义对象名称，其中自定义对象可以是常量、变量、数组、函数、语句标号等。

标识符必须以字母或下划线开头，后面可使用若干字母、下划线或数字的组合，但长度一般不超过 32 个，不能使用系统关键字，例如，area、PI、a_array、s123、P101p 都是合法的标识符，而 456P、code-y、a&b 都是非法的。标识符是区分大小写的，例如 A1 和 a1 表示两个不同的标识符。

为了便于阅读，标识符应尽量简单，并且能清楚地看出其含义。一般可用英文单词的简写、汉语拼音或汉语拼音的简写。

2. 关键字

关键字是 C51 编译器保留的一些特殊标识符，具有特定的定义和用法。

单片机 C51 程序语言继承了 ANSIC 标准定义的 32 个关键字，同时又结合自身的特点扩展了一些 C51 中的关键词，详见附录。

2.2.4　C51 的函数简介㊀

1. 函数的基本类型

就是具有特定功能的代码段。函数的分类详见表 2-3。

表 2-3　函数的分类

分类方式	分类结果	备　注
从函数定义的角度	① 用户自定义函数。由用户自行编写的具有特定功能的函数	需先声明，再定义①
	② 库函数。由编译器提供的函数集	使用库函数时，不需声明和定义，只需在主函数之前包含含有该库函数的头文件即可
从有无返回值的角度	① 有返回值的函数。该函数被调用执行完毕后，将执行结果（值）通过 return 语返回给调用者	在声明和定义有返回值的函数时，需要指定返回值的类型
	② 无返回值函数。该函数用于完成某项特定的任务，执行完成后不向调用者返回执行结果的值	在声明和定义无返回值的函数时，需要指定函数的返回值是“无值型”，即使用“void”类型说明符
从数据传送的角度	① 无参数型。该类函数用于完成一组指定的功能。在主调函数和被调用函数之间不进行参数传递	对于无参函数，在函数声明、定义及函数调用中都不能带参数
	② 有参数型。这类函数对参数进行分析并完成与参数相关的功能。在主调函数和被调用函数之间存在参数的传递	在函数的声明和定义时，都需指定参数，称之为形式参数，简称为“形参”。在主调函数中进行函数调用时，也必须给出被调用函数的参数，称之为“实际参数”，简称为“实参”

① 定义可理解为写出具体内容。

2. 函数的特点

C51 单片机语言支持库函数和自定义函数，这是 C51 强大功能的直接体现。库函数添加在头文件里，编程开始，包含了头文件后，就可以使用头文件里的库函数了，这就可以达到简化代码设计、减轻工作量的目的。使用自定义函数则可以使代码结构化、模块化。

在 C51 语言中，对函数的个数没有限制。但是，对这么多个函数，究竟从哪个函数开始执行呢？C51 语言中，提供了一个特殊的函数，即 main 函数，又称为主函数，主函数中

㊀ 对函数的深刻理解可在后续章节的具体应用中进行。

可以调用其他函数（注：为了区别，将除主函数之外的其他函数叫做子函数），其他函数（子函数）之间可以相互调用，但不能调用主函数。程序首先从该函数的第一个语句开始执行，然后再依次逐句执行。在执行过程中如果遇到调用子函数的语句，则转到相应的子函数去逐条执行子函数内部的语句，子函数执行完毕，则返回到原调用的位置继续向下执行。

注意：

① 在一个函数体的内部，不能再定义另一个函数，即不能嵌套定义。

② 函数可以自己调用自己，称为递归调用。

③ 函数之间允许嵌套调用。

④ 同一个函数可以被一个或多个函数调用任意次。

2.2.5 单片机C语言程序的基本结构

单片机C语言程序有清晰的结构和条理。一般包含六个部分，详见表2-4。

表2-4 单片机C语言的基本结构

名　称	内　容	备　注
第一部分	包含头文件	其目的是为了编程时直接使用头文件的函数、定义
第二部分	使用宏定义	这是为了在编程中书写简洁、修改方便，还可以增强程序的可移植性（即将已成熟的程序代码移植到其他的项目中）
第三部分	定义变量	变量必须定义后才能使用。如果不定义，则不能被编译器识别，会出现语法错误
第四部分	声明子函数	如果子函数出现在主函数之后，则在主函数之前需进行声明。如果子函数写在主函数之前，则不需声明。习惯上一般将子函数写在主函数之后
第五部分	写主函数	将程序要执行的所有任务都要写在主函数内。一般可以将各个任务写成独立的子函数，在主函数里根据需要可调用相应的子函数，这样可使程序的可读性增强
第六部分	写各个子函数（即定义各个子函数）	每一个子函数都是一个独立的功能模块（即完成一个或几个任务）

2.2.6 再论局部变量与全局变量

1. 局部变量

在函数内部定义的变量叫局部变量，它只在本函数范围内有效，只有在调用该函数时才给该变量分配内存单元，调用完毕则将内存单元收回。

注意：

① 主函数中定义的变量只在主函数中有效，在主函数调用的子函数中无效。

② 不同的子函数中可以使用相同名字的变量，但它们代表的对象不同，互不干扰。

③ 函数的形式参数也是局部变量，只能在该函数中使用。

④ 在｛｝内的复合语句中可以定义变量，但这些变量只能在本复合语句中使用。

2. 全局变量

一个源文件可以包含一个或多个函数。在函数之外定义的变量称为全局变量，全局变量在该源文件内可供所有的函数使用。

注意：

① 一个函数既可以使用本函数中定义的局部变量，又可以使用函数之外定义的全局变量。

② 如果不是十分必要，应尽量少用全局变量。理由有：a）全局变量在程序执行的全部过程一直占用存储单元，而不是像局部变量那样仅在需要时才占用存储单元。b）全局变量会降低函数的通用性。我们在编写函数时，都希望函数具有很好的可移植性，以便其他程序可以方便地使用。c）使用全局变量过多，整个程序的清晰性变差。因为在调试程序时如果一个全局变量的值与设想的不同，则不能很快地判断是哪个函数出了问题。

③ 在同一源文件中，如果全局变量与局部变量同名，则在局部变量的作用范围内，全局变量会被屏蔽。

2.2.7　C 语言的算术运算符和算术表达式

C 语言的运算符范围很宽，除了控制语句和输入、输出语句外，大多数基本操作均为运算符处理。运算符较多，其中算术运算符和算术表达式的知识详见表 2-5。

表 2-5　C 语言算术运算符和算术表达式

名　称	符　号	说　明
加法运算符或正值运算符	+	如 3 +2，a+b，+5
减法运算符或负值运算符	-	如 6 -3，a-b，-2
乘法运算符	*	如 5 * 8，a * b
除法（取模）运算符	/	如 10/3。注意：除法运算的结果只取整数，如 10/3 的结果为 3，而不是 3.333，这和普通数学中的除法运算不同
取余运算符	%	两侧均应为整型数据，运算结果为两数相除的余数，如 10% 3 的结果为 1
算术表达式		用算术运算符和括号将运算对象（包括常量、变量、函数等）连接起来，符合 C 语言的语法规则的式子叫做算术表达式，如 a - (b * c)
算术运算符的优先级		乘除的优先级相同，加减的优先级也相同，但乘除高于加减，优先级高的先执行，所以要先乘除后加减
算术运算的结合性		算术运算的结合性是自左向右

2.2.8　关系运算符和关系表达式

1. 关系运算符

C 语言一共提供了 6 种关系运算符，详见表 2-6。

2. 关系表达式

用关系运算符将两个运算对象连接起来形成的式子叫关系表达式，如 a + b > b + c，a = =b < c。

注意：关系表达式如果成立，则该表达式的值为 1，若不成立则该表达式的值为 0。

例如，对表达式“a = c > b”的理解是：当 c 的值大于 b 的值时，关系表达式“c > b”的值为 1，该值赋给 a，所以 a 的值为 1，否则，若 c 的值小于 b，则“c < b”的值为 0，所

以a的值为0。

表2-6 C语言的关系运算符

符　号	名　称	优先级	优先级说明
<	小于	优先级别相同（高）	① 关系运算符优先级低于所有的算术运算符，例如：c>a+b等效于c>(a+b) ② 关系运算符优先级高于赋值运算符，例如：a = =b<c等效于a = =(b<c) 注：请阅读关系表达式相关内容后，就容易懂得该内容
< =	小于和等于		
>	大于		
> =	大于和等于		
= =	测试等于	优先级别相同（低）	
! =	测试不等于		

2.2.9 自增减运算符

自增减运算符的作用是使变量的值加1或减1，详见表2-7。

表2-7 自增减运算符

符　号	作　用	例　如
++i	使i的值先加1，再使用i的值，++i的作用是使i的值先加1，再使用i的值	设i的值为8，对语句j= ++i，执行过程是：先执行i+1，使i的值变为9，再将该值赋给j，结果是i、j的值均为9； 对语句j=i++，执行过程是： 先将i的值赋给j，使j=8，再执行i的值加1，使i的值为9
--i	使i的值先减1，再使用i的值	
i++	使用完i的值后再使i的值加1	
i--	使用完i的值后再使i的值减1	

2.2.10 单片机的几个周期介绍

学习单片机，需要掌握时钟周期、机器周期和指令周期三个概念，详见表2-8。

表2-8 单片机的时钟周期、机器周期和指令周期

名　称	解　释
时钟周期（也叫振荡周期）	为时钟频率的倒数。例如单片机系统若用的是12MHz的晶振，时钟周期就是1/12μs。它是单片机中最基本、最小的时间单位。在一个时钟周期内单片机仅完成一个最基本的动作。时钟脉冲控制着单片机的工作节奏，时钟频率越高，单片机工作速度就越快。由于不同的单片机的内部硬件结构和电路有所不同，所以时钟频率也不一定相同
机器周期	是单片机的基本操作周期，为时钟周期的12倍。在一个机器周期内，单片机完成一个基本的操作，如取指令、存储器的读或写等
指令周期	指单片机完成一条指令所需的时间。一般一个指令周期包含1~4个机器周期

2.2.11 while循环语句和for循环语句

1. while语句是一个循环语句

while语句的形式是：

while（条件表达式）

{若干条程序语句;}

while 语句的执行过程是：判断（）内的条件表达式是否成立，若不成立（即表达式的值为0），则 {} 内的语句不被执行，直接跳到执行 {} 后的语句。若表达式成立（即表达式的值为1），则执行 {} 内的各条程序语句，执行完毕后再返回判断条件表达式是否成立，若仍然成立则执行 {} 内的语句，若不成立则执行 {} 后的语句，如图2-3所示。

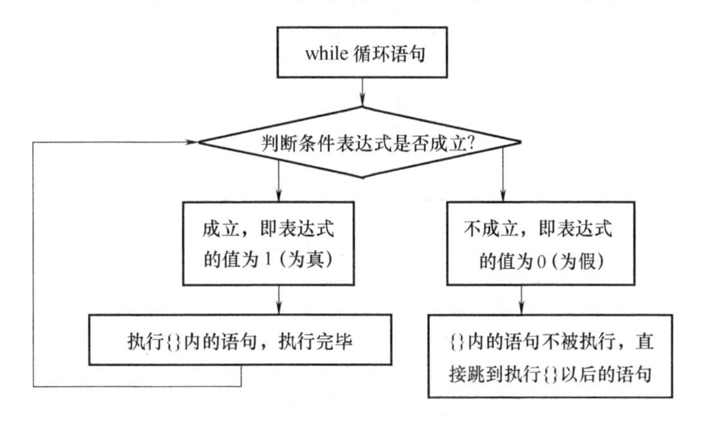

图2-3　while 循环语句执行的流程图

【示例】 用 while 循环语句可写成延时函数，如下：

行号	程序代码	注释
01 行	`unsigned int i;`	//定义一个整形变量 i
02 行	`i =10000;`	//给变量 i 赋初值
03 行	`while(i >0)i = i-1;`	/*“i = i - 1”的意思是将 i 的值减 1 后所得的结果（值）赋给 i */

执行过程是：首先判断 i>0 是否成立，只要是成立的，就执行 i=i-1；直到 i 减小到 0 时，i>0 不成立，则跳出循环，不成立执行后面的语句，这样起到了延时作用。

注意： 给变量赋的值必须在变量类型的取值范围内，否则会出错。例如第02行，若写成 i=70000，则会出错，因为 i 是 unsigned int 型变量，其取值范围是 0～65535。给它赋值为 70000，超出了取值范围。

while 语句（）中的条件表达式可以是一个常数（如1）、一个运算式或者一个带返回值的函数。

2. for 循环语句

for 循环语句的一般结构是：

for（给循环变量赋初值；条件表达式；循环变量增或减）

{若干条程序语句;}

执行过程是：

第一步：给循环量赋初值。

第二步：判断条件表达式是否成立，若不成立，则 {} 内的语句不被执行，直接跳出 for 循环，执行 {} 以后的语句。若条件表达式成立，则执行 {} 内部的程序语句，执行完毕后，返回到 for 后面的（）内执行一次循环变量的增或减，然后再判断条件表达式是否成立，若不成立，则跳出for循环语句而执行{}以后的语句，若成立则执行{}以内的语句。这样不断地循环，直到跳出循环为止，如图2-4所示。

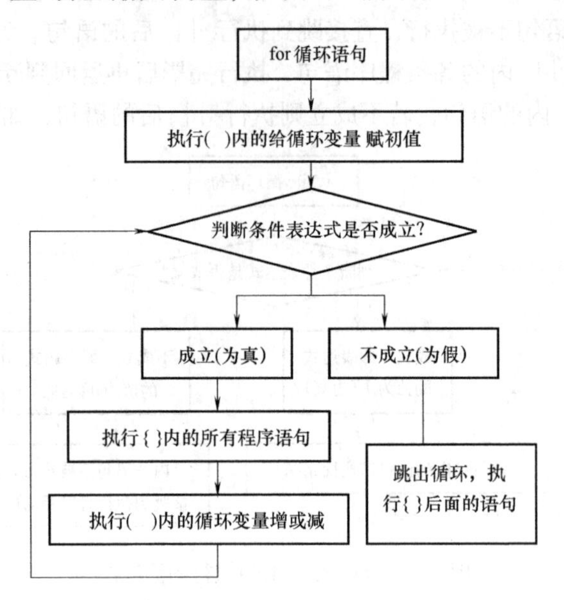

图2-4　for循环语句的执行流程图

注意：for循环语句的{}内的语句可以为空，这时{}就可以不写，即for循环语句就可写成：for（给循环变量赋初值；条件表达式；循环变量增或减）；注意：分号不能少。

例如用for循环语句可写成延时函数，如下：

行号	程序代码	注释
01行	`unsigned int i;`	
02行	`for(i =3000;i >0;i --);`	/*注意:给一个变量赋的值不能超过该变量类型的取值范围*/

执行过程是：先给i赋初值，再判断i>0是否成立，若不成立则跳出for循环，若成立，由于后面没有{}的内容，所以省掉了执行{}内语句的过程，接着再执行i--，再判断i>0是否成立…，直到i=0时（要执行i自减3000次），i>0才不会成立，才会跳出for循环，这样起到了延时作用。

2.2.12　不带参数和带参数函数的写法和调用

1. 不带参数函数的写法和调用

如果在程序中某些语句多次用到且语句的内容完全相同，则可以把这些语句写成一个不带参数的子函数，当在主函数中需要用到这些语句时，直接调用这个子函数就可以了。例如：1s的延时子函数如下：

行号	程序代码	注释
01行	`void delay1s()`	/*定义延时函数。Void表示函数执行完毕后不返回任何数据，即无返回值。delay1s是函数名，1s就是延时时间。函数名只在不用系统关键字，可以随便命名，但要方便记忆和读懂。()内没

```
                                    有数据和符号,即没有参数,所以是不带参数的函数 */
02 行  {                        //02 行到 05 行的{}内的语句表示函数要实现的功能
03 行      unsigned int x,y;            //定义 unsigned int 型局部变量 x、y
           for(x=1000;x>0;x--)         //为了方便阅读,不同层次的语句需错开一个距
04 行          for(y=110;y>0;y--);     离(按一下"Tab",光标移动的距离)
05 行  }
```

执行过程：首先执行第 03 行。开始 x=1000，x>0 为真，所以就执行第 04 行（即 y 由 110 逐步减 1，直到减小到 0，所耗时间约为 1ms），第 04 行执行完毕后，再执行 x--，x 的值变为 999，再判断 x>0 是否为真，结果是为真，所以又执行第 04 行（耗时约 1ms），然后又执行一次 x--，这样循环下去。每执行一次 x 减 1，y 就要从 110 逐步减 1，直到减小到 0，X 共要自减 1000 次，所以耗时约为 1s。

注意：子函数可以写在主函数的前面或后面，但不能写在主函数里面。如果写在主函数后面，需在主函数的前面进行声明。

声明的方法是：返回值特性　函数名（）。

若函数无参数，则（）内为空，如果函数有参数，则要在（）内依次写上参数的类型。

【应用示例】　用调用延时子函数的方法，写出一个程序，使图 2-1 中的发光二极管（LED）D1 每间隔 600ms 亮、灭闪烁。

行号	程序代码	注释
01 行	#include <reg52.h>	//包含头文件 <reg52.h>
02 行	#define uint unsigned int	/* #define 为系统关键词,表示宏定义,即定义 uint 表示 unsigned int,这样在后续程序中就可以直接写 uint,而不需写 unsigned int */
03 行	sbit led0 = P1^0;	/* 申明端口。注意:C51 语言中不能使用 P1.0 这个符号,可以使用 P1^0 表示 P1 端口的第 0 个引脚(即 P1.0 引脚)这行代码的意思是用 led0 这个标识符表示 P1.0 端口
04 行	void delay();	//声明无参数的子函数,void 表示无返回值
05 行	void main()	//主函数
06 行	{	/* 这个括号和 14 行回括号是配对的,为了阅读时有层次感),书写时要对齐。括号内是主函数的执行语句 */
07 行	while(1)	//()内值为 1,为死循环(无限地循环)
08 行	{	/* 这个括号和 13 行回括号是配对的,书写要对齐,括号内是 while 循环的执行语句 */
09 行	Led0 = 0;	//此时 P1.0 引脚输出低电平,点亮 LED D0
10 行	delay();	//调用延时子函数,使 D0 发光持续 600ms
11 行	led0 = 1;	//P1.0 引脚输出高电平,熄灭 LED D1
12 行	delay();	//调用延时子函数
13 行	}	

```
14行    }
        void delay()                 //定义延时子函数(无参数)
        {  uint x,y;                 //定义 unsigned int 局部变量 x,y
           for(x=600;x>0;x--)        //600 给 x
           for(y=110;y>0;y--);
        }
```

2. 带参数函数的写法

如果在一个程序里需要不同的延时时间，就需要写多个不同的延时函数，用上述不带参数的子函数就不方便了，这时宜采用带参数的子函数。经典程序如下：

```
void delay(unsigned int z)  /*定义延时函数。void 表示该函数无返回值。()内
                              的"unsigned int"为形参类型,"z"为形参名。若
                              有多个形参,可同时列出,用","号隔开*/
{                           //{}内的语句表示要实现的功能
uint x,y;                   //定义局部变量 x,y
for(x=z;x>0;x--)
    for(y=110;y>0;y--);
}
```

【应用示例】 详见2.3节。

2.3 "位操作"控制流水灯

任务书：利用单片机的"位操作"，依次使每个LED亮100ms、熄500ms，不断循环。

2.3.1 编程思路

"位操作"就是控制单独的一个I/O口，使该引脚输出低电平或高电平，来驱动与该引脚相连的元器件发生相应的动作。通过位操作，可以使8个LED依次点亮片刻，这样就可形成流水灯。

2.3.2 参考程序

```
行号    程序代码                     注释
01行    #include<reg52.h>            //包含头文件<reg52.h>
02行    #define uint unsigned int    /*宏定义,即定义 uint 表示 unsigned int,这样,
                                       在后续程序中就可以直接写 uint,而不需写
                                       unsigned int */
03行    sbit led0=P1^0;  /*声明端口。注意:C51 语言中不能使用 P1.0 这个符号,
                           可以使用 P1^0 表示 P1 端口的第 0 个引脚(即 P1.0 引
                           脚)。这行代码的意思是用 led0 这个标识符表示 P1.0
                           端口。第 4~10 行的意思与此相同,均为声明端口,sbit
                           是位定义的关键词*/
```

```
05 行    sbit led1 = P1^1;          //声明 led2
06 行    sbit led2 = P1^2;
07 行    sbit led3 = P1^3;
08 行    sbit led4 = P1^4;
09 行    sbit led5 = P1^5;
10 行    sbit led6 = P1^6;
11 行    sbit led7 = P1^7;          //声明 led7
12 行    uint i,j;                  /* 声明整形变量 i 和 j。声明时要写明变量的数据类
                                       型,这里为无符号整形(int) */
13 行    void delay(uint);          //声明延时函数。解释详见 2.3.3 节
14 行    void main()                //主函数
15 行    {                          /* 这个括号和 28 行回括号是配对的,括号内是主函数
                                       的执行语句,表示程序要实现的功能 */
16 行        while(1)
17 行        {                      /* 这个括号和 42 行回括号是配对的,书写要对齐,括
                                       号内是 while 循环的执行语句 */
             Led0 = 0;              //此时 P1.0 引脚输出低电平,点亮发光管 D0
             delay(100);            /* 延时 100ms。这里调用延时子函数。将实际参数 100
                                       传递给子函数 delay()的形参 z */
             Led0 = 1;              //P1.0 引脚输出高电平,熄灭 LED D0
             Led1 = 0;              //点亮 LED D1
             delay(100);
             led1 = 1;              //熄灭发光二极管 D1
23 行        led2 = 0;delay(100);led2 = 1;led3 = 0;delay(100);led3 = 1;
             led4 = 0;delay(100);led4 = 1;led5 = 0;delay(100);led5 = 1;
             led6 = 0;delay(100);led6 = 1;led7 = 0;delay(100);led7 = 1;
27 行        }                       /* 第 23 ~ 27 行为多个语句写在一行,是为了节省篇
                                        幅,这是符合语法的,但提倡编程时每个语句占一
                                        行,这样程序的可读性要好一些 */
28 行     }
43 行                               //不同的功能模块之间空一行,便于阅读
   void delay(uint z)               //定义延时函数
   {
       uint x,y;
       for(x = z;x > 0;x --)
           for(y = 110;y > 0;y --);
   }
```

2.3.3 部分程序代码详解

第13行：这是对有参数的延时函数（子函数）的声明。如果子函数写在主函数（即main函数）之后，则需要在程序的前面进行声明（一般在main函数的前面进行声明）。声明的常用方法是：类型声明符　函数名（形参类型，形参列表）。声明时形参列表也可以不写，但定义时必须写。

将程序下载到单片机中，上电后可以看到8个LED依次闪烁（D0最先闪烁并向D7的方向循环流动）。

2.4 字节控制（即并行I/O口控制）流水灯

任务书：用操作字节（即并行I/O口控制）的方法，控制图2-1所示流水灯每次亮三个并循环流动。

点亮顺序是：

→D7、D6、D5→D6、D5、D4→D5、D4、D3→
D4、D3、D2→D3、D2、D1→D2、D1、D7→D1、D7、D6—（循环）

2.4.1 编程思路

51系列单片机是8位单片机，每一组端口共有8个引脚。每个引脚可输出一个电平（0或1），一组端口可同时输出8个电平，这8个电平正好构成了一个字节。用字节操作来控制几个LED的同时点亮和流动，要比位操作简单得多。例如，在图2-1所示的流水灯电路中，若要点亮D1、D3、D5、D7，只需P0端口输出从高位P1.7到低位P1.0输出01010101。将这8位二进制数转换为十六进制数为0x55，语句可写成P1 =0x55。所以用字节控制可以轻易地实现三个灯的流动。

2.4.2 参考程序

```
#include"reg52.h"
#define LED P0
delay(unsigned int i){while(--i);}  /*定义延时函数。该子函数在主函数
                                      的前面,不需要声明*/
void main()
{
while(1)
    {
        LED =0x1f;delay(30000);      //0x1f =00011111,点亮D7、D6、D5,并延时
        LED =0x8f;delay(30000);      //0x8f =10001111,点亮D6、D5、D4,并延时
        LED =0xc7;delay(30000);      //0xc7 =11000111,点亮D5、D4、D3,并延时
        LED =0xe3;delay(30000);      //0xe3 =11100011,点亮D4、D3、D2,并延时
```

```
        LED =0xf1;delay(30000);      //0xf1 =11110001,点亮 D3、D2、D1,并延时
        LED =0xf8;delay(30000);      //0xf8 =11111000,点亮 D2、D1、D0,并延时
        LED =0x7c;delay(30000);      //0x7c =01111100,点亮 D7、D1、D0,并延时
        LED =0x3e;delay(30000);      //0x3e =00111110,点亮 D7、D6、D0,并延时
    }
}
```

对于需要同时点亮多个灯的情况，使用字节控制要比使用位控制简单得多。

2.5　使用移位运算符控制流水灯

2.5.1　逻辑运算符和位运算符

1. 逻辑运算符

逻辑运算符用于操作数之间的逻辑运算，操作数可以是各个数据类型，可以是变量也可以是常量。逻辑运算符有逻辑与（符号为&&）、逻辑或（符号为||）、逻辑非（符号为!），其运算功能（真值表）详见表2-9。

表2-9　逻辑运算符的运算功能

<table>
<tr><th colspan="2">操作数（参与运算的数）</th><th>逻辑与运算</th><th>逻辑或运算</th><th>对A进行逻辑非运算</th></tr>
<tr><td>A</td><td>B</td><td>A&&B</td><td>A||B</td><td>! A</td></tr>
<tr><td>0</td><td>0</td><td>0</td><td>0</td><td rowspan="2">1</td></tr>
<tr><td>0</td><td>1</td><td>0</td><td>1</td></tr>
<tr><td>1</td><td>0</td><td>0</td><td>1</td><td>0</td></tr>
<tr><td>1</td><td>1</td><td>1</td><td>1</td><td>0</td></tr>
</table>

逻辑运算法则说明：

（1）逻辑与：A、B两者同时为真（即值为1），则A&&B为真（值为1），否则A&&B为假（值为0）。例如，(3<2) && (9>3) 的值为0，因为 (3<2) 是不成立的，为假，值为0，而 (9>3) 是成立的，为真，值为1。

（2）逻辑或：A、B中只要有一个为真，则A||B为真（值为1），否则A||B为假（值为0）。

（3）逻辑非：若A为真，则！A为假；若A为假，则！A为真。

2. 位运算符

位运算符是两个操作数中的二进制位（bit）进行的运算。C语言的位运算符详见表2-10。

2.5.2　使用移位运算符控制流水灯的编程示例

1. 任务书

编程使图2-1所示的LED在上电时D7、D6、D5点亮，以0.5s的时间间隔向右流动，每次流动一位（即过0.5s后D6、D5、D4点亮…），这样不断地循环。

表 2-10 C 语言的位运算符

符号	名　称	运算说明	示　例
&	逐位与 （按位与）	首先将两个操作数转化为二进制，然后将对应的每一位进行逻辑与的运算	unsigned char a，b； a = 23 = 0　0　0　1　0　1　1　1；//23 转换为二进制 b = 217 = 1　1　0　1　1　0　0　1；//217 转换为二进制 a&b = 0　0　0　1　0　0　0　1；/ * a 的第 1 位与 b 的第 1 位相与，a 的第 2 位与 b 的第 2 位相与，…，a 的第 8 位与 b 的第 8 位相与，得到 a&b 的值 * / = 17　　//转化为十进制
|	逐位或 （按位或）	首先将两个操作数转化为二进制，然后将对应的每一位进行逻辑或的运算	a = 23 = 0　0　0　1　0　1　1　1； b = 217 = 1　1　0　1　1　0　0　1； a | b = 1　1　0　1　1　1　1　1 = 223；
^	逐位异或 （按位异或）	将两个操作数转化为二进制数，然后将对应的每一位进行逻辑异或的运算。参与运算的两个“位”不同，则逻辑异或的结果为1；或相同则为0	a = 23 = 0　0　0　1　0　1　1　1； b = 217 = 1　1　0　1　1　0　0　1； a^b = 1　1　0　0　1　1　1　0 = 206；
~	逐位取反 （按位取反）	首先将操作数转换为二进制数，然后将每一位取反	a = 23 = 0　0　0　1　0　1　1　1； ~a = 1　1　1　0　1　0　0　0 = 232；
>>	右移	书写格式为：变量名 >> 右移的位数； 首先将一个变量的值转换为二进制数，然后逐位右移设定的位数。移出的数丢掉，对于无符号的数，左端补0，若为负数（即符号位为1），则左端补1	假设我们现在要执行 c = a >> 2，即将 c 的值右移 2 位，结果赋给变量 c。 设 a = 217 = 1　1　0　1　1　0　0　1； a 右移 2 位　　1　1　0　1　1　0　*0*　*1*；最右边的 0 和 1 被移出，丢失。左边要补 2 个 0，结果为 0　0　1　1　0　1　1　0 = 54， 所以 c = 54。**注意**：*执行右移和左移指令后，不改变变量本身的值*，即经过移位后，a 的值仍然是 217
<<	左移	书写格式为：变量名 << 左移的位数；移出的数丢掉，右端补0	

2. 编程思路

一组端口（如 P1）从高位到低位依次输出 00011111，即 P1 = 00011111B = 0x1f（说明：B 表示二进制，0x 表示十六进制），则能满足上电时 D7、D6、D5 点亮。通过右移若干位、左移若干位，再按位或，可以实现 8 位数据高位与低位的交换，完成任务书的要求，详见程序及相应解释。

3. 参考程序

行号　程序代码　　　　　　　　　　注释

01 行　#include"reg51.h"

02 行　const unsigned char D = 0x1f;　/ * const 是一个 C 语言的关键字，它限定一个变量不允许被改变。使用 const 在一定程度上

```
                                        可以提高程序的安全性和可靠性,另外,在观
                                        看代码的时候,清晰理解 const 所起的作用,
                                        对理解对方的程序也有一定的帮助 */
03 行  delay(unsigned int i){while(--i);}
        void main()
        {
        while(1)
          {
08 行        P1 = (D >>0)|(D <<8);delay(30000);/* D 右移 0 位,结果为 0x1f,左移 8
                                              位,值全为 0,按位或后仍为 0x1f,
                                              这样写是为了和下面的代码统
                                              一。也可直接写成 P1 = D。这一
                                              行的作用是点亮 D7、D6、D5。
09 行        P1 = (D >>1)|(D <<7);delay(30000);
10 行        P1 = (D >>2)|(D <<6);delay(30000);
11 行        P1 = (D >>3)|(D <<5);delay(30000);
12 行        P1 = (D >>4)|(D <<4);delay(30000);
13 行        P1 = (D >>5)|(D <<3);delay(30000);
14 行        P1 = (D >>6)|(D <<2);delay(30000);
15 行        P1 = (D >>7)|(D <<1);delay(30000);
          }
```

4. 部分程序代码详解

第09～15行：将D右移n位、左移8－n位，再按位或，可以实现将向右移而移出的n位数转移到左边，下面以（D >>7）|（D <<1）为例进行说明，详见表2-11。

表2-11　移位运算示例

数据D	0001 1111 高7位	
D >>1	*0*000 1111 1	1为移出的位，舍去，左边空位补上一个0（斜体的*0*为补上的，下同）
D <<7	0001 1111*000 0000*	0001111为移出的位，右边空位补上0
(D >>7)|(D <<1)	1000 1111	说明：执行该运算，相当于把D的高7位与最低的1位互换，使点亮的三个灯向右移动了一位

2.6　使用库函数实现流水灯

2.6.1　循环移位函数

使用C51库自带的循环左移或循环右移函数可以方便、简洁地实现流水灯。当我们打

开Keil\C51\HLP文件夹，再打开C51lib文件（这个文件是C51自带库函数的帮助文件），在索引栏我们可找到循环左移函数_crol_和循环右移函数_cror_。这两个函数都包含在intrins.h这个头文件之中。所以，如果程序中要使用循环移位函数，则必须在程序的开头包含intrins.h这个头文件。

1. 循环左移函数_crol_

函数的原形是：unsigned char _crol_（unsigned char c，unsigned char b）。其中c是一个变量，b是一个数字。这是一个有返回值（前面不加void）、带参数的函数。它的意思是将字符C的二进制值循环左移b位。该函数返回的是移位后所得到的值。

例如，设c=0x5f=0101 1111B，执行一次temp=_crol_（c，3）_的过程是：将c循环左移3位，即：c的二进制数值的各位都左移3位，c的高3位（即010）会被移出，移到c的低3位，于是变为11111010B，所以_crol_（c，3）_的值为11111010B，temp=11111010B。每执行一次，c的二进制数值循环左移3位。

2. 循环右移函数_cror_

函数的原形是：unsigned char_cror_（unsigned char c，unsigned char b）。每执行一次，c的二进制值会被循环右移b位，右移后所得到的值返回给该函数。

2.6.2 使用循环移位函数实现流水灯

1. 任务书

8个LED由左至右间隔1s流动，其中每个LED亮500ms，灭500ms，亮时蜂鸣器响，灭时关闭蜂鸣器，一直重复下去。

2. 参考程序

```
#include <reg52.h>
#include <intrins.h>   /*头文件intrins.h里含有循环移位函数。包含该头文件
                         后,在后续程序中才能使用循环移位函数*/
#define uint unsigned int
#define uchar unsigned char
sbit bell = P1^3;
uchar temp;
void delay(uint);
void main()
{
    temp = 0xfe;        //给变量temp赋值,0xfe即1111 1110B
    while(1)            //死循环语句,它的{}内的语句将无限地逐条执行,不断循环
    {
        P2 = temp;      //P2^0 = 0,P2其余各端口均为高电平,点亮LED D0
        bell = 0;       //P1^3输出低电平,驱动蜂鸣器发声
        delay(500);     //延时500ms
        P2 = 0xff;      //P2的8个端口均输出高电平,D0熄灭
        bell = 1;       //P1^3输出高电平,蜂鸣器停止鸣响
```

```
            delay(500);
            temp = _crol_(temp,1);
        }
    }
    void delay(uint z)   //带参数的延时子函数
    {
        uint x,y;
        for(x = z;x >0;x - - )
            for(y =110;y >0;y - - );
    }
```

3. 部分程序代码详解

while（1）的 {} 内的语句是从上到下、循环地逐条执行的。每一次执行到第 19 行，temp 的二进制数值就循环左移一位，移位后的值再赋给 temp，当下一次执行第 13 行时，temp 赋给 P2 口，使点亮的灯移动了一位。例如，第一次执行到第 19 行，循环移位后的值变为 11111101B，temp = 1111 1101B，然后再从上到下逐字逐条执行，当执行到第 13 行时，temp 的值（即 1111 1101B）赋给 P2，使 P^1 = 0，使 D1 点亮，其余端口均为高电平，使其他的 LED 熄灭。这样，点亮的灯流动了一位。

2.7　使用条件语句实现流水灯

2.7.1　条件语句

条件语句是根据表达式的值作为条件来决定程序走向的语句，最常用的就是 if 条件语句。根据 if 语句中有无分支，又可分为单分支 if 语句、双分支 if 语句和多分支 if 语句。

1. 单分支 if 语句

单分支 if 语句的一般形式是：if（条件表达式）{语句 1；语句 2；语句 3；…；}

条件表达式一般为逻辑表达式或关系表达式，{} 内的若干语句表示一定的动作或事件。

语句描述：如果条件表达式为真（即表达式是成立的，表达式的值为 1），则逐条执行 {} 内的语句，{} 内的语句执行完毕后，退出 if 语句，接着执行 if 语句后面的程序。如果条件表达式不成立，则 {} 内的语句不会被执行，直接执行 if 语句后面的程序。

2. 双分支语句

双分支语句的一般格式是：

```
if(条件表达式)
    {语句 1;}      //也可以是多条语句
else
    {语句 2;}      //也可是多条语句
```

语句描述：如果条件表达式为真，则执行语句 1，再退出 if 语句（注：语句 2 不会被执行），若条件表达式为假，则执行语句 2，再退出 if 语句，接着执行后续语句。

3. 多分支语句

```
if(条件表达式1)
    {语句1;}                    //{}内也可以是多条语句
else if(条件表达式2)            //{}内也可以是多条语句
    {语句2;}
else if(条件表达式3)            //{}内也可以是多条语句
    {语句3;}
    …
else if(条件表达式m)            //{}内也可以是多条语句
    {语句m;}
else
    {语句n}                     //
```

语句描述：如果表达式1的结果为真，则执行语句1，再退出if语句（注：语句2、语句3…语句n都不会执行）；否则判断表达式2，若表达式2为真，则执行语句2后，退出if语句；否则判断表达式3…最后，如果表达式m也不成立，则执行else后面的语句n。else和语句n也可以省略不用。

2.7.2 使用if语句实现流水灯

1. 任务书

2. 参考程序

```
#include <reg52.h>
#define uint unsigned int
#define uchar unsigned char
uchar i,j;
void delay(uint z)          //定义延时函数。定义一个函数和声明一个函数是不一样的
{
    uint x,y;
    for(x=z;x>0;x--)
        for(y=110;y>0;y--);
}
void display()                      //定义LED的显示函数,供主函数调用
{
    if(i==1)P0=0xfe;            //如果i==1(测试等于)就亮第一个灯
    if(i==2)P0=0xfd;            //如果i==2(测试等于)就亮第二个灯
    if(i==3)P0=0xfb;            //如果i==3(测试等于)就亮第三个灯
    if(i==4)P0=0xf7;            //如果i==4(测试等于)就亮第四个灯
    if(i==5)P0=0xef;            //如果i==5(测试等于)就亮第五个灯
    if(i==6)P0=0xdf;            //如果i==6(测试等于)就亮第六个灯
    if(i==7)P0=0xbf;            //如果i==7(测试等于)就亮第七个灯
```

```
    if(i==8)P0=0x7f;            //如果 i==8（测试等于）就亮第八个灯
    }
    void main()
    {
        while(1)
        {
            i++;                //i 的每一个值，对应着点亮一个灯
            display();          //调用显示函数
            delay(500);         //延时 500 模式，就一个灯亮 500ms;
            if(i>8)             /*如果 i>8（就大于等于 9），就超出范围，因为图
                                  2-1所示的流水灯只有 8 个灯*/
            i=1;                //i 如果超出范围就将 i 的值变为 1
        }
    }
```

2.8　使用 swtich 语句控制流水灯

2.8.1　switch 语句介绍

If 语句一般用来处理两个分支。当处理多个分支情况时需使用 if-else-if 结构，但如果分支较多，则嵌套的 if 语句层就越多，程序不但庞大而且不易理解。因此 C 语言提供了一个专门处理多分支结构的条件选择语句，即 swtich 语句（又称为开关语句）。其基本形式为如下：

```
    switch(表达式)              //注意：()内也可以是一个变量
    {
      case 常量表达式 1:
        语句 1;
        break;
      case 常量表达式 2:
        语句 2;
        break;
        ……
      case 常量表达式 n:        //注意：各常量表达式是冒号而不是分号
        语句 n;                 /*若一个 case 后面有多条语句，则不需要像 if 语句那
                                  样把多条语句写在{}内。程序会按顺序逐条执行
                                  本 case 后面的各条语句*/
        break;
      default:                  //最后的 default、语句 n+1、break 三条语句可以不要
        语句 n+1;
```

```
    break;
}
```

该语句的执行过程是：首先计算 switch 后面（）内表达式的值，然后用该值依次与各个 case 语句后面的常量表达式比较，若 switch 后面（）内表达式的值与某个 case 后面的常量表达式的值相等，则就执行此 case 后面的语句，当遇到 break 语句就退出 switch 语句，执行后面的语句；若（）内表达式的值与所有 case 后面的常量表达式的值都不相等，则执行 default 后面的语句 n+1，然后退出 switch 语句，执行 switch 语句后面的语句。

2.8.2 使用 swtich 语句控制流水灯

1. 任务书

与2.7相同

2. 参考程序

在2.7.2的程序代码中，把控制流水灯显示的 display（）函数修改为下面的函数，其余的不变，可实现同样的效果。

```
void display()
{
    switch(i)
    {
    case 1:P0 =0xfe;      //点亮第一个灯
    case 2:P0 =0xfd;      //点亮第二个灯
    case 3:P0 =0xfb;      //点亮第三个灯
    case 4:P0 =0xf7;      //点亮第四个灯
    case 5:P0 =0xef;      //点亮第五个灯
    case 6:P0 =0xdf;      //点亮第六个灯
    case 7:P0 =0xbf;      //点亮第七个灯
    case 8:P0 =0x7f;      //点亮第八个灯
    }
}
```

注意：（1）break 还可以用在 for 循环或 while 循环内，用于强制跳出循环。

（2）switch 语句与 if 语句有以下不同：

1）if else if 要依次判断（）内条件表达式的值，当条件表达式为真时，就选择属于它的语句执行。switch 只在开始判断一次（）内的变量或表达式的值，就直接跳到相应的位置，效率更高。

2）if else if 执行完属于它的语句后跳出。switch 是跳到相应的 case 项目执行完后，不会自动跳出，而是接着往下执行 case 程序。只有遇到 break 后才会跳出。

2.9 使用数组控制流水灯

2.9.1 C51 的数组

前面讲过的字符型（char）、整形（int）等数据都属于基本的数据类型，C 语言还提供了一些扩展的数据类型，这些扩展的数据类型有数组、结构、共用体等。

实际工作中往往需要对一组数据进行操作，而这一组数据又有一定的联系。若用定义变量的方法，则需要多少个数据就要定义多少个变量，并且难以体现各个变量之间的关系，这种情况若用数组就简单一些。这一特点在后续章节会多次用到。数组有一维、二维和多维之分，本章只介绍学习一维数组。

1. 一维数组的定义

一维数组的定义方式为：类型说明符　数组名［常量表达式］。

例如：unsigned char zm［10］;　　/＊注：unsigned char 是类型说明符，zm 是数组名。数组名的命名规则和变量命名相同，遵循标识符的命名规则。［］内的常量表达式表示数组含有的元素的个数，即数组的长度，例如［］内的 10 表示该数组内含有 10 个元素＊/

2. 一维数组的初始化

数组的初始化可以采用以下几种方法：

① 在定义数组时对数组的各元素赋初值。例如：

```
char zm[10] = {1,3,9,5,11,3,4,5,7,8};     //这是常用的方法，{} 外为分号
```

② 只给一部分元素赋初值。例如：

```
char zm[10] = {1,3,9,5,11};      /* 定义数组 zm 有 10 个元素，但初始化后
                                    {} 内只提供了 5 个元素的初值，后面 5
                                    个的值默认均为 0
```

③ 如果对数组全部元素都赋了初值，则可以不指定长度。例如：

对数组 char zm[10] = {1,3,9,5,11,3,4,5,7,8};

10 个元素都赋了初值，所以也可以写成：

```
char zm[] = {1,3,9,5,11,3,4,5,7,8};
```

3. 一维数组的引用

数组必须先定义，再引用。C 语言规定只能引用数组元素，而不能引用整个数组。数组元素的表示方式为：数组名［下标］，下标从 0 开始编号，下标的最大值为元素个数减 1，例如，对于数组 char zm［］＝｛1，3，9，5，11，3，4，5，7，8｝来说，zm［0］、zm［1］、zm［2］、zm［3］、zm［4］分别表示数组 zm 的第 1、2、3、4、5 个元素，zm［9］就是最后一个元素，值为 8。

2.9.2 使用数组控制流水灯

1. 任务书

同2.7

2. 参考程序

```
#include<reg52.h>
#define uint unsigned int
#define uchar unsigned char
uchar i;
uchar code table[]={0xfe,0xfd,0xfb,0xf7,0xef,0xdf,0xbf,0x7f};
/*把点亮第1、2、3、…、8个灯的十六进制代码作为数组的元素*/
void delay(uint z)
{
  uint x,y;
  for(x=z;x>0;x--)
      for(y=110;y>0;y--);
}
void main()
{
  while(1)
  {
16行    for(i=0;i<8;i++)
17行    {
18行      P0=table[i];
19行      delay(500);
20行    }
21行  }
}
```

3. 部分程序详解

第16～21行：变量i的初值默认为0，当i=0时，进入for循环语句后，由于i<8为真，则不执行i++，而直接执行第18行：P0=table［0］，即P0=0xfe；（注：因为i=0），点亮了第一个灯。延时500ms后，再执行i++，i的值变为1，再判断i<8是否为真，结果为真，所以就执行第18行：P0=table［1］，即P0=0xfd，点亮了第二个灯…不断地循环，不断地循环点亮了各个灯。

2.10　使用指针控制流水灯

2.10.1　指针的概念和用法

指针是 C 语言中的重要概念。指针是一种变量，但它存储的是数据的地址，而不是存储数据。

1. 指针的定义

定义指针变量的方法和定义其他变量相似，但在变量名前面要加上“ * ”。“ * ”说明该变量是指针变量。例如：

```
unsigned char *a;           //变量 a 是一个指向无符号字符型数据的变量
int *p;                     //变量 p 是一个指向整型数据的变量
```

2. 指针运算符 & 和 *

指针变量要通过取地址运算符 & 获取变量（数据）的地址，通过取值运算符 * 将指针所指的地址存储的数据赋给变量。例如：

```
char a,b,*p;                //定义字符型变量 a、和指针变量 p
a=3;b=8;                    //给变量赋值
p=&a;                       //取变量 a 的地址赋给指针 p，也叫做指针 p 指向了变量 a
b=*p;                       //将指针 p 所指向的地址处存储的数据赋给 b
```

3. 指针指向数组的操作

指针指向数组的常用操作示例如下：

```
char z[]={0,2,4,6,8,10};        //定义一个数组
char *pa,x;                     //定义字符型变量 a、和指针变量 pa
pa=&z[0];                       //将数组的第一个元素（即 z [0]）的地址赋给指
                                  针 pa
pa=pa+3;                        //指针变量加 3，即指针指向了数组的第 4 个元素
x=*pa;                          //将数组的第 4 个元素赋给变量 x
```

2.10.2　使用指针控制流水灯

1. 任务书

在图 2-1 所示的电路，编写两个 LED 点亮，并依次流动（最初 D0、D1 点亮，向高位流动），不断循环。

2. 参考程序

```
#include "reg51.h"
#define LED P1
unsigned char code a[]={0xfc,0xf9,0xf3,0xe7,0xcf,0x9f,0x3f,0x7e};
                /*数组各元素对应着点亮流水灯的各状态,例如:0xfc 转换成二进制的
                  值为:1111 1100,对应着点亮 D0、D1 两个 LED */
unsigned char *pa;              //定义指针 pa
```

```
delay(unsigned int i){while(--i);}
void main()
{
    pa = &a[0];                          //最初,让指针 pa 指向数组第 1 个元素的地址
    while(1)
    {
      LED = * pa;                        //将指针所指向的地址所存储的数据送 LED
      delay(30000);
      pa + +;                            //指针加 1,指向下一个位置
      if(pa > &a[7])pa = &a[0];          //如果指针超出了数组范围,则回指第 1 个元素
    }
}
```

2.11 开关与灯的灵活控制

通过开关可将人工指令传送给单片机。开关与单片机常用的连接方法是：将单片机的某个端口（如 P3.0）通过开关接地，YL-236 单片机实训台钮子开关或按键与单片机的连接图如图 2-5a 所示。当开关闭合时，单片机的端口能检测到电平 0，LED 点亮，为开关闭合的指示；当开关断开时，单片机的端口检测到高电平。也就是说，如果单片机的端口检测到低电平，就认为开关闭合了，否则就认为开关是断开的。

YL-236 单片机实训台钮子开关实物模块如图 2-5b 所示。

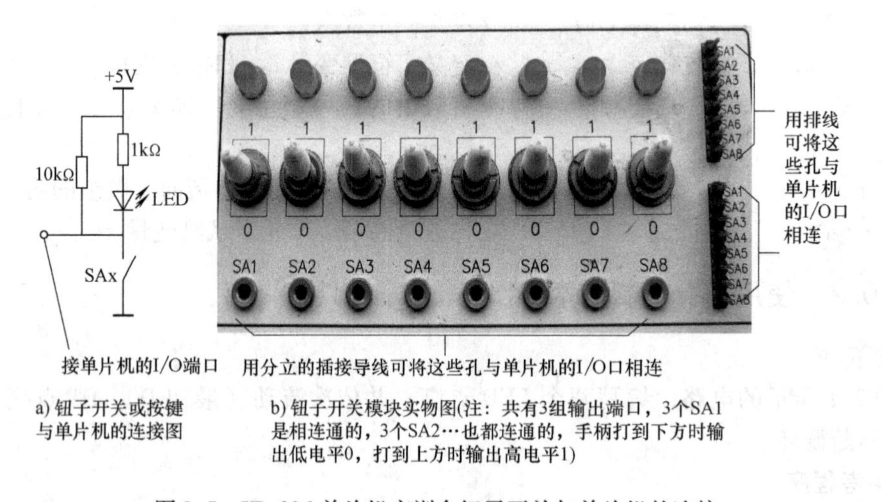

a) 钮子开关或按键与单片机的连接图

b) 钮子开关模块实物图(注：共有3组输出端口，3个SA1是相连通的，3个SA2…也都连通的，手柄打到下方时输出低电平0，打到上方时输出高电平1)

图 2-5 YL-236 单片机实训台钮子开关与单片机的连接

2.11.1 钮子开关控制单片机

钮子开关控制单片机实现停电自锁与来电提示

(1) 任务书：上电时，不管开关 SW 是闭合还是断开，LED 闪亮一次后关闭（注：闪亮的目的是提示来电了，关闭是防止停电后又来电，忘记了关灯而浪费电能）。扳动开关

后，LED 点亮，再扳动开关，LED 熄灭，如图 2-6 所示。

(2) 参考程序

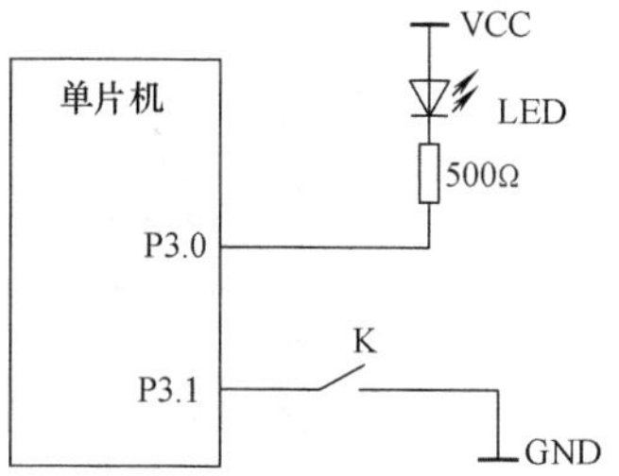

```
#include <REGX52.H>
sbit K = P3^1;
sbit LED = P3^0;
void delay(unsigned int i)
{
    while(--i);
}
main()
{
    bit bSW;                //定义一个标志变量(位变量,值为0或1)
    LED =0;                 //上电时点亮
    delay(55550);           //延时约0.5s
    LED =1;                 //关闭
    bSW = SW;               //把上电时开关的状态(闭合则 SW =0,否则 SW =1)赋
                              给 bSW
    while(1)
    {
        if(bSW! = SW)       //如果开关状态改变(即扳动了开关),则 bSW! =SW 为真
        {
          LED = !LED;       //LED 的值取反,使 LED 由亮变为灭或由灭变为亮
          bSW = SW;         //刷新状态记忆(将改变了的开关状态值赋给 bSW)
        }
    }
}
```


图 2-6　钮子开关控制单片机实现停电自锁与来电提示

2.11.2　轻触按键控制单片机

1. 轻触按键的基本特点

(1) 常见的轻触按键的实物（见图 2-7）。

(2) 轻触按键的通、断过程。在图 2-7a、b 中，无论按键按下与否，1 脚和 2 脚总是相通的，3 脚和 4 脚也总是相通的。当按键按下时，1、2 脚与 3、4 脚接通，按住不放则保持该状态，按键释放后（或没按下时），1、2 脚相通，3、4 脚相通，但 1、2 脚与 3、4 脚是断开的。图 2-7c、d 的通、断过程与此类似。

(3) 通断过程的抖动。由于机械触点的弹性作用，触点在闭合时不会马上稳定地接通，在断开时也不会立即断开。因而在闭合及断开瞬间会伴随着一连串的抖动，电压信号的波形如图 2-8 所示。

抖动时间的长短由按键的机械特性决定，一般为 5 ~ 10ms，这个时间参数很重要，在很多场合需要用到（即根据该参数的值进行消抖）。

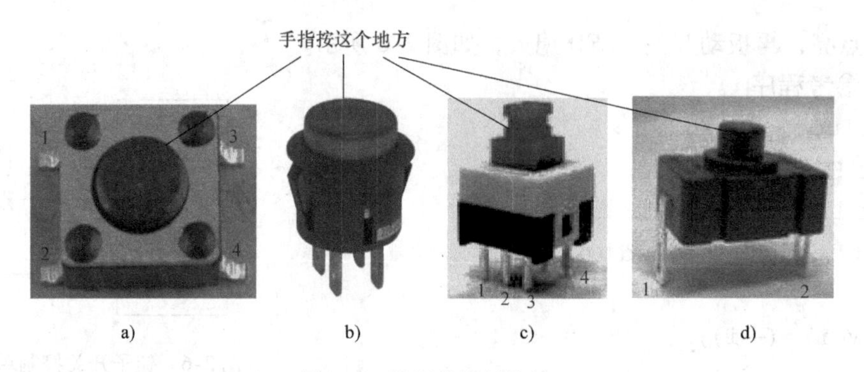

图2-7 常用的轻触按键

按键稳定闭合时间的长短由操作人员的按键动作决定，一般为零点几秒至数秒。

(4) 消抖。按键的抖动会引起一次按键被误读多次。为了确保按键的一次闭合只作一次处理，必须对按键作消除抖动（消抖）处理。消抖的方法有硬件消抖和软件消抖两种，硬件消抖可使用RS触发器（请参考其他书籍）。

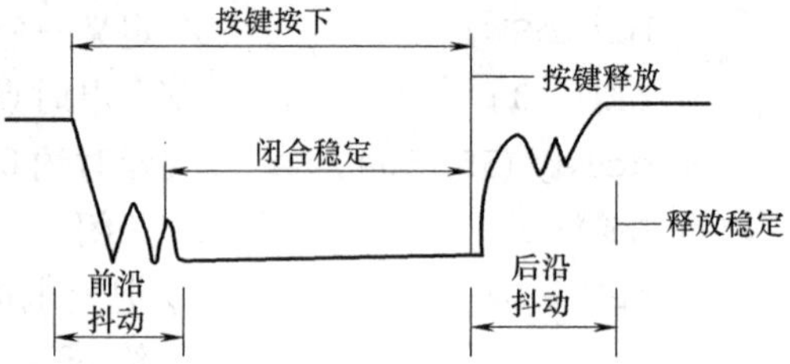

图2-8 按键的抖动波形

在单片机系统，按键的去抖通常采用软件去抖。具体方法是，当单片机检测到按键闭合（低电平）后，采用延时程序产生5~10ms的延时，等前沿抖动消失后再检测按键是否仍处于闭合状态（低电平），如果仍处于闭合状态，则确认真正有一次按键按下。当检测到有按键释放后，也要给5~10ms的延时，等后沿抖动消失后，才转入该按键按下所应执行的处理程序。

(5) YL-236单片机实训台独立按键模块的实物及原理图如图2-9所示。共有8个按键，所以有8个输出端子（SB1~SB8）。按键的一端在模块内已接地，当按键按下时，按键的输出端子得到低电平，将低电平传送给单片机的I/O端口。单片机的I/O端口检测到低电平，就认为按键按下了。

2. 轻触按键控制单片机的实例

(1) 任务书：开关a控制LED D1，开关b控制LED D2。当D1点亮时，b不能点亮D2，当D2点亮时，a不能点亮D1。点按a时，D1亮/灭转换，点按b时D2亮/灭转换，如图2-10所示。

(2) 参考程序

```
#include <reg52.h>
#define uint unsigned int
#define uchar unsigned char
sbit led1 = P3^0;        /* 定义端口,用led1代表P3.0端口(led1的值决定LED
                            D1的亮、灭状态) */
sbit led2 = P3^1;
sbit a = P2^4;           //a代表P2.5端口,a的值表示按键a的状态(即是否按下)
```

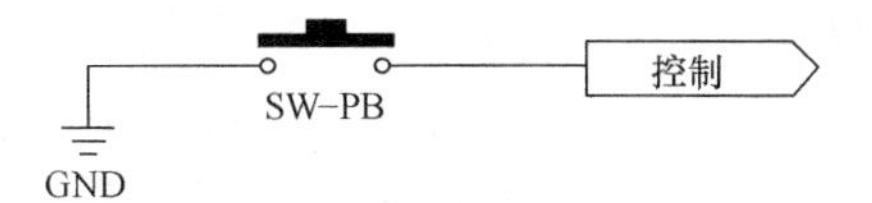

a) 独立按键工作原理图

b) 独立按键模块实物图

图 2-9　YL-236 单片机独立按键

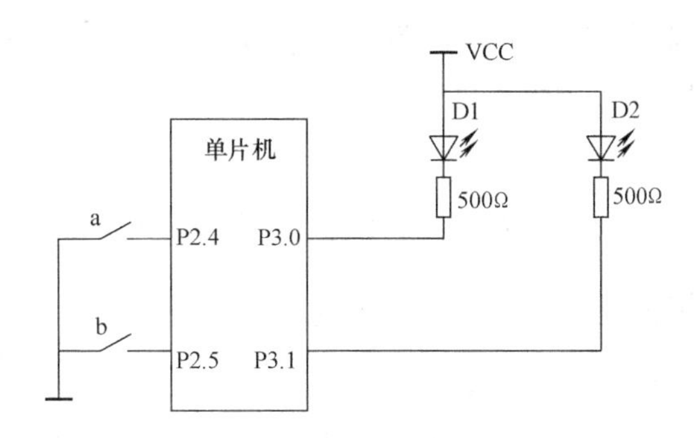

图 2-10　按键互锁控制 LED 的亮灭

```
sbit b = P2^5;                //b 代表 P2.4 端口,b 的值表示按键 b 的状态
void delay(uint z)            //定义 1ms 延时函数
{
    uint x,y;
    for(x = z;x > 0;x--)
      for(y =120;y > 0;y--);
}
void main()
{
16 行   if(a = =0&&led2 = =1)          //逻辑与。()内意思是按键 a 按下并且灯 D2 处于
                                        熄灭状态
17 行   {
18 行       delay(10);                 //延时消抖
```

```
19行      if(a = =0&&led2 = =1)   //16行和19行是嵌套的if语句。只有当16行()
                                     内的表达式成立时,才能执行18行和19行
          {
            led1 = ~led1;          //led1的值取反,LED D0亮灭状态改变,实现
                                     闪烁
          }
          while(!a);               //等待按键释放后,退出while,执行以后的语句
        }
        if(b = =0&&led1 = =1)      //表达式的意思是按键b按下并且灯D1处于熄灭
                                     状态
        {
          delay(10);
          if(b = =0&&led1 = =1)led2 = ~led2;     //if后的{}内若只有一条语
                                                   句,则可省掉{}
          while(!b);
        }
      }
```

2.12 按钮控制电动机的起动、停止、顺序起动、正反转、PWM调速

掌握了对单片机的位操作后，就能轻易地编写控制电动机的程序。

2.12.1 按钮控制直流电动机和交流电动机的起动和停止

1. 按钮控制直流电动机的起动和停止

（1）任务书：设S1为起动按钮，S2为停止按钮。点按S1，直流电动机就转动，点按S2，电动机停止。其电路如图2-11所示。

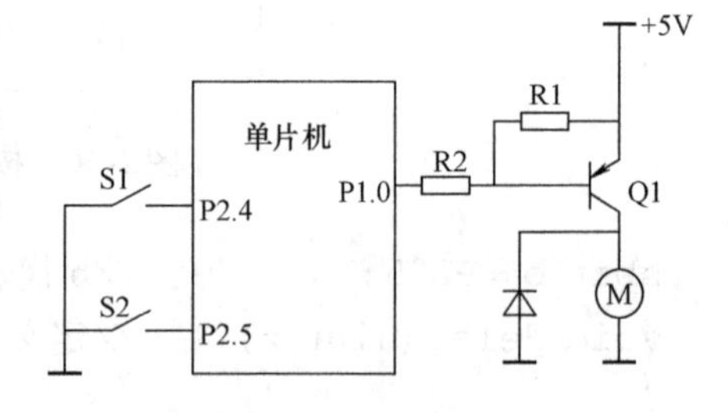

图2-11 按键控制直流电动机的起动和停止

（2）程序示例

```
#include <reg52.h>
sbit S1 =P2^4;
sbit S2 =P2^5;
sbit DJ =P1^0;                  //用DJ表示电动机的驱动脚,也可以用其他
                                  的合法变量名

void delay(uint z)
{
    uint x,y;
    for(x =z;x >0;x--)
        for(y =120;y >0;y--);
}
```

```
main()
{
  while(1)
  {
        if(S1 = =0)                    //第一次检测到按键 S1 按下
        {
          delay(10);                   //延时 10ms
                if(S1 = =0)DJ =0;      /*第二次检测到按键 S2 按下,电动机的驱
                                         动脚(即 P1.0)输出低电平到 Q1 的基
                                         极,使晶体管饱和导通,电动机得电,开
                                         始运转。只要 P1.0 一直输出低电平,电
                                         动机就一直处于运转状态*/
        }
        if(S2 = =0)                    //第一次检测到按键 S2 按下
        {
            delay(10);                 //延时 10ms
            if(S2 = =0)DJ =1;          /*第二次检测到按键 S2 按下,驱动脚输出
                                         高电平到 Q1 的基极,Q1 截止,电动机失
                                         去供电而停转*/
        }
    }
}
```

2. 按键控制交流电动机示例

将图 2-11 改为图 2-12，可控制交流电动机的起动和停止。当按键动作使 P1.0 输出低电平时，晶体管饱和导通，电磁继电器的线圈 L 得到直流电压，产生磁场力，使继电器的常开触点闭合（相当于开关 K 闭合），交流电动机 M 得电运转。当 P1.0 输出高电平时，Q1 截止，线圈 L 失电，继电器的常开触点断开（相当于开关断开），电动机停止运转。程序同上。

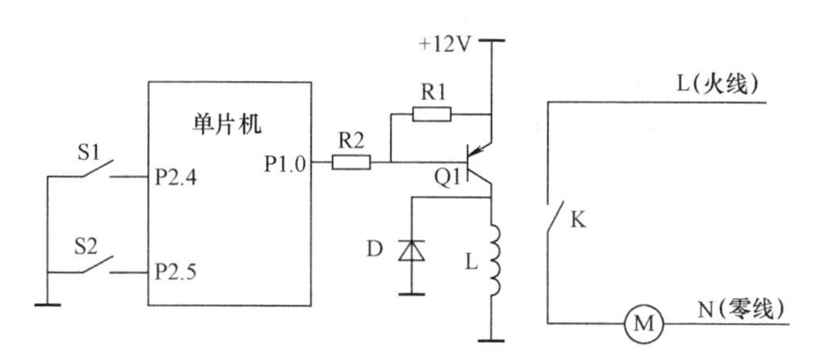

图 2-12　按键控制交流电动机的起动和停止

利用光耦合器取代晶体管，可实现弱电与强电隔离、减少干扰的作用。控制功率较大的电动机，可采用继电器或交流接触器。这些内容将在后续章节结合具体实例进行介绍。

2.12.2 按键控制交流电动机的顺序起动和正反转

1. 按键控制电动机的顺序起动

在实际应用中，常常遇到电动机必需按顺序起动，否则会出现事故的情况。例如在冷库中，必需首先起动冷水泵或冷却风扇，然后才能起动压缩机。停机时，必须首先停止压缩机，才能停止冷却水泵或冷却风扇。下面介绍用单片机解决这一问题的方法。

（1）任务书：交流电动机 M1 和 M2 的起动和停止过程是第一次点按 S1，电动机 M1 起动。只有当 M1 起动后，按键 S2 才生效，第一次点按 S2，电动机 M2 起动。第二次点按 S2，电动机 M2 停止，必须是 M2 停止后，按键 S1 才能生效。第二次点按 S1 时，电动机 M1 停止。

相关电路如图 2-13 所示。

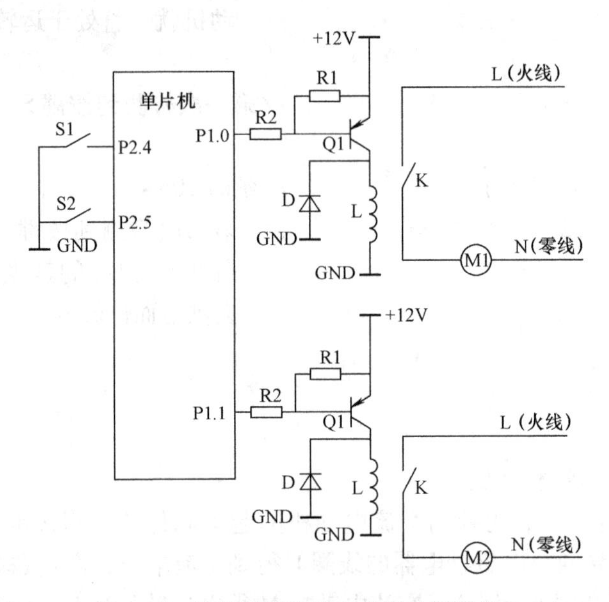

图 2-13 按键控制交流电动机的顺序起动

（2）程序示例 1（这种方式比较适合初学者的思维习惯）

```
#include <reg52.h>
#define uint unsigned int
#define uchar unsigned char
sbit dj1 = P1^0;sbit dj2 = P1^1;sbit s1 = P2^4;sbit s2 = P2^5;
void delay(uint z)
{
  uint x,y;
  for(x = z;x >0;x--)
      for(y =110;y >0;y--);
}
void main()
```

```
{
dj1 =dj2 =1;                              //电动机1、2都停止
while(1)
{
   if(s1 = =0&&dj1 = =1&&dj2 = =1)         //在电动机1、2都停止的状态按
                                             下S1
   {
      delay(10);                          //延时消抖
      if(s1 = =0&&dj1 = =1&&dj2 = =1)dj1 =0;
      while(!s1);                         //按键释放后退出所在在if语句
   }
   if(s1 = =0&&dj1 = =0&&dj2 = =1)         //若满足电动机1在运转、电动机2
                                             停止且S1按下
   {
      delay(10);
      if(s1 = =0&&dj1 = =0&&dj2 = =1)
      {
         dj1 =1;                          //电动机1停止(即在电动机2没有
                                            起动的条件下,第二次按下S1,则
                                            使电动机停止)
      }
      while(!s1);
   }
   if(s2 = =0&&dj1 = =0&&dj2 = =1)         //在电动机1、电动机2都运转的条件
                                            下按下S2
   {
      delay(10);
      if(s2 = =0&&dj1 = =0&&dj2 = =1)
      {
         dj2 =0;                          //电动机2起动(实现了顺序起动)
      }
      while(!s2);
   }
   if(s2 = =0&&dj1 = =0&&dj2 = =0)         //在电动机1、电动机2都在运转的条
   {                                        件下按下S2
         delay(10);
         if(s2 = =0&&dj1 = =0&&dj2 = =0)dj2 =1;     //停止电动机M2
         while(!s2);
   }
```

```
    }
}
```

（3）程序示例2（用switch……case语句，可锻炼灵活编程的能力）

```
/*头文件、宏定义、延时函数略*/
sbit s1 = P2^4;sbit s2 = P2^5;sbit dj1 = P1^0;sbit dj2 = P1^1;
/*编程时一条语句写一行，便于阅读。多条语句写在一行也符合语法。本书这样写是
   为了节约篇幅*/
uchar n;                        //定义一个全局变量n
void main()
{
12行    dj1 = dj2 = 1;          //P1.0和P1.1输出高电平，两电动机均不转动
        while(1)
        {
15行        if(s1 = = 0)              //键S1被按下
            {
               delay(10);            //延时10ms，消抖
18行           if(s1 = = 0)
              {
20行                switch(n)        //n的初值默认为0
                    {
22行                    case 0:dj1 = 0;n = 1;break; //电动机1起动，电动机2停止
23行                    case 1:dj1 = 1;n = 0;break; //电动机1停止，n清0
24行                    case 3:dj1 = 1;n = 0;break; //电动机1停止，n清0
                    }
                }
27行            while(!s1);
28行        }
29行        if(s2 = = 0)
            {
               delay(10);
32行           if(s2 = = 0)
               {
34行              switch(n)
                  {
36行                  case 1:dj2 = 0;n = 2;break;  //电动机2起动，n置为2
37行                  case 2:dj2 = 1;n = 3;break;
38行                  case 3:dj2 = 1;n = 1;break;
                 }
           }
```

```
41 行        while(!s2);                          //按键释放
          }
        }
      }
```

程序代码解释：

程序的执行过程是：18 行被执行第 1 次（即第 1 次点按 S1）以后→第 1 次执行 20 行，由于 n 初值默认为 0→执行 22 行（即电动机 1 起动，电动机 2 仍停止。n 置为 1，然后退出 switch 语句。注：→执行 29 行、30 行、31 行、32 行，若 S2 被点按→执行 34 行，由于 n 已被置为 1→执行 36 行（电动机 2 起动，n 被置为 2），然后退出 switch 语句。 注意，从以上过程可以看出：①若没有点按 S1，首先点按 S2，由于 n 的初值为 0，则 34 ~ 41 行不会被执行，电动机 2 也不会起动；②若点按 S1 后不点按 S2，则 n 值为 1，再点按 S1，则会导致电动机 1 停止，n 清 0，还原为刚上电的要求。符合题意。

当 S1 点按了第一次且 S2 被点按了一次后，再点按 S1→第 2 次执行 20 行，由于 n 值已被置为 2，所以 22 ~ 24 行不会被执行，即在电动机 1、电动机 2 都处于开启状态时，点按 S1 会无效→只有执行 29 行（即当 S2 点按后），由于 n = 2→所以执行 37 行，电动机 2 停止，n 被置为 3，退出 switch 语句→当再点按 S1 后（即执行 18 行）→由于 n = 3，所以执行 24 行，电动机 1 停止，n 清 0，退出 switch 语句，还原为初始状态。可见，在电动机 1、电动机 2 都在运转的情况下，只有停止电动机 2 后，才能停止电动机 1。

2. 按键控制电动机的正反转

（1）按键控制电动机正反转硬件电路示例。实践中经常遇到要求电动机正反转的情况，控制电动机正反转的常用基本电路见表 2-12。

表 2-12　控制电动机正反转的基本电路

类　别	图　示	说　明
直流电动机正反转的控制	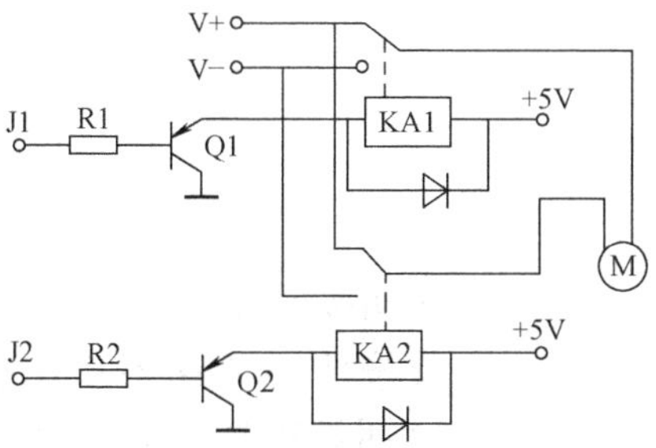 V+ V− J1 R1 Q1 KA1 +5V M J2 R2 Q2 KA2 +5V	KA1 和 KA2 为电磁继电器，当两个控制端子（接线端）同时为高电平或同时为低电平时，电动机停止； J1 为高电平、J2 为低电平时，Q1 截止，Q2 导通，KA1 触点系统不动作，KA2 的触点系统动作，电动机朝一个方向运转（设为正方向），J1 为低电平、J2 为高电平时，电动机朝另一方向运转（反方向）
交流电动机正反转的控制	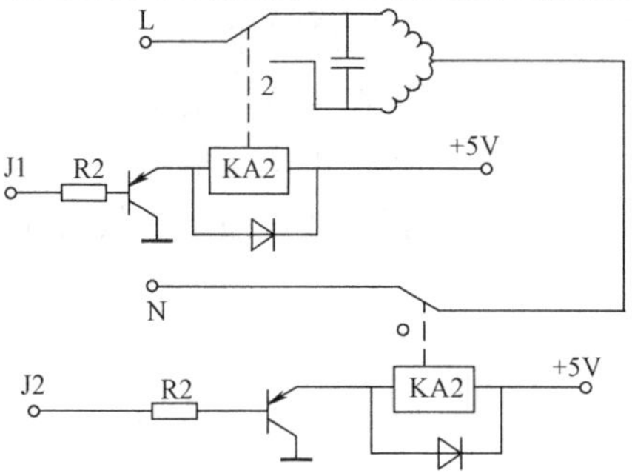 L 2 J1 R2 KA2 +5V N J2 R2 KA2 +5V	控制端 J1、J2 为高电平时，继电器 KA1 的触点系统不动作（火线通过触点 1 与电动机相连），KA2 触点系统不动作（零线是通的），电动机正转； 当 J2 为低电平，KA2 的触点系统动作，零线被切断，电动机停止； 当 J1 为低电平、J2 为高电平（零线与电动机之间接通），KA1 的触点系统动作（火线通过触点 2 与电动机相连），电动机反转

（2）常用的蜂鸣器驱动电路。常用的蜂鸣器驱动电路如图2-14所示。在图2-14a中，当BELL-IN脚得到低电平时，晶体管Q14饱和导通，蜂鸣器得电而鸣响，反之当BELL-IN脚得到高电平时，晶体管Q14截止，蜂鸣器失电，不鸣响。图2-14b中的晶体管是NPN型的，当BELL-IN得到高电平时鸣响。

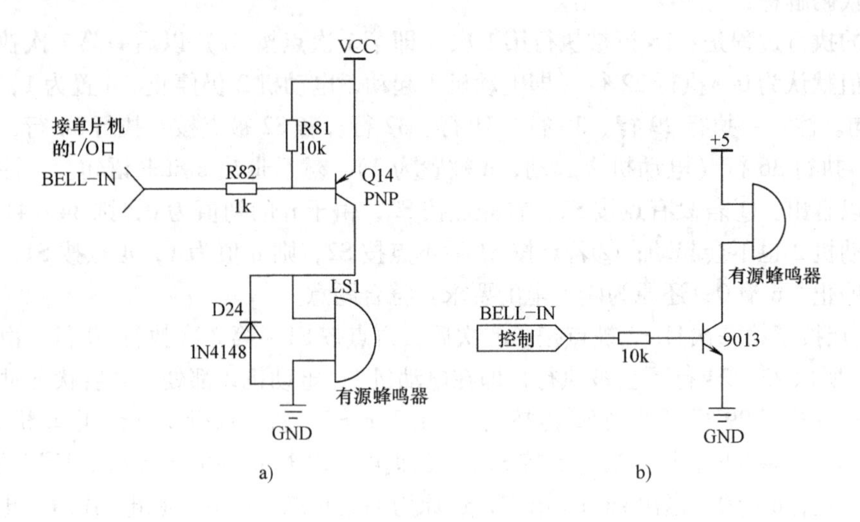

图2-14　常用的蜂鸣器驱动电路

由表2-12可知，控制电动机的正反转很简单，只要编程使单片机的I/O口输出相应的高、低电平给控制端子J1、J2，电动机就能实现正/反转。

（3）任务书：利用表2-12所示的直流电动机正反转的电路，要求用一个按键K控制一个直流电动机的正反转，具体是：第一次按下，电动机正转；第二次按下，电动机停止；第三次按下，电动机反转；第四次按下，电动机停止，每按一下，蜂鸣器响一声。如此循环。

（4）典型程序代码示例。

```
   #include <reg52.h>
   #define uint unsigned int
   #define uchar unsigned char
   sbit k = P2^7;            //声明按键(即用k表示P2.7口,该端口
                               接按键,参考图2-12的按键)
   sbit fmq = P1^3;          //声明蜂鸣器(fmq表示P1.3端口,用于
                               驱动蜂鸣器)
   sbit J1 = P1^4;           //控制电动机的端子
7行 sbit J2 = P1^5;          //控制电动机的端子
   uchar numk;               //记录按键按下次数的变量
   void delay(uint z)
   {
       uint x,y;
       for(x = z;x > 0;x--)
```

```
        for(y=110;y>0;y--);
}
void main()
{
J1=1;J2=1;                          //J1和J2同为高电平,电动机不转
while(1)
    {
        if(k==0)
        {
        delay(10);
        if(k==0)
        {
            fmq=0;                  //每按一次按键,蜂鸣器鸣响(蜂鸣器被
                                      低电平驱动)
            numk++;                 //每按一下,响一声,numk变量加1
            if(numk>4)numk=1;       /*当numk大于4则将numk变为1,随着
                                      按键的按下次数的增加,使num在1~
                                      4之间变化,num的4个值作为电动机
                                      4个运行状态的标志(注:将变量赋不
                                      同的值,每一个值用作表示任务过程各
                                      关键状态或关键时刻的标志,这些标志
                                      在编程时使用是十分方便的)
            }
            while(!k)
            fmq=1;                  //关闭蜂鸣器。蜂鸣器的驱动电路详见
                                      知识点。
        }
        switch(numk)
        {
            case 1:J1=1;J2=0;break;     //当numk==1时正转
            case 2:J1=1;J2=1;break;     //当numk==2时停止
            case 3:J1=0;J2=1;break;     //当numk==3时反转
            case 4:J1=1;J2=1;break;     //当numk==4时停止
        }
    }
}
```

技巧：也可以在第7行后加入宏定义语句

```
    #define ZEN J1=1;J2=0           //用ZEN表示J1=1;J2=0。注
                                      意最后是没有分号的
```

```
#define FAN J1 =0;J2 =1                            //反转
#define TIN J1 =1;J2 =1                            //停止
```

于是在 switch {} 内的语句中就可以写为：

```
case 1:ZEN;break;                                  //当 numk = =1 时正转
case 2:TING;break;                                 //当 numk = =2 时停止
case 3:FAN;break;                                  //当 numk = =3 时反转
case 4:TIN;break;
```

这样显得简洁。当端口改变后，只需改变宏定义中的端口，无需在程序中改，有利于程序的移植。

3. 直流电动机的 PWM 调速

（1）占空比的概念

如图2-15所示，V_m为脉冲幅度，T为脉冲周期，t_1为脉冲宽度。t_1与T的比值称为占空比。脉冲电压的平均值与占空比成正比。

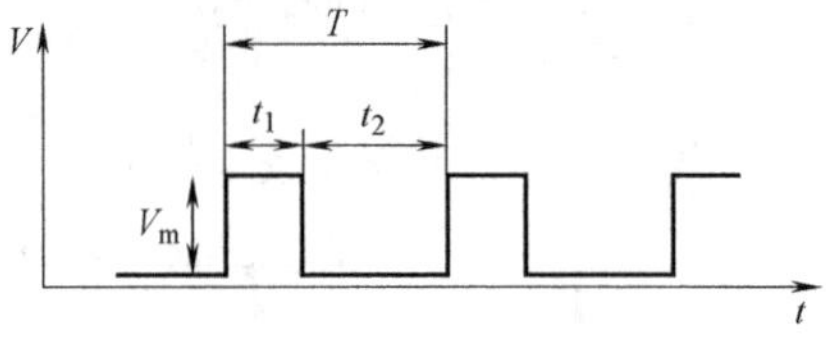

（2）脉冲宽度调制方式（PWM 调制方式）

改变加在直流电动机脉冲电压的占空比，可以改变电压的平均值。这种调速的方法称为脉冲宽度调制方式（PWM 调制方式）。

图2-15　矩形脉冲

（3）某控制微型直流电动机 PWM 调速的典型电路如图2-16所示。图2-16中 PWM+、PWM-分别接直流电动机的正、负极，PWM-IN 接单片机的 I/O 口。其工作原理是：当单片机的输出高电平给 PWM-IN、经 R19 传到 PNP 型晶体管 Q4 的基极，Q4 截止，从而使 NPN 晶体管 Q5 的基极也为低电平，Q5 截止，直流电动机 M 处于无供电状态（相当于图2-16中脉冲的低电平）；反之当单片机的输出低电平给 PWM-IN 时，Q4 导通，Q5 导通，M 有供电（相当于图2-15中脉冲的高电平）。

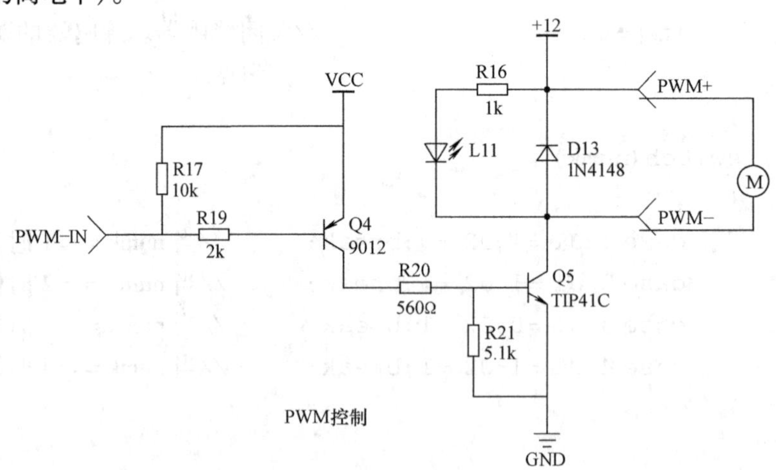

图2-16　直流电动机的 PWM 调速电路

（4）PWM 调速典型示例。

使电机逐渐加速（设 P1.0 接 PWMIN）：

```
        #include"regx52.h"
        sbit PWMIN = P1^0;                        //在 P1.0 引脚接 LED
        void main()
        {  unsigned int i =0,j;                   /*变量i控制脉冲低、高电平的
                                                    持续时间比例,实现调节速
                                                    度*/
            while(1){
06 行        PWMIN =0;                            //相当于电动机得电
07 行        for(j =0;j <i;j + +);                //当j从0递增到i的时间内,相
                                                   当于电动机得电
08 行        PWMIN =1;                            //相当于电动机无供电
09 行        for(j =i;j <1000;j + +);
10 行        i + +;                               //i 自增 1
11 行        if(i > =1000)i =1000;
           }
      }
```

（5）程序代码解释。程序执行第一遍时的过程是：06 行——为电动机得电；07 行——由于 i 初值为 0，07 行实际上不会执行，即得电无延时；08 行——电动机无供电；09 行——由于 i 初值为 0，为 i 自加到 1000 的延时（即无供电的状态的延时）；10 行——i 自加 1，使执行第二遍时电动机得电的状态保持的时间逐渐变长，无供电的状态保持的时间逐渐变短；11 行——i 小于 1000 时不会被执行，当 i 自加到大于等于 1000 时，就保持为 1000 这个值。

随着执行遍数的增加，第 10 行也执行了多遍，i 的值逐渐增加，电动机得电的持续时间逐渐增加，电动机的无供电时间逐渐减小，电动机转速逐渐变快。当 i 自加到等于 1000 时，第 09 行的延时实际就没有执行，即电动机无供电的时间为 0，电动机的转速达到最快。

2.13 典型训练任务

（1）用 if 语句完成本章中按键控制电动机正反转的任务。

（2）利用图 2-1 所示的电路，用 8 个 LED 演示出 8 位二进制数累加过程。间隔 300ms，第一次一个 LED 亮流动一次，第二次两个 LED 亮流动一次，依次到 8 个 LED 亮，然后重复整个过程。

（3）利用图 2-1 所示的电路，实现 8 个 LED 来回流动，每个 LED 亮 100ms，流动时让蜂鸣器发出“滴滴”声。

（4）利用图 2-1 所示的电路，实现 8 个 LED 间隔 300ms 先奇数亮再偶数亮，循环三次，一个灯上下循环三次，两个分别从两边往中间流动三次，再从中间往两边流动三次，8 个全部闪烁 3 次，关闭 LED，程序停止。

（5）利用图 2-1 所示的电路，实现一个 LED 先逐渐变亮，再逐渐熄灭。

第 3 章

数码管数字钟

本章导读

数码管价格低廉，是常用的显示器件之一。通过对本章的学习，读者可以轻松地掌握数码管的静态显示和动态显示，以及单片机内部定时器、外中断的用法，并且可以使在第 2 章所学的 C 语言知识得到深刻的理解和熟练使用，从而大幅提高单片机应用的编程能力。

3.1　数码管的显示原理

1. 实物与结构

一位 LED 数码管的实物和结构如图 3-1 所示。它由 8 个 LED（代号分别为 a、b、c、d、e、f、g、dp 或 h）排列成“日”形，任意一个 LED 叫做数码管的一个“段”。

通过给 a、b、c、d、e、f、g、dp 各个脚加上不同的控制电压可以使不同的 LED 导通、发光，从而显示 0 ~ 9 各个数字和 A、B、C、D、E、F 各个字母，还可以用来显示二进制数、十进制数、十六进制数，如图 3-2 所示。

2. 数码管类型、引脚编号和名称

由于 8 个 LED 共有 16 个引脚，为了减少引脚，形成了共阳极（共正极）和共阴极（共负极）两种数码管，其特点见表 3-1。

表 3-1　数码管的类型

名　称	图　示	说　明
共阴极数码管（典型型号 CPS05011AR、SM420501K、SM620501、SM820501 等）	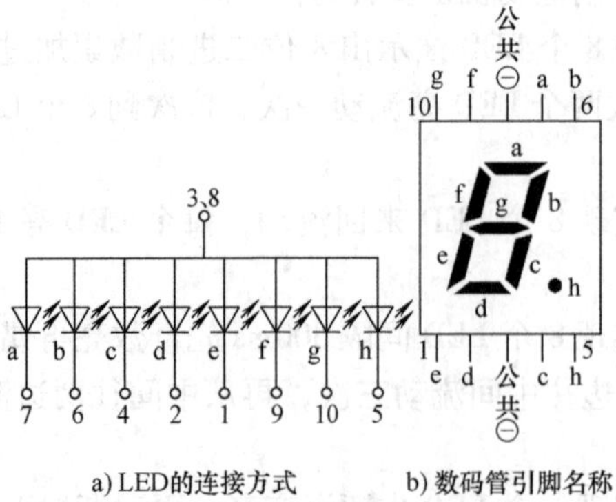 3,8 a b c d e f g h 7 6 4 2 1 9 10 5 a) LED的连接方式 公共 g f ⊖ a b 10 6 a f g b e c h d 1 5 e d 公共 c h ⊖ b) 数码管引脚名称 (注意：3脚和8脚在数码管内部是连通的)	① 引脚采用上、下排列结构的数码管，其引脚的编号如图 b 所示。 ② 内部将 8 个 LED 的负极连接在一起，接成一个公共端（COM 端），这就形成了共阴极数码管。 ③ 点亮方法：给公共端加上低电平，将需要点亮的 LED 的引出脚加上高电平。例如，若要显示 2，则需将 a、b、g、e、d 的引出脚即 7、6、2、1、10 脚加上高电平，公共脚加低电平即可

（续）

名　　称	图　　示	说　　明
共阳极数码管（典型型号有 SM410561K、SM610501、SM810501 等）	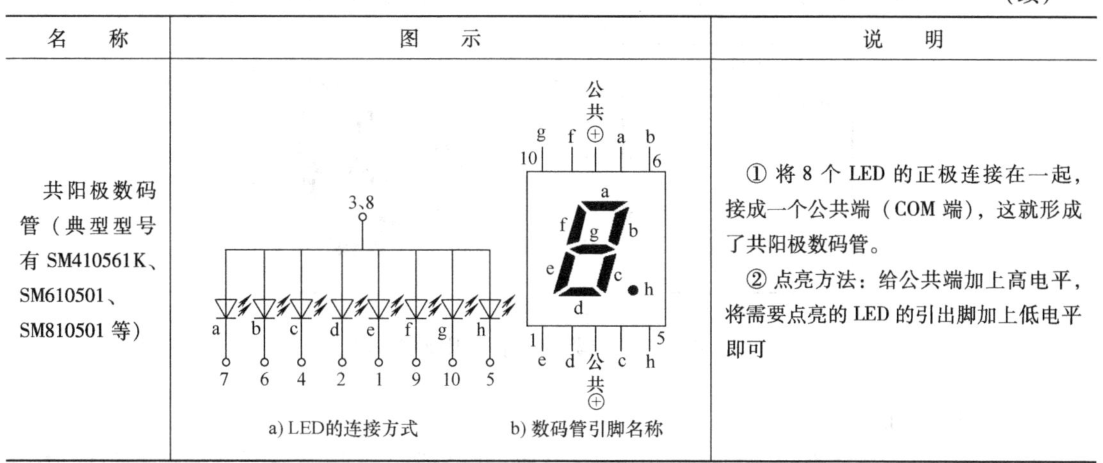 a) LED的连接方式　b) 数码管引脚名称	① 将 8 个 LED 的正极连接在一起，接成一个公共端（COM 端），这就形成了共阳极数码管。 ② 点亮方法：给公共端加上高电平，将需要点亮的 LED 的引出脚加上低电平即可

注意：通常表3-1中引脚上下排列的数码管的公共极都是3、8脚。引脚左右排列的数码管（如SM420361和SM440391等）的公共极是1、6脚，如图3-3所示。但也有例外，必须针对具体型号具体对待（可用万用表检测出公共脚）。

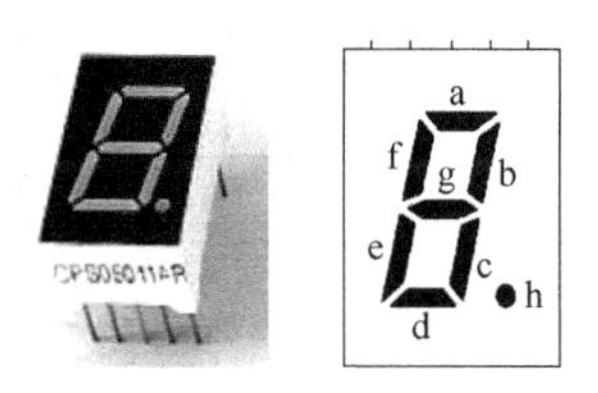

图3-1　数码管的实物和结构

图3-2　数码管显示的数字和字符

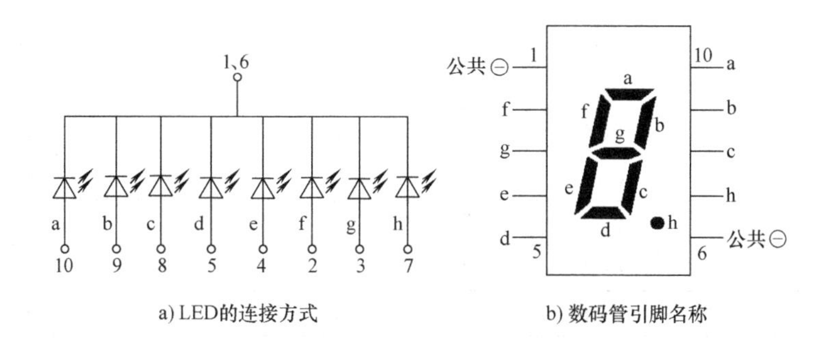

图3-3　公共极为1、6脚的数码管

3.2　数码管的静态显示

1. 数码管静态显示电路

所谓静态显示，就是数码管的笔画点亮后，这些笔画就一直处于点亮状态，而不是处于周期性点亮状态。

以共阳极数码管为例，用单片机 P2 端口驱动一个共阳极数码管的电路如图 3-4 所示。

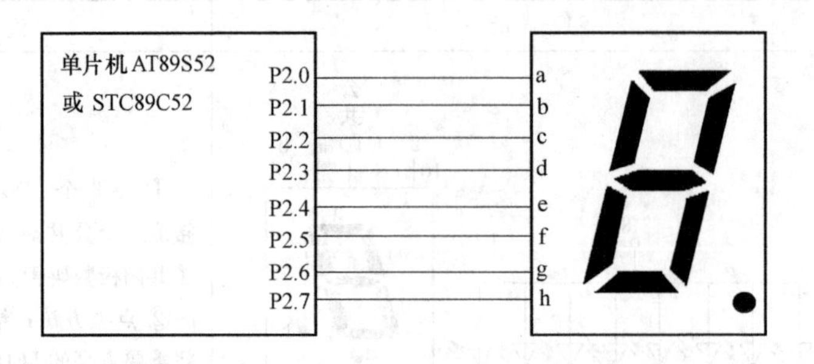

图 3-4 P2 端口驱动一个共阳极数码管

2. 段码（字形码）

数码管的笔画 a 接在单片机的低位即 P2.0 脚，h（或叫 dp）接在单片机的高位即 P2.7 脚。这是常用的接法。采用该接法时，要显示数字的常用数字的段码详见表 3-2。

表 3-2 共阳数码管显示常用字符对应的段码

字　符	段　码	字　符	段　码
0	0xc0	0.	0x40
1	0xf9	1.	0x79
2	0xa4	2.	0x24
3	0xb0	3.	0x30
4	0x99	4.	0x19
5	0x92	5.	0x12
6	0x82	6.	0x02
7	0xf8	7.	0x78
8	0x80	8.	0x00
9	0x90	9.	0x10
A	0x88	A.	0x08
b	0x83	b.	0x03
C	0xc6	C.	0x46
d	0xa1	d.	0x21
E	0x86	E.	0x06
F	0x8e	F.	0x0e

这些段码可以记住或查资料，但要知道为什么段码是这样的。例如，要显示 3，则数码管的 a、b、g、c、d 应点亮，即公共端为高电平，a、b、g、c、d 的引脚应为低电平（a = b = g = c = d = 0），其他引脚均为高电平（e = f = h = 1）。所按从高位到低位排列为 hgfedcba = 10110000，1011 十六进制为 b，0000 的十六进制为 0，所以编码为 0xb0。要显示 3，只需将 0xb0 赋给 P2 端口（即 P2 = 0xb0），就可以了。其他字符的段码编制方法与此相同。

注意：如果数码管的引脚a不接单片机端口的低位，则段码就要改变，可以自己编写段码。

3. 数码管的静态显示示例

（1）任务书：利用图3-4所示的电路，使数码管间隔0.5s依次循环显示：0→1→2→3→4→5→6→7→8→9→A→b→C→d→E→F的效果。

（2）程序示例

```
        #include <reg52.h>
        #define uint unsigned int
        #define uchar unsigned char
04行    uchar code LED[] = {0xc0,0xf9,0xa4,0xb0,0x99,0x92,
05行    0x82,0xf8,0x80,0x90,0x88,0x83,0xc6,0xa1,0x86,0x8e};
                                   /*数码管共阳数组(其元素依次是0、1、2、3……F) */
        delay(uint i){while(--i);}        //延时函数
        void main()
        {
09行        uchar n =0;                   /*变量n在本项目中用来表示共阳数组的下
                                             标,由于共有15个下标,所以n不能定义
                                             为bit型,也没必要定义为uint型,只宜定
                                             义成uchar型*/
            while(1)
            {
12行            P2 =LED[n];
13行            delay(62469);             //延时500ms
14行            n++;
15行            if(n>15)n=0;              //n=15时,显示F,当n=16时,就应该再从头
                                             开始显示,即显示0,所以有:if(n>15)n=0;
            }
        }
```

（3）代码解释

1）第04行、05行：由于数码管要显示的字符的段码是没有规律的，但是，我们把0、1、2……F这16个数对应的段码按顺序存入数组，这样数组的下标就与段码所显示的字符一一对应起来了。例如，a［0］表示0的段码，a［1］表示1的段码，a［10］表示A的段码。

2）第09、12、14、15行：n的不同值表示数组的不同下标，P2 = LED［n］也就是将不同的段码赋给了P0端口。当执行到第12行时，n的值在0～15范围内从小到大依次变化，数码管将依次显示0～F。

3）第14行和15行也可以合并写成：n =（n+1)%16。解释:%是取余运算，若n+1的值小于16，则（n+1)%16的值就是n+1。当（n+1） =16时，则（n+1)%16 =0；当（n+1） =17时，则（n+1)%16 =1；当（n+1） =18时，则（n+1)%16 =2。总之，(n+1)%16这个表达式的值被限制在0～15范围内。

这种静态显示方法的局限性是：使用一个数码管要占用单片机的8个端口，当需要同时显示多个字符时，单片机的端口不够用。在这种情况，宜采用数码管的动态显示。

注：数码管的静态显示除了用段码之外，还可以用硬件译码器（如CD4511）来完成数据到段码的转换。优点是编程简单，缺点是硬件电路复杂。

3.3 数码管的动态显示

数码管的动态显示是一种“分时复用技术”，也就是使每一个数码管依次快速点亮，然后熄灭。由于数码管点亮再熄灭后有余辉，人眼也具有“视觉暂留”现象，所以会感觉到各个数码管是同时显示各个字符的。本章以全国职业院校技能大赛指定产品YL-236单片机实训考核装置为例进行介绍。其方法适用任何实训开发板和自制的电路板。

3.3.1 YL-236单片机实训台数码管显示电路

1. 锁存器74LS377芯片介绍

74LS377芯片是一个锁存器，其引脚功能如图3-5所示。D0～D7为数据（8位二进制数）的输入端，Q0～Q7为数据（8位二进制数）输出端，$\overline{E}$为使能端，低电平有效（即为低电平时，该芯片有效，该芯片被选中）。CLK（或CP）为锁存信号输入端，上升沿锁存数据。上升沿就是CLK的电平由0变为1的过程，锁存数据就是将输入端D0～D7的数据传到输出端Q0～Q7，数据保持在Q0～Q7不变，直到有新数据传到输入端并且有锁存信号（即CLK的电平由0变为1）时，Q0～Q7的数据才会变为新的数据。

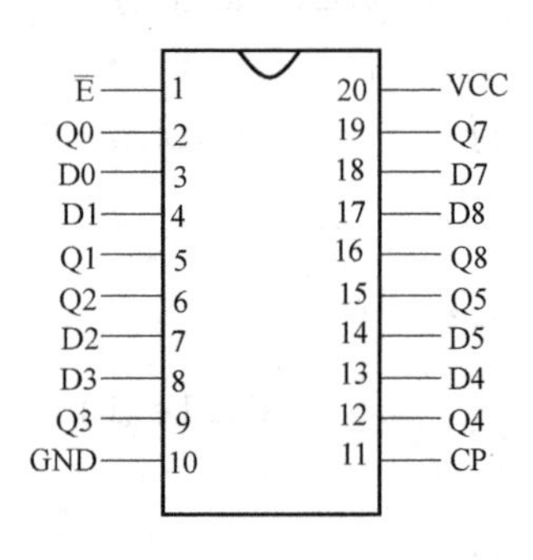

图3-5 74LS377引脚图

2. YL-236单片机实训台数码管显示电路及显示方法

（1）YL-236单片机实训台数码管显示电路原理图如图3-6所示。

（2）原理图解释

1）从图3-6的接线可以看出，两个锁存器的输入端是公共的。某一时刻，8个数码管中究竟哪一个可被点亮（即公共极加上高电平），由单片机I/O口输出的控制数据（8位）传到D0～D7后，由锁存器U2输出，控制8个晶体管是处于截止状态还是处于饱和导通状态。当某个晶体管（如V1）的基极得到低电平，就会处于饱和导通状态时，5V的供电就可以传到数码管DS1的公共极，使该数码管处于可显示状态，至于显示什么内容，由段码决定。当晶体管处于截止状态时，5V的供电就不能传到数码管的公共阳极，该数码管就不可能点亮，无论段码是什么。控制哪个数码管被点亮（即将供电传给该数码管的公共极）的过程叫“位选”，控制位选的数据叫做位选信号。

8个共阳数码管的段码由锁存器U1来传送，段码决定数码管显示的内容。段码也可叫段选信号。

2）数码管动态扫描的方法。由图3-6的接线可以看出，YL-236实训台上的CS1、CS2接线端子分别用于选择段、位锁存器，为片选端子。WR接线端子为锁存信号端子。

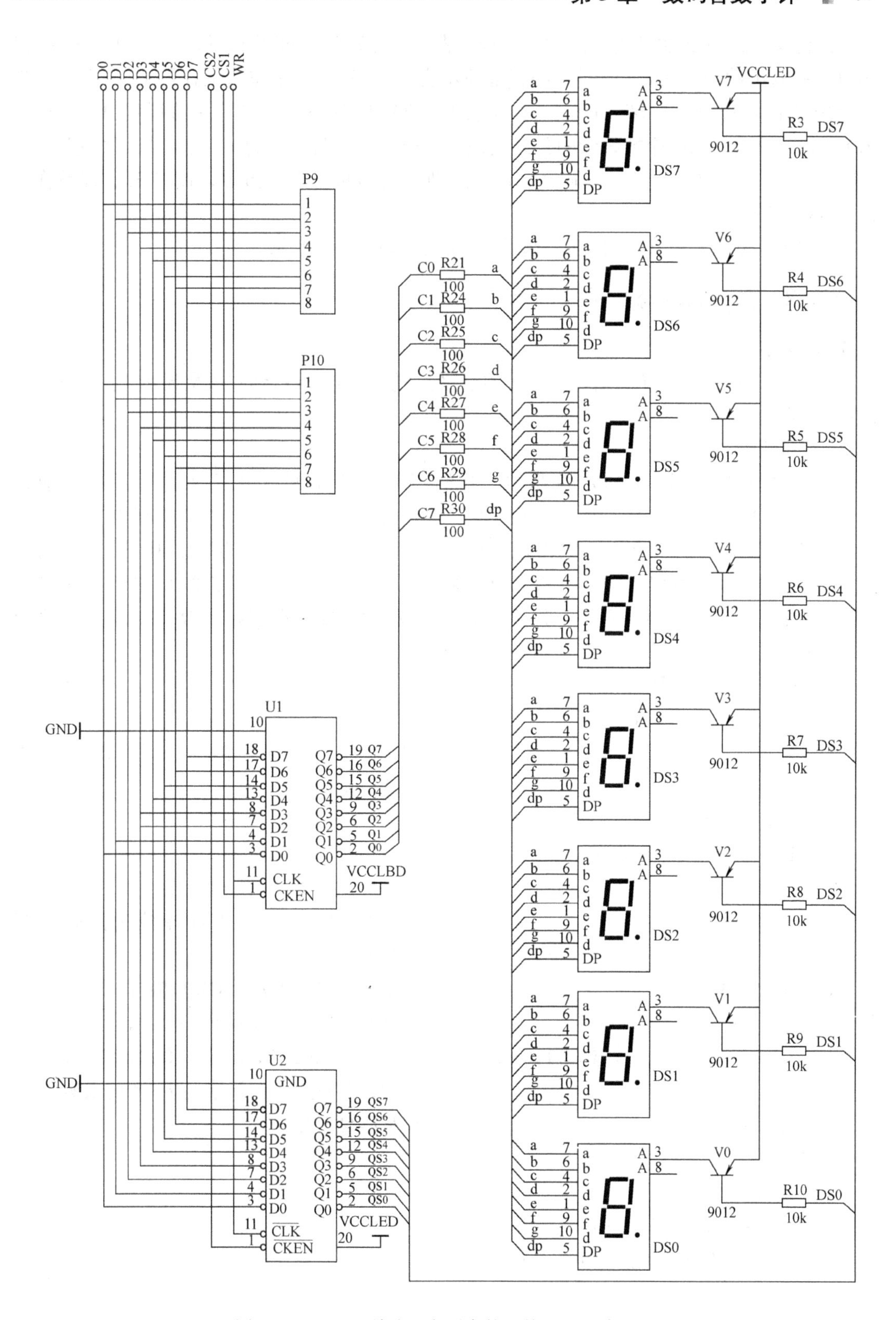

图 3-6　YL-236 单片机实训台数码管显示电路原理图

数码管动态扫描的方法是：选中段选锁存器U1→送第一个数码管的段码至D0～D7→锁存至U1的输出端Q0～Q7（这时数码管都还不会被点亮）；选中位选锁存器U2→送点亮第一个数码管的位选信号至D0～D7（不会干扰U1的输出端保存的段码）→锁存至U2的输出端Q0～Q7（这时，第一个数码管的公共极得电，被点亮，显示字符）→短暂延时→重复以上过程，使第二个数码管点亮、显示字符→短暂延时→重复以上过程，使第三个数码管点亮、显示字符……

（3）YL-236单片机实训台数码管显示电路实物如图3-7所示。

3.3.2 数码管动态显示入门示例

1. 任务书

利用YL-236实训台（见图3-5所示的电路），使数码管从右到左依次显示1、2、3、4、5、6、7、8。

2. 程序示例

（1）硬件连接。图3-6所示电路中，我们用P3.0端口输出电平来选择段码的锁存器，所以将P3.0与CS1端子相连；用P3.1端口输出电平来选择位码锁存器，所以将P3.1与CS2相连；用P3.2端口输出锁存信号，所以将P3.2与wr相连；用P2端口输出段码和位控制信号，所以，P2.0～P2.7与D0～D7相连。注意：硬件端口之间的接线是灵活的，端口之间的连接改变后，程序中标识符表示的端口也需相应改变，应与硬件的连接保持一致。

（2）程序代码及解释。

```
#include <reg52.h>
#include <intrins.h>                    //下面要用到循环移位"_crol_"函数,需添
                                          加"intrins.h"

#define uint unsigned int
#define uchar unsigned char
sbit cs1 = P3^0;                        //用标识符cs1(注:也可以用别的名字)表
                                          示P3.0端口,用于选择控制段码的锁
                                          存器
sbit cs2 = P3^1;                        //用标识符cs2表示P3.1端口
sbit wr = P3^2;                         /*用标识符wr表示P3.2端口
uchar code tabsz[] = {0xf9,0xa4,0xb0,0x99,0x92,0x82,0xf8,0x80,};
                                        /*共阳数组,组内元素为1~8的段码*/
void delay(uint z)                      //毫秒延时函数
{
    uint x,y;
    for(x = z;x >0;x--)
        for(y =120;y >0;y--);
}
void main()
```

a）YL-236单片机实训装置的数码管显示部分（注：此图为图3-6所对应的实物，其中锁存器、限流电阻、晶体管等实物设置在面板的反面）

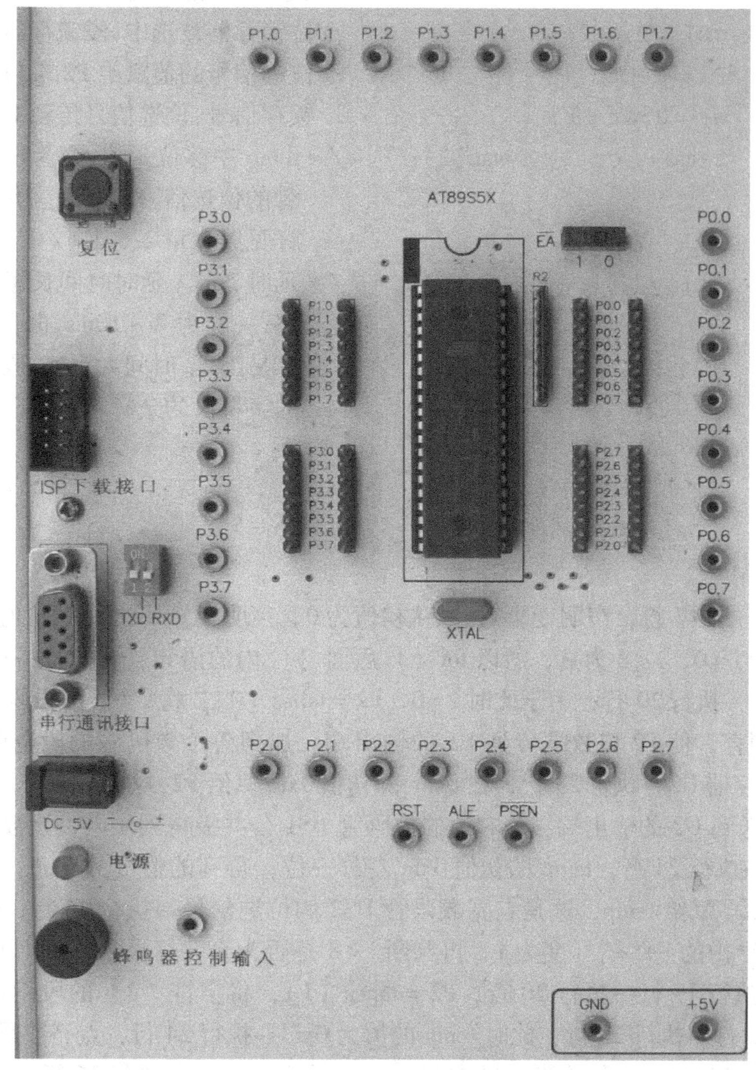

b）单片机部分（注：P0、P1、P2、P3这4组I/O口各有两组排线输入/输出插针和一组输入/输出插孔，单片机部分与各功能模块之间通过插接线连接）

图3-7　YL-236数码管显示和单片机部分

```
     {
17行      uchar i,temp =0xfe;          /*该项目中我们用temp的值表示数码管的
                                         位选信号,0xfe对应的二进制为1111
                                         1110,使数码管DS1处于可显示状态*/
18行      for(i =0;i <8;i + +)
          {
19行         cs1 =0;cs2 =1;             //段码锁存器U1被选中,位锁存器关闭
20行         P2 =tabsz[i];              //数组内的元素的值(转化为二进制)赋给
                                         P2端口。
21行         wr =0;wr =1;               //给锁存器加上锁存信号,使P2口数据传
                                         到U1的输出端
22行         cs1 =1;cs2 =0;             //位锁存器被选中,段锁存器关闭
23行         P2 =temp;                  //位选信号的值赋给P2端口
24行         wr =0;wr =1;               //锁存信号,位选信号传到U2的输出端
25行         temp =_crol_(temp,1);      /*temp左移位一位,变为选中下一个数码
                                         管的位选信号。_crol_为循环左移函数,
                                         详见第2章2.6.1*/
26行         delay(2);                  /*延时2ms。延时时间长短根据需要可调
                                         整,一般为2~10ms,时间太长,数码管
                                         容易闪烁,时间太短,数码管上一次点亮
                                         的字符段的余辉容易出在这一次的显示
                                         中*/
          }
     }
```

（3）代码解释

首先，执行第17行，声明变量i，默认初值为0，声明变量temp，赋初值为0xfe→执行第18行。由于i=0，i<8为真，所以for（）后面{}内的语句会被执行→执行19行，选中段锁存器U1→执行20行，由于此时i=0，P2=tabsz[0]，将“1”的段码的值赋给P2→执行21行，锁存，使P2口数据传到U1的输出端，加到各个数码管的段电极上→执行22行，选中位锁存器U2→执行23行，将temp的初值0xfe赋给P2→执行24行，锁存，位选信号（0xfe）传送到U2的输出端，最右边的数码管DS1公共极得到供电，该数码管点亮，显示数码“1”→执行25行，temp的初值0xfe左移一位，得到的值（为0xfd，对应的二进制数为1111 1101）赋给temp，这是点亮数码管DS2的位选信号→执行26行，短暂延时→执行18行for（）内的i++，i变为1，再判断i<8是否为真，结果为真，则for（）后面的语句被执行→执行19行→执行20行，P2=tabsz[1]，将字符“2”的段码赋给P2→执行21行→执行22行→执行23行，此时temp的值为0xfd→执行24行，点亮数码管DS2，并显示“2”→执行25行，temp的值0xfd左移一位，再赋给temp→执行26行……不断地循环、重复，依次短时点亮各个数码管，每个数码管显示相应的字符，看起来就像各个数码管在同时显示字符。

3.4　数码管24h时钟

时钟需要精确计时。如果使用延时函数来计时，误差较大。为了时钟计时精确，需要使用定时器，定时器是单片机的中断源之一。所以我们首先学习单片机的中断系统及中断的应用，再完成24h时钟的编程。

3.4.1　单片机的中断系统

中断是为了使单片机对外部或内部随机发生的事件具有实时（即时）处理能力而设置的。有了中断，使单片机处理外部或内部事件的能力大为提高，它是单片机的重要功能之一，是我们必须掌握的。

1. 中断的基本概念

中断是CPU在执行现行程序（事件A）的过程中，发生了另外一个事件B，请求CPU迅速去处理（注：这就叫“中断请求”），使CPU暂时中止现行程序的执行（注：这叫“中断响应”），并设置断点，转去处理事件B（注：这叫“中断服务”），待将事件B处理完毕，再返回被中止的程序即事件A，从断点处继续执行（注：这叫“中断返回”的过程）。

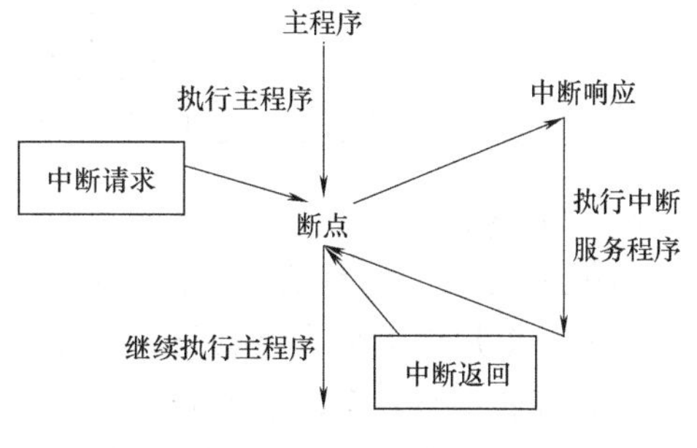

图3-8　中断响应过程

中断的响应过程如图3-8所示。

生活中，中断的例子很多。例如，你正在看书（执行主程序），突然电话响了（中断请求），你停止看书（中断响应为在书上作记号，即设置断点），再去接听电话（中断服务），接听电话完毕，你再返回从断点处继续看书（中断返回）。

关于中断，还要理解以下两个概念：

① 中断系统：实现中断的硬件逻辑和实现中断功能的指令统称为中断系统。

② 中断源：引起中断的事件称为中断源，实现中断功能的处理程序称为中断服务程序。51系列的单片机一共有51个中断源，见表3-3。

表3-3　51系列的单片机的中断源

符　号	名　称	说　明
INT0	外部中断0	由单片机外部器件的状态变化（低电平或下降沿，可由寄存器TCON进行设置）引起的中断，中断请求由P3.2端口引入单片机。TCON的具体设置稍后介绍
INT1	外部中断1	由单片机外部器件的状态变化（低电平或下降沿，可由寄存器TCON进行设置）引起的中断，中断请求由P3.3端口引入单片机

（续）

符　　号	名　　称	说　　明
T0	定时器/计数器0中断	由单片机内部的T0计数器计满回零引起中断请求。编程时可以对寄存器TMOD进行设置来使T0工作于定时器方式或计数器方式。TMOD的具体设置稍后介绍。 计数器是对外部输入脉冲的计数，每来一个脉冲，计数器加1，当计数器全为1（计满）时，再输入一个脉冲就使计数器回0，产生计数器中断，通知CPU完成相应的中断服务处理。 定时器是通过对单片机内部的标准脉冲（由晶振等产生的时钟信号经12分频而得到）进行计数，一个计数脉冲的周期就是一个机器周期。计数器计算的是机器周期的脉冲个数，计满后再输入一个脉冲就使计数器回0，产生中断，从而实现定时功能
T1	定时器/计数器1中断	由单片机内部的T1计数器计满回零引起中断请求
T2	定时器/计数器2中断	由单片机内部的T2计数器计满回零引起中断请求（注：对52系列的单片机才有该中断，51单片机没有该中断）
TI/RI	单行中断	由串行端口完成一帧字符的发送/接收后引起，属于单片机内部中断源

2. 中断优先级

当单片机正在执行主程序时，如果同时发生了几个中断请求，单片机会响应哪个中断请求，或者，单片机正在执行某个中断服务程序的过程，又发生了另外一个中断请求，单片机是立即响应还是不响应，这取决于单片机内部的一个特殊功能寄存器——中断优先级寄存器的设置情况。我们通过设置中断优先级寄存器，可以告诉单片机，当两个中断同时产生时先执行哪个中断程序。如果没有人为地设置中断优先级寄存器，则单片机会按照默认的优先级进行处理（即优先级高的先执行）。如果设置了中断优先级寄存器，则按设置的优先级进行处理。52系列的单片机默认的中断优先级别详见表3-4。

表3-4　52系列的单片机默认的中断级别

中　断　源	优先级	中断序号（C语言编程用）	入口地址（汇编语言编程用）
INT0—外部中断0	最高	0	0003H
T0——定时器/计数器0中断	↓	1	000BH
INT1——外部中断1		2	0013H
T1——定时器/计数器1中断		3	001BH
TI/RI——串行口中断		4	0023H
T2——定时器/计数器2中断	最低	5	002BH

3. 中断嵌套

所谓中断嵌套，就是如果单片机正在处理一个中断程序，又有另一个级别较高的中断请求发生，则单片机会停止当前的中断程序，而转去执行级别较高的中断程序，执行完毕后再返回到刚才已经停止的中断程序的断点处继续执行，执行完毕后再返回到主程序的断点处继续执行。中断嵌套的流程图如图3-9所示。

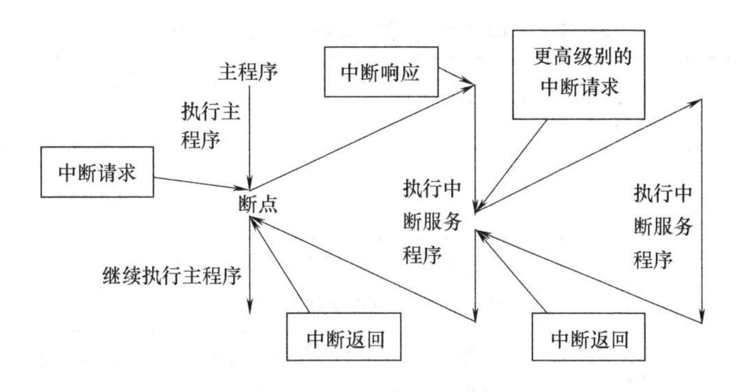

图3-9 中断嵌套流程图

4. 应用中断需要设置的4个寄存器

（1）中断允许寄存器IE。CPU对中断源是开放（允许）或屏蔽（不允许），由片内的中断允许寄存器IE控制。IE在特殊功能寄存器中，字节地址为A8H，位地址从低位到高位分别为A8H~AFH，该寄存器进行位寻址，即编程时对寄存器的每一位都可以单独操作。单片机复位时IE的各个位全部被清0（即各个位都变为0）。

IE各个位的定义详见表3-5。

表3-5 中断允许寄存器IE各位的意义

位序号	位符号	位地址	位符号的意义
D7	EA	AFH	中断允许寄存器IE对中断的开放和关闭实行两级控制，即有一个总开、关中断控制位EA，当EA=0时，则屏蔽所有的中断申请（任何中断申请都不接受）；当EA=1时，CPU开放中断（中断可用），但5个中断源还要由IE的低5位的各对应控制位的状态进行中断允许控制
D6	—	—	
D5	ET2	ADH	定时器/计数器2的中断允许位。当ET2=1时，开启T2中断；当ET2=0时，关闭T2中断
D4	ES	ACH	串口中断允许位。当ES=1时，开启串口中断；当ES=0时，关闭串口中断
D3	ET1	ABH	定时器/计数器1的中断允许位。当ET1=1时，开启T1中断；当ET1=0时，关闭T1中断
D2	EX1	AAH	外部中断1的中断允许位。当EX1=1时，开启外中断1；当EX1=0时，关闭外中断1
D1	ET0	A9H	定时器/计数器0的中断允许位。当ET0=1时，开启T0中断，当ET0=0时关闭T0中断
D0	EX0	A8H	外部中断0的中断允许位。当EX0=1时，开启外中断0，当EX0=0时，关闭外中断0

（2）中断优先级寄存器IP。中断优先级寄存器IP在特殊功能寄存器中，字节地址为B8H，位地址从低位到高位分别为B8H~BFH，该寄存器可以进行位寻址，即编程时可以对寄存器的每一位都可以单独操作。IP寄存器用于设定各个中断源属于两级中断中的哪一级。单片机复位时，IP全部被清0。IP的各位定义详见表3-6。

表3-6 中断优先级寄存器IP各位的意义

位序号	位符号	位地址	位符号的意义
D7	—	AFH	
D6	—	—	
D5	—	—	
D4	PS	BCH	串口中断优先级控制位。当PS=1时，串口中断定义为高优先级中断；当ES=0时，串口中断定义为低优先级中断
D3	PT1	BBH	定时器/计数器1中断优先级控制位。当PT1=1时，定时器/计数器1定义为高优先级中断；当PT1=0时，定时器/计数器1定义为低优先级中断
D2	PX1	BAH	外部中断1的中断优先级控制位。当PX1=1时，外部中断1定义为高优先级中断；当PX1=0时，外部中断1定义为低优先级中断
D1	PT0	B9H	定时器/计数器0中断优先级控制位。当PT0=1时，定时器/计数器0定义为高优先级中断；当PT0=0时，定时器/计数器0定义为低优先级中断
D0	PX0	B8H	外部中断0的中断优先级控制位。当PX0=1时，外部中断0定义为高优先级中断；当PX0=0时，外部中断0定义为低优先级中断

注意：高优先级中断能够打断低优先级中断而形成中断嵌套，同优先级中断之间不能形成中断嵌套，低优先级中断不能打断高优先级中断。

一般情况下，中断优先级寄存器不需设置，而采用默认设置。

（3）定时器/计数器工作方式寄存器TMOD。TMOD在单片机内部的特殊功能寄存器中，字节地址为89H，不能位寻址（即编程时不能单独操作各个位，只能采用字节操作）。该寄存器用来设定定时器的工作方法及功能选择。单片机复位时，TMOD全部被清0，TMOD各位的定义详见表3-7。

表3-7 定时器/计数器工作方式寄存器TMOD各位的定义

<table>
<tr><th>项 目</th><th>位序号</th><th>位符号</th><th>位符号的意义</th></tr>
<tr><td rowspan="4">高4位用于设置T1</td><td>D7</td><td>GATE</td><td>门控制位。若GATE=0，则只要在编程时将TCON中的TR0或TR1的值置为1，就可以启动定时/计数器T0或T1工作；若GATE=1，则编程时将TR0或TR1置为1，同时还需将外部中断引脚（INT0或INT1）也置为高电平时，才能启动定时/计数器T0或T1工作。即此时定时器的启动条件，加上了或引脚为高电平这一条件</td></tr>
<tr><td>D6</td><td>$C/\overline{T}$</td><td>定时器/计数器模式选择位。当$C/\overline{T}$为1时，为计数器模式，为0时为定时器模式</td></tr>
<tr><td>D5</td><td>M1</td><td rowspan="2">M1、M0为工作方式选择位。T0和T1都有4种工作方式。
① M1=0且M0=0时，为方式0，即13定时器/计数器
② M1=0且M0=1时，为方式1，即16定时器/计数器（方式1为常用方式）
③ M1=1且M0=0时，为方式2，即8位初值自动重装的8定时器/计数器
④ M1=1且M0=1时，为方式3，仅适用于T0，分成两个8位计数器，T1停止</td></tr>
<tr><td>D4</td><td>M0</td></tr>
</table>

（续）

项 目	位序号	位符号	位符号的意义
低4位用于设置T0	D3	GATE	同高4位
	D2	$C/\overline{T}$	同高4位
	D1	M1	M1、M0为工作方式选择位。T0和T1都有4种工作方式。
	D0	M0	① M1 = 0且M0 = 0时，为方式0，即13定时器/计数器 ② M1 = 0且M0 = 1时，为方式1，即16定时器/计数器（方式1为常用方式） ③ M1 = 1且M0 = 0时，为方式2，即8位初值自动重装的8定时器/计数器 ④ M1 = 1且M0 = 1时，为方式3，仅适用于T0，分成两个8位计数器，T1停止

（4）中断控制寄存器TCON。TCON在特殊功能寄存器，字节地址为88H，位地址从低到高为88H～8FH，TCON可以进行位寻址（每一位可单独操作）。该寄存器用于控制定时器/计数器的开启、停止，标志定时器/计数器的溢出和中断情况，还可对外中断、对行进行设置。单片机复位时TCON全部清0。TCON各位的定义详见表3-8。

表3-8 TCON各位的定义

位序号	位符号	位地址	位符号的意义
D7	TF1	8FH	定时器1中断请求标志位。当定时器1计满溢出时，由硬件自动将此位置“1”，进入中断服务程序后由硬件自动清0。注意：如果使用定时器中断，该位不需人为操作。但是编程时若使用程序查询的方式查询到该位置1后，就需要用程序去清0
D6	TR1	8EH	定时器1的运行控制位。当TMOD高4位中的GATE = 1时，编程时将该位置1，且INT1 = 1时，才能启动T1，置0时关闭T1；当TMOD高4位中的GATE = 0时，编程时将该位置1，启动T1，置0时关闭T1
D5	TF0	8DH	定时器0中断请求标志位。其功能及操作方法同TF1
D4	TR0	8CH	定时器0的运行控制位。其功能及操作方法同TR1
D3	IE1	8BH	外中断1请求标志位。有中断请求时该标志位置1，没有中断请求时或中断程序执行完毕后该位由硬件自动清0
D2	IT1	8AH	当IT1 = 0，为电平触发方式，即在每个机器周期的S5P2采样INT1脚（即P3.3脚），若该脚为低电平，则产生中断请求，IE1 = 1，否则IE1清0； 当IT1 = 1，为负跳变触发方式，即在单片机采样到INT1脚（即P3.3脚）的电平由高变低时，则产生中断请求，IE1 = 1，否则IE1清0
D1	IE0	89H	外部中断0请求标志，其功能及操作方法同IE1
D0	IT0	88H	外部中断0触发方式选择位，其功能及操作方法同IT1

5. 中断服务程序的写法（格式）

C51中断函数的格式如下：

```
void  函数名()interrupt 中断号
  {中断服务程序的语句}
```

说明：中断函数不能返回任何值，所以前面需加 void；函数名可以随便起，只要不和 C 语言关键词相同就行了；中断函数是不带参数的，所以（）内为空；interrupt 是固定的，必需的；中断号就是表3-4 中的中断序号，需记住。

例如，定时器 T1 的中断服务可写为：void T1_ time()interrupt 3。

3.4.2 定时器 T0 和 T1 工作方式 1 应用示例

1. 单片机的几个周期概念

（1）时钟周期：时钟频率的倒数。

（2）机器周期：为单片机的基本操作周期，在一个基本操作周期内单片机可完成一个基本的操作（如存储器的读写、取指令等）。机器周期为时钟周期的 12 倍。对于 11.0592MHz 的晶振，可算出机器周期约为 1.09μs。

（3）指令周期：指 CPU 执行一条指令所需的时间，一般一个指令周期为 1 ~4 个机器周期。

2. 定时器的工作方式 1

方式 1 的计数位是 16 位。以 T0 为例进行说明，T0 由两个寄存器 TL0 和 TH0 构成，TL0 为低 8 位，TH0 为高 8 位。

启动 T0 后，TL0 便在机器周期的作用下从 0000 0000 开始计数（计到 00000001→00000010→00000011→00000100→……），当 TL0 计满也就是计到 1111 1111（即 255）时，再计 1 个数即计到 256 时，TL0 清 0（即变为 0000 0000），同时向 TH0 进一位，直到 TH0 也计满（此时 TH0、TL0 内的数为 1111 1111，即 65535），再计 1 个数就溢出，产生中断请求，同时 TF0（中断标志位）由硬件自动置 1。中断服务程序执行完毕后，硬件自动将 TF0 清 0。

以上是定时器方式 1 的工作过程，其他的 8 位定时器、13 位定时器的工作方式基本相同。

可以看出，TH0 中每增加一个“1”，就相当于计了 256 个数。这是在方式 1 给定时器装初值时，TH0 中装入的是初值对 256 取模，TL0 中装入的是初值对 256 取余的原因。

3. 任务书

在图 2-1 所示的电路中，利用定时器/计数器 0 的工作方式 1，实现一个 LED（以 D0 为例）亮 1s、熄 1s，这样周期性地闪烁。

4. 典型程序示例及解释

```
      #include <reg52.h>
        unsigned char num;
        sbit D0 = P1^0;                    //定义 P1.0 端口（用标识符 D0 表示）
        void main()
        {
            TMOD = 0x01;                   //0x01 的二进制数为 00000001，即寄存器 TMOD
                                             的最低位 M0 为 1，其余全为 0，这样就把定时
                                             器 0 设为方式 1，即 16 位定时器
07 行       TH0 = (65536-45872)/256; //给定时器的高 8 位赋初值
08 行       TL0 = (65536-45872)% 256; //给定时器的低 8 位赋初值
```

/ * 07、08 这两行是给 T0 装初值。①16 位定时器的最大计数范围是 0000000000000000 ~ 1111111111111111，即从 0 计到 65535，再加一个数就溢出（产生了中断）。但是我们一般不需要定时器经过这么长的时间才产生中断，所以我们可以根据定时的需要给定时器加上初始值。②如果单片机的晶振频率为 11.0592MHz（一般的实验板都是这样），机器周期为 1.09μs（计一个数的时间），若要定时器每 50ms（50000μs）产生一个中断，则需要计数的次数为 50000μs /1.09μs =45872，所以我们现在给定时器加的初值为 65536-45872 =19663，定时器启动后从初值开始不断自加 1，直到共自加 45872 次（定时器变为 65535 后再自加了一次），定时器溢出，产生了中断 * /

```
    EA =1;              //开总中断。注：IE 寄存器可以采用位操作
    ET0 =1;             //开定时器 0 中断
    TR0 =1;             //启动定时器 T0
    while(1)
    {
14 行       if(num = =20)
15 行       {
16 行           num =0; D0 = ~D0;
```

/ * 14 ~16 行解释：num 值的变化是由定时器 0 中断引起的。由装的初值决定 T0 每隔 50ms 产生一次中断，每一次中断 num 的值就自加 1，num 从 0 自加到 20，就是 1s 的时间，num 就需清 0（注：再从 0 开始自加，达到 20 时再产生中断），D0 = ~D0 为 D0 的状态取反，即可实现数码管闪烁。几个语句可写在一行，但编程时最好一句写一行，有利于阅读 * /

```
        }
    }
}
void T0 time() interrupt 1        //定时器 0 的中断处理函数，T0 time 是函数
{                                 //名（起别的名字也可以）
    TH0 = (65536-45872)/256;      //重装初值
    TL0 = (65536-45872)% 256;     //重装初值
    num + +;                      //每一次中断发生后，中断服务程序要做的事就是 num
}                                 //自加 1，所以，num 等于几，用的时间就是几个 50ms
```

说明：定时器是工作在后台，是和主函数同时工作的，只是产生中断请求时，才打断其他程序而执行中断服务程序（当然是在满足优先级的前提下）。

3.4.3 独立按键调时的数字钟

1. 十进制数分离的方法

很多实际工作过程需要显示十进制数。编写显示函数时需要将十进制数的个位、十位、百位等分离出来（例如要显示 256，需分离成 2、5、6）。分离的方法是：

对二位十进制数 num，个位数是用 num 对 10 求余即 num%10；十位数是用 num 对 10 求模即 num/10。例如，13 的个位为 13%10 =3，13 的十位为 13/10 =1；08 的个数为 08%10 =

8，08的十位为08/10=0。三位以上十进制数的分离思想与此相同。

2. 任务书

利用YL-236单片机实训装置（电路见图3-6），实现24h的数字钟，上电时显示的初始值为11-25-56（h—min—s）。并可以随时调整（校准）h、min、s的数值。显示格式见图3-10。

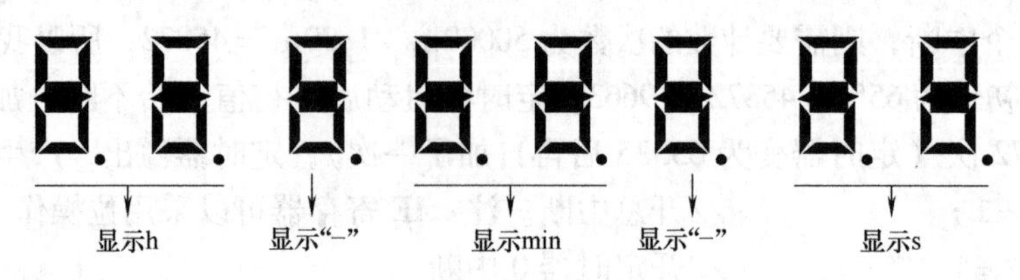

图3-10 显示格式

3. 典型程序示例及解释

（1）硬件连接：在图3-6所示的电路中，我们将P0端口接D0～D7，P1.0接CS1，P1.1接CS2，P1.2接wr，P2.7接独立按键SB7（用作切换功能键），P2.6、P2.5、P2.4分别接独立按键SB6（用作“+”功能键）、SB5（用作“-”功能键）、SB4（用作“确定”功能键）

（2）程序示例及解释

/*基本思路：①用定时器0每50ms产生一次中断，每20次中断用的时间就是1s，60s就是1min、60min就是1h，这样产生s、min、h的数值nums、numm、numh，再分别把nums、numm、numh的个位、十位分离出来，送给数码管显示。②用一个按键分别按下1次、2次、3次对应着校准s、min、h的功能，此时关闭T0（停止计时），用两个键“+”、“-”来使s、min、h的数值增加或减少。③用定时器1来控制校准时相应数码管的闪烁。*/

```
#include<reg52.h>
#define uint unsigned int
#define uchar unsigned char
sbit d=P1^0;       //用d表示P1.0端口，此端口用于控制段码锁存器的选择
sbit w=P1^1;       //用w表示P1.1端口，此端口用于控制位码锁存器的选择
sbit wr=P1^2;      //锁存信号
sbit qh=P2^7;      /*切换键，按下一次，可校准s，按下第二次可校准min，按下
                     第三次可校准h*/
sbit jia=P2^6;     //“+”键
sbit jian=P2^5;    //“-”键
sbit qd=P2^4;      //确定键
uchar numqh,num1,num,aa  /*本例中用numqh用来记录切换键按下的次数，用
                          num、num1分别记录定时器0和定时器1发生中断
                          的次数，aa用来控制校准时间时数码管的闪烁
char numm=56,nums=25,numh=11;     //上电时h、min、s的初始值
```

```
uchar codetable[] = {0xc0,0xf9,0xa4,0xb0,0x99,0x92,0x82,0xf8,0x80,0x90,0xbf};
      /*前10个元素为数码管显示0~9，第11个元素为显示“-”的共阳段码*/
void delay(uint z)
{
  uint x,y;
  for(x = z;x >0;x--)
      for(y =120;y >0;y--);
}
void csh()                       //初始化函数
{
   TMOD =0x11;                   //定时器T0、T1均设为工作方式1
   TH0 = (65535-45872)/256;      //对T0定时50ms产生中断装初值（装在高8位）
   TL0 = (65535-45872)% 256;     //对T0定时50ms产生中断装初值（装在低8位）
   TH1 = (65535-45872)/256;      //对T1定时50ms产生中断装初值（装在高8位）
   TL1 = (65535-45872)% 256;     //对T1定时50ms产生中断装初值（装在低8位）
   EA =1;                        //开总中断
   ET0 =1;                       //开定时器0。本例中，T0用于时钟的计时
   ET1 =1;                       //开定时器1。本例中T1用于控制校准h、min、s
                                   时，被校准位的闪烁
   TR0 =1;                       //启动定时器0。T1需在校准时间时启动
}
void key()                       //按键调时校准函数
{
   if(qh = =0)                   //切换键按下
   {
      delay(10);                 //延时消抖
      if(qh = =0)
      {
          numqh + +;             //每次按下切换键numqh + +;
          TR0 =0;                //关定时器0，不走时
          TR1 =1;                //开定时器1（按下切换键后才开启T1），开始闪烁
          if(numqh >3)numqh =1;       //numqh从1~3循环切换，为1、2、3分
                                        别对应着校准s、min、h的状态，
      }while(!qh);               //按键释放
}
if(jia = =0)                     //加键按下
{
      delay(10);
      if(jia = =0&&numqh = =1)  //如果“切换键”按下了一次，并且“+”
```

```
                                        按下
        {
            nums++;                     //秒的数值自加1
            if(nums==60)nums=0;         //当nums加到60时就自动变为0。这样，
                                          在numqh=1的前提下，每按一次“+”，
        }                                 秒数就加1（在0~59范围内）
        if(jia==0&&numqh==2)            //如果“切换键”按下了2次，并且“+”
                                          按下
        {
            numm++;                     //分钟的数值numm就自加1
            if(numm==60)numm=0;         //numm加到60时就自动变为0，numm值为
                                          0~59
        }
        if(jia==0&&numqh==3)
        {
            numh++;
            if(numh==24)numh=0;         //numqh==3时小时数在0~23之间递增
        }
        while(!jia);
    }
    if(jian==0)                         //“-”键按下
    {
        delay(10);
        if(jian==0&&numqh==1)           //“-”键按下且在校准秒
        {
            nums--;                     //秒数自减1（每按一次“-”键，减小1）
            if(nums<0)nums=59;          //保证校准秒数时，秒数在0~59范围内
        }
        if(jian==0&&numqh==2)
        {
            numm--;
            if(numm<0)numm=59;          //numqh==2时秒数在0~59之间递减
        }
        if(jian==0&&numqh==3)
        {
            numh--;
            if(numh<0)numh=23;          //numqh==3时秒数在0~23之间递减
        }
        while(!jian);
```

```
  }
  if(qd = =0)
  {
      delay(10);
      if(qd = =0)
      {
          TR0 =1;                    //设置完成后开始走时
          TR1 =0;                    //设置完成后停止闪烁
          numqh =0;
      }
      while(!qd);
  }
}
void main()
{
  csh();                             //调用初始化函数
  while(1)                           //死循环
  {
   key();                            //调用键盘处理函数
   display();                        //调用数码管显示函数
  }
}
void display()                       //数码管显示函数
{
  d =0;w =1;                         //段锁存器U1被选中，下面相同的语句意思相同
  P0 =table[nums% 10];               //P0输出秒的个位数的段码
  wr =0;wr =1;                       //单片机输出锁存信号，数据保持在U1的Q0～Q7
                                       端口
  P0 =0xff;  //使P0各端口均为高电平（作用是清除P0端口上一次的数据），下同
  w =0;d =1;                         //位锁存器被选中，下面相同的语句意思相同
  if(numqh = =1&&aa = =1)P0 =0xff;   /＊aa的值只能为0或1，具体是0还是
                                          1，是由T1控制的（见倒数第4行程
                                          序）。如果在校准s的时候且aa =1，
                                          则P0全为高电平，所有数码管都无供
                                          电而熄灭，否则接着执行下面的语句
  else P0 =0xfe;             //P0 =11111110，为表示秒个位的数码管被点亮的位控制码
  wr =0;wr =1;               //位码送到并锁存在U2的输出端口Q0～Q7，秒的个位数码
                               管点亮
  delay(2);
```

```
d=0;w=1;
P0=table[nums/10];          //送秒的十位数的段码
wr=0;wr=1; P0=0xff;w=0;d=1;
if(numqh==1&&aa==1)P0=0xff;   //如果在校准s的时候且aa=1，则数
                                码管全熄
else P0=0xfd;    //否则，P0=1111 1101，为表示秒十位的数码管点亮的位码
wr=0; wr=1; delay(2); d=0; w=1;
P0=table[numm%10];          //P0输出分钟的个位数的段码
wr=0; wr=1; P0=0xff; w=0; d=1;
if(numqh==2&&aa==1)P0=0xff;   //在校准min并且aa=1时数码管全熄
else P0=0xf7; //否则，P0=1111 0111，为表示分钟个位的数码管点亮的位码
wr=0;wr=1;delay(2);  d=0;w=1;
P0=table[numm/10];             //P0输出分钟的十位数的段码
wr=0;wr=1;P0=0xff;w=0;d=1;
if(numqh==2&&aa==1)P0=0xff;
else P0=0xef;    //否则，P0=1110 1111，为表示分钟十位的数码管点亮的
                   位码
wr=0; wr=1; delay(2);d=0;w=1;
P0=table[numh%10];          //小时个位数的段码
wr=0;wr=1; P0=0xff;w=0;d=1;
if(numqh==3&&aa==1)P0=0xff;
else P0=0xbf;                 //否则P0=1011 1111，为表示小时个位的数码管
                                点亮的位码
wr=0;wr=1;delay(2);d=0;w=1;
P0=table[numh/10];          //小时十位数的段码
wr=0;wr=1;P0=0xff;
w=0;d=1;
if(numqh==3&&aa==1)P0=0xff;
else P0=0x7f; //否则P0=0111 1111，为表示小时十位的数码管点亮的位码
wr=0;wr=1;delay(2);d=0;w=1;
P0=table[10]; //表示"-"的段码
wr=0;wr=1;P0=0xff;w=0;d=1;
P0=0xfb;     //P0=1111 1011，为分钟个位与秒十位之间"-"的位位码
wr=0;wr=1;delay(2);d=0;w=1;
P0=table[10];wr=0;wr=1;
P0=0xff;w=0;d=1;
P0=0xdf;        //P0=1101 1111，为小时个位与分钟十位之间"-"的位位码
wr=0;wr=1;delay(2);
}
```

```
void time() interrupt 1                 //定时器T0的中断服务函数
{
  TH0 = (65535-45872)/256;
  TL0 = (65535-45872)% 256;
  num + + ;                             //每50ms溢出一次，num的值加1
  if(num = =20)                         //num加到20时，1s时间到
  {
      nums + + ;                        //nums（秒数）加1
      num =0;                           //num清0
      if(nums = =60)                    //nums加到60时，1min时间到
      {
          nums =0; numm + + ;           //秒数清0，分钟数自加1
          if(numm = =60)                //numm加到60时，1h时间到
          {
              numh + + ;numm =0;        //小时加1，分钟数清0
              if(numh = =24)            //numh加到24时，1d时间到
              {
                  numh =0;              //小时清0
              }
          }
      }
    }
}
void shanshuo() interrupt 3             //定时器T1的中断服务函数
{
      TH1 = (65535-45872)/256;
      TL1 = (65535-45872)% 256;
      num1 + + ;
      if(num1 = =10)                    // num1 = =10，也就是500ms
      {
          aa = !aa;   /* aa取反后的值再赋给aa。aa初值为0，取反后为1，再取反
                         又为0。aa为1时数码管熄灭，aa为0时数码管点亮 */
          num1 =0;
      }
}
```

3.5 典型训练任务

任务一：搭建硬件，编程实现秒表。要求用两个键：键1点按一次启动秒表，点按二次

暂停，点按三次接着计时，这样循环。在暂停状态键2点按一次则清0。

任务二：搭建硬件，编程实现独立按键校准时、分、秒的数字钟，要求进入外中断服务程序校准时间。

任务三：上电后，从00小时58分00秒开始计时，在01h 05min 24s的时刻，直流电动机起动，蜂鸣器鸣响0.5s，在01h 07min 00s时刻电动机停止。

第4章 综合应用之物料传送机模拟装置

本章通过某物料传送模拟装置的实现（含硬件搭建、编程基本思路、程序编写及相应解释），可培养读者灵活、综合运用前面所学知识解决实际问题的能力，使读者对实用综合性项目的编程能力得到较大的提高。

4.1 物料传送机模拟装置

4.1.1 物料传送机模拟装置简介

物料传送机在实践中应用极广。现在我们用 YL-236 单片机实训装置实现物料传送机的模拟。

1. 物料传送机模拟装置的组成与功能简述

物料传送机模拟装置的组成如图 4-1 所示。

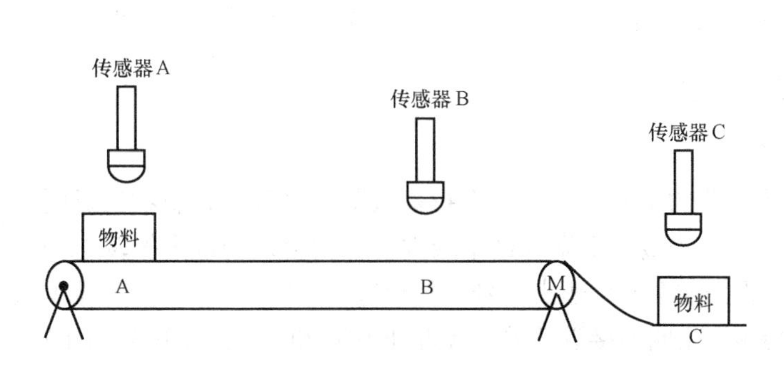

图 4-1 物料传送机模拟装置组成示意图

物料传送机构由电源、检测、传输、指示四部分构成。

物料传送机功能：机械手将物料送到传送带的 A 处，由传送带按要求将物料传送到 C 处，再由工人将物料搬走。

2. 物料传送机模拟装置的组成模块及相关说明

（1）电源开关、急停开关。

1）电源开关：用作控制系统电源的通、断，用钮子开关实现。钮子开关向上为“接通”，向下为“关断”。

2）急停开关：用钮子开关实现。系统正常运行时，钮子开关手柄向上，紧急状态时手柄向下，直流电动机不受单片机的控制，强行停止。

（2）物料检测。使用传感器检测物料，将三个传感器按一定的距离安置在传送带上，分别检测A、B、C三点是否有物料。分别用接近开关A、B、C靠近金属体时有电平变化来表示在A、B、C处检测到了物料。

（3）物料的传送。使用直流电动机驱动传送带（调试时没有传送带，我们用直流电动机的转动代表传送带传送物料，手动移动物料模拟传送带传送物料）。

1）当A处有物料时，电动机M自动起动，传送带输送物料，若C处有物料还未搬走，则当物料到达B处时暂停，等C处的物料搬走后再自行起动，将物料送到C处。

2）送完物料后（传送带上无物料），电动机继续运行10s，若没有物料待送，电动机M停止运行。

（4）系统状态指示。

1）发光管L1为禁止投料指示灯，当A处有物料时，L1点亮，此时为禁止投料。当A处无物料时，L1熄灭，此时可以投料。

2）发光管L2为C处报警，当C处有物料时，L2以1Hz频率闪烁报警，此时应将C处物料搬走。C处无物料时，L2熄灭。

3）发光管L3为急停报警，当有紧急情况按下急停按钮时，L3以2Hz频率闪烁报警。

4）数码管D2显示已投放至A处的物料的数目（本项目设为9个以内）。

5）数码管D0显示已传送至C处的物料的数目（9个以内）。

6）数码管D1显示电动机的运行状态。当电动机运行时，显示以1Hz的频率闪烁“—”，电动机停止时显示“—”。

7）数码管D7、D6在输送完物料后显示10s的倒计时，否则不显示。

（5）物料传输机的初始化。接通电源总开关后，D2、D0显示初值“0”，D1显示“—”

4.1.2 硬件连接

1. 了解接近开关

工业涡流式传感器的主要部件是一个振荡线圈，当没有金属物靠近时，这个线圈会在一个固定的频率上工作，当金属物靠近这个线圈时，就会改变这个振荡电路的振荡频率或破坏振荡条件，电路会根据这个原理输出信号。基于这个原理，涡流式传感器只能检测金属类的物体的存在，这种传感器也叫做接近开关。接近开关实物图以及与单片机的连接方式详见表4-1。

表4-1 接近开关实物图以及与单片机的连接方式

名 称	图 示	解 释
实物图	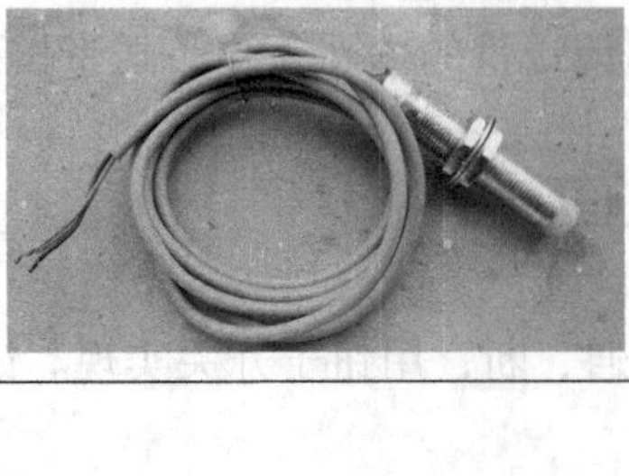	接近开关有三个引出线，分别是电源线、接地线、检测到金属物时的信号（低电平）输出线

（续）

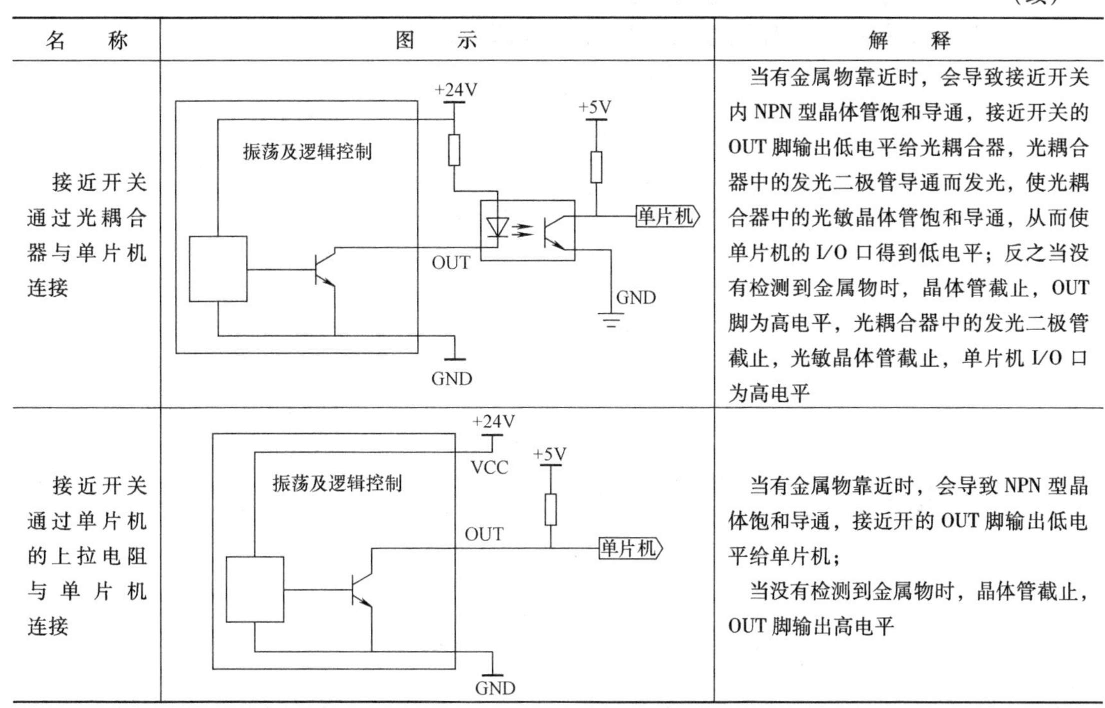

名　称	图　示	解　释
接近开关通过光耦合器与单片机连接		当有金属物靠近时，会导致接近开关内 NPN 型晶体管饱和导通，接近开关的 OUT 脚输出低电平给光耦合器，光耦合器中的发光二极管导通而发光，使光耦合器中的光敏晶体管饱和导通，从而使单片机的 I/O 口得到低电平；反之当没有检测到金属物时，晶体管截止，OUT 脚为高电平，光耦合器中的发光二极管截止，光敏晶体管截止，单片机 I/O 口为高电平
接近开关通过单片机的上拉电阻与单片机连接		当有金属物靠近时，会导致 NPN 型晶体饱和导通，接近开的 OUT 脚输出低电平给单片机； 当没有检测到金属物时，晶体管截止，OUT 脚输出高电平

YL-236 单片机实训台含有传感器模块，利用该模块可以很方便地将接近开关（或其他传感器实物）与单片机相连，如图 4-2 所示。

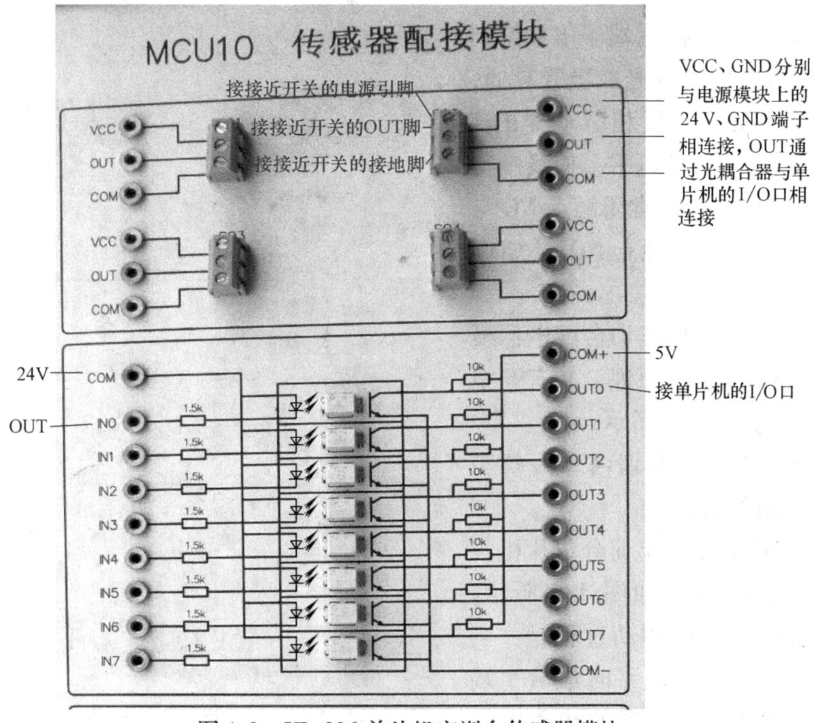

图 4-2　YL-236 单片机实训台传感器模块

注：实物图需与原理图对照认识。

2. YL-236单片机实训台继电器模块

（1）YL-236单片机实训台继电器模块的工作原理如图4-3所示。

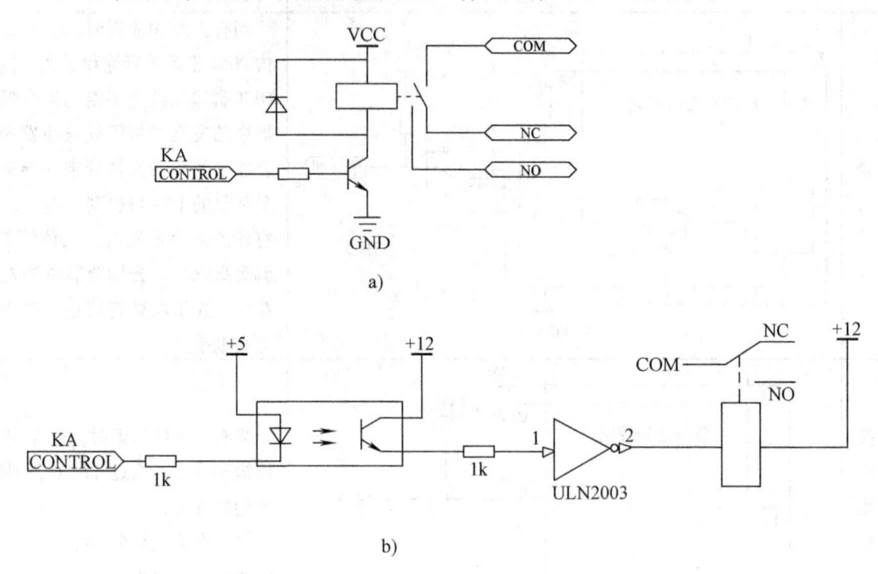

图4-3 YL-236继电器模块工作原理图

在图4-3a中，当控制端子KA得到高电平时，晶体管导通，线圈得电，触点系统动作，导致常闭触点NC与COM之间断开，且常开触点NO与COM之间闭合。

在图4-3b中，当控制端子KA得到低电平时，光耦合器内发光二极管导通，光敏晶体管饱和导通，反相驱动器的1脚为高电平，2脚输出低电平，使线圈得电，触点系统动作，导致常闭触点NC与COM之间断开，且常开触点NO与COM之间闭合。

（2）YL-236单片机实训台继电器模块采用了图4-3b所示的原理，共有6个继电器，其实物如图4-4所示。

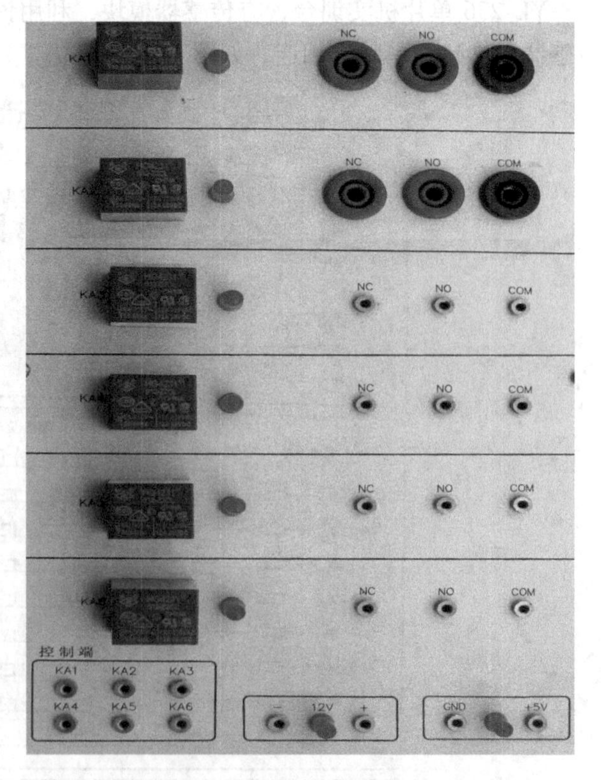

图4-4 YL-236单片机实训台继电器模块的实物

注：实物图需与图4-3原理图对照认识。

3. YL-236单片机实训台单片机与交、直流电动机的连接

（1）YL-236单片机实训台单片机与交、直流电动机的连接如图4-5所示。单片机对直流电动机的驱动过程是：当单片机的I/O口输出高电平时给RPI端子时，晶体管截止，继电器的线圈无供电，触点系统不动作，直流电动机处于运转状态。当单片机的 I/O 口输出低电平给 RPI 端子时，晶体管饱和导通，继电器的线圈得电，触点系统发生动作，直流电动机失去供电而停止。

电动机的传动带盘上均匀分布有 8 个小孔。电动机转动时，若小孔通过槽式光耦合器时，则图 4-5 中的 OUT 端子输出低电平信号（否则输出高电平信号），利用这一特点，可测量电动机的转数和转速。

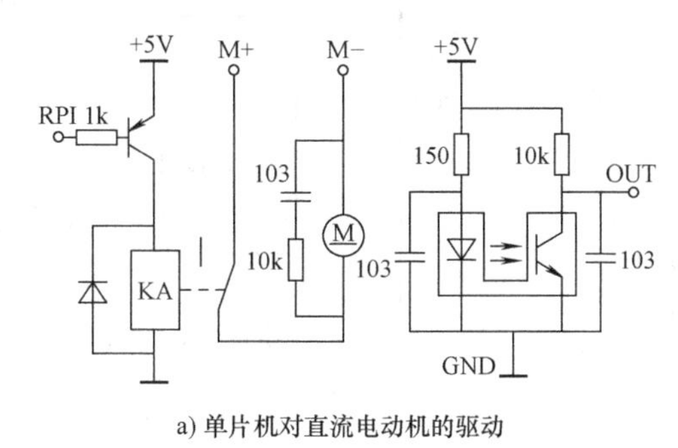

a) 单片机对直流电动机的驱动

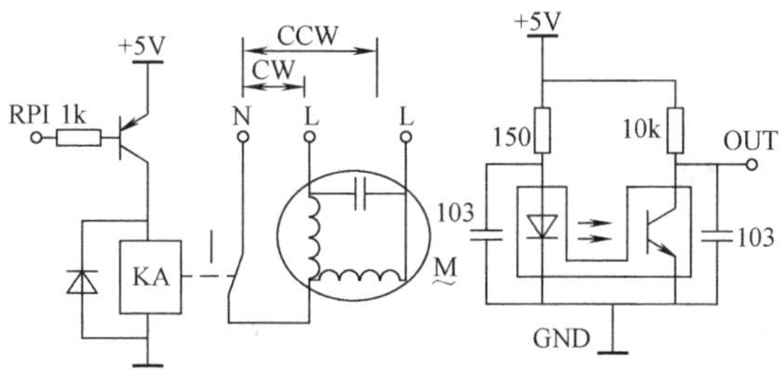

b) 单片机对交流电动机的驱动(工作过程与驱动直流电动机相似)

图 4-5　YL-236 单片机实训台单片机对交、直流电动机的驱动

（2）YL-236 单片机实训台交、直流电动机模块实物如图 4-6 所示。

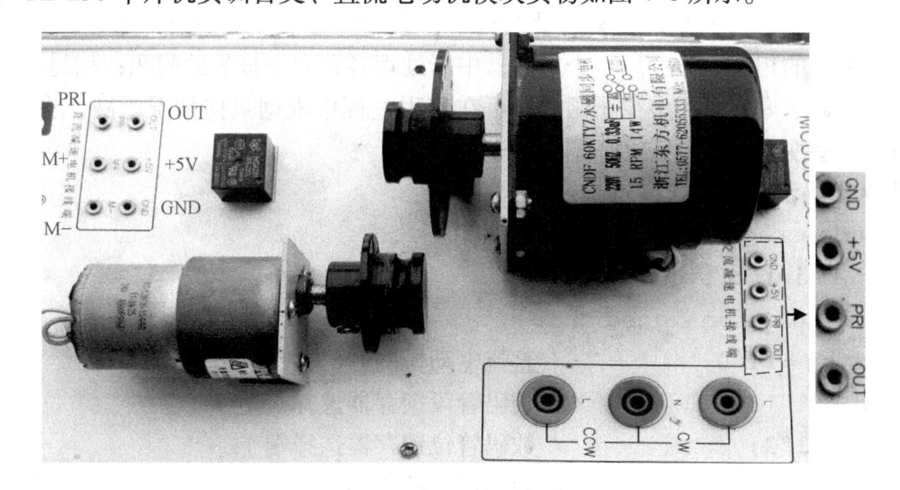

图 4-6　YL-236 单片机实训台交、直流电动机模块

注：实物图需与图 4-5 原理图对照认识。

4. 硬件连接电路

本任务所用硬件可通过插接导线连接，其连接关系如图 4-7 所示。

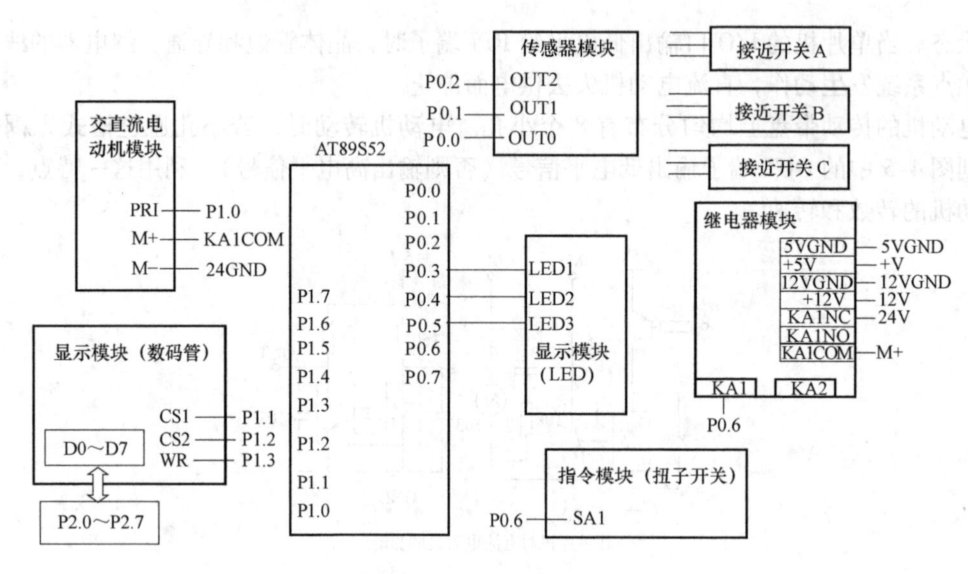

图4-7 硬件连接关系图

4.1.3 程序代码示例

1. 基本思路

该任务过程较复杂，可以写几个子函数，每个子函数完成一定的功能，为了做好各个子函数之间的连接，可以定义几个标志变量（标志变量用于表示关键时刻、关键状态），给标志变量赋不同的值，通过标志变量的值可以实现各子函数之间的连接。

例如，本任务可以使用一个指令处理子函数key（）实现接近开关对物料的检测、电动机的起动和停止、物料的计数（为数码管显示提供显示内容）、相关LED的亮和灭等；用一个显示子函数display（）处理物料数量的显示、倒计时等；再用一个子函数work（）处理物料输送完毕时的相应工作；用一个定时器中断处理各种闪烁报警的问题；用另一个定时器处理倒计时的显示内容。用多少子函数，可在编程过程中根据具体情况增减。在主函数中，可以酌情给一些变量赋初值，循环调用各子函数。

2. 程序代码示例

```
#include <reg52.h>
#define uint unsigned int
#define uchar unsigned char
sbit djkg = P1^0;              //直流电动机的开、关控制端口
sbit d = P1^1;                 //数码管段锁存器选择端子
sbit w = P1^2;                 //数码管位锁存器选择端子
sbit wr = P1^3;                //锁存信号控制端子
sbit a = P0^0;                 //接近开关a的输出信号接到P0.0
sbit b = P0^1;                 //接近开关b的输出信号接到P0.1
sbit c = P0^2;                 //接近开关c的输出信号接到P0.2
sbit d1 = P0^3;                //LED1(禁止投料的指示灯)
```

```
    sbit d2 = P0^4;                //LED2(C处有物料需搬走的警示灯)
    sbit d3 = P0^5;                //LED3 (急停状态报警灯)
    sbit djzt = P0^6;              //由急停开关输出端接单片机
    uchar code table[] = {0xc0,0xf9,0xa4,0xb0,0x99,0x92,0x82,0xf8,0x80,
0x90,0xbf};  /*共阳数码管显示"0、1、2、3、4、5、6、7、8、9、-"的段码*/
    uchar aw,cw,num,num2;          //aw、cw分别为通过A处、C处的物料数目
    char num1,nums;
18行bit ss,zt =1,xz,c1;
    void delay(uint z)
    {
      uint x,y;
      for(x = z;x >0;x--)
          for(y =110;y >0;y--);
    }
    void key()
    {
      bit a1,b1,b2;  /*由于接近开关没有类似按键释放的过程,所以用了标志变量a1、
                       b1、b2,由于未赋初值,它们的初值均默认为0。标志变量用于表
                       示关键状态*/
      if(a1 = =0&&a = =0)          /*a = =0表示接近开关A输出低电平,模拟在A检测
                                     到物料。a1的初值为0,所以逻辑与两边的表达式
                                     都是成立的,程序能进入{}内执行*/
      {
        delay(1);                  //接近开关需消抖,延时的时间需调试后确定
        if(a = =0)
        {
          d1 =0;                   //禁止投料的指示灯LED1点亮
          djkg =1;                 //起动电动机
35行      a1 =1;                   // 给标志变量a1赋值1,表示在A处已检测到物料
36行       if(xz = =1)TR1 =0;       /*在后面166行的work()函数中,当过A处的物品等
                                     于过C处的物品数量时会启动10s倒计时。这一行
                                     的作用是如果启动了倒计时就马上关闭倒计时,因
                                     为这时又在A处投放了物料,不需要倒计时*/
        }
      }
      if(a1 = =1&&a = =1)          //表示在已检测到物料后且又检测到物料丢失时(相当
                                     于按键释放),即物料已通过A处
      {
        delay(1);                  //接近开关需消抖
```

```
    if(a = =1)
    {
      d1 =1;                  //禁止投料指示灯 LED1 熄灭(又可以将物料投在 A 处)
      aw = aw +1;             //过 A 点的物料数量加 1,aw 的值是数码管 D2 显示的内容
      if(aw = =10)aw =0;      //控制过 A 点的物品在 0~9 内
      xz =0; a1 =0;
    }
  }
  if(b1 = =0&&b = =0)         //b = =0 表示接近开关 B 输出低电平
  {
    delay(1);
    if(b = =0)
    {
      b1 =1;                  //标志变量 b1 =1,表示在 B 处检测到物料
56 行  if(c1 = =1)            //c1 =1,表示在 C 处检测到有物料,见程序第 76 行
      {
          djkg =0;            //关闭电动机
59 行     b2 =1;              // b2 =1 为在 B 处和 C 处都检测到物品,且电动机停止
                                 后的标志
      }
    }
  }
  if(b2 = =1&&c1 = =0) //b2 =1 表示当 B、C 处有物品时电动机停止后,c1 =0 表示
  {                    //C 处物品被移走,见程序第 85 行
    djkg =1;           //电动机起动
    b2 =0;             //标志变量恢复为默认值 0
  }
  if(b1 = =1&&b = =1)  //B 处的物料通过 B 以后
  {
70 行 delay(1);
    if(b = =1) b1 =0;  //标志变量恢复
  }
  if(c1 = =0&&c = =0)  // c = =0 表示接近开关 C 输出低电平
  {
    delay(1);
76 行 if(c = =0) c1 =1;  //标志变量 c1 =1,表示在 C 处检测到有物料
  }
78 行 if(c1 = =1&&c = =1)      //c = =1 表示 C 处物品被搬走
  {
```

```
        delay(1);
        if(c = =1)                     //c = =1 表示接近开关 C 输出高电平,即 C 处未检
                                         测到物料
        {                              //说明物料已通过了 C 处
            cw = cw +1;                 //通过 C 处的物品数量加 1。cw 为数码管 D0 的
                                          显示
            if(cw = =10)cw =0;         //通过 C 的物料数目限制在小于 9 的范围内
85 行        c1 =0;                    //c1 =0 表示 C 处的物料已移走
            d2 =1;                     //发光管 d2 熄灭(其闪烁报警的代码见定时器 T0
                                         中断程序)
        }
      }
      if(TR0 = =1&&djzt = =0)        //TR0 =1 即电动机转动(见程序第 185 行)时,急停扭
                                       子开关扳向下方,进入急停状态
      {
          delay(10);
92 行      if(djzt = =0)zt =0;        //急停标志,其初值为 1(见第 18 行)。zt =0 为急停
                                         闪烁报警提供标志,这在定时器 T1 中有应用
      }
      if(djzt = =1)                    //急停扭子开关扳向上方,退出急停状态
      {
        delay(10);
        if(djzt = =1)
        {
          zt =1;                       //标志变量恢复
          d3 =1;                       //急停报警 LED3 熄灭
        }
      }
    }
    void display()                     //数码管显示函数
    {
        d =0;w =1;
        P2 =table[cw];                 //P2 口输出的数据是通过 C 处的物料数量的段
        wr =0;wr =1;                   //码(cw 是几,段码就是数组 table[ ]的第几个元素)
        P2 =0xff;
        d =1;w =0;P2 =0xfe;
        wr =0;wr =1;
        delay(2);
112 行  d =0;w =1;
```

```
if(zt = =0)P2 =table[10];      // table[10] 为"—"的段码
if(zt = =1)                    //闪烁
{
    if(TR0 = =1)
    {
        if(ss = =0)P2 =table[10];
        if(ss = =1)P2 =0xff;
    }
  else P2 =table[10];
}
wr =0;wr =1;
d =1;w =0;P2 =0xfd;
```
125行
```
wr =0;wr =1;delay(2);
d =0;w =1;P2 =table[aw];       //显示通过A处物料的数量
wr =0;wr =1;
d =1;w =0;P2 =0xfb;wr =0;wr =1;
delay(2);
if(TR1 = =1)                   //显示倒计时的过程
{
  d =0;w =1;P2 =table[nums/10];
  wr =0;wr =1;
  d =1;w =0;P2 =0x7f;
  wr =0;wr =1;delay(2);
  d =0;w =1;P2 =table[nums% 10];
```
150行
```
  wr =0;wr =1;
  d =1;w =0;P2 =0xbf;
  wr =0;wr =1;delay(2);
}
if(TR1 = =0)                   //不需倒计时时关闭显示
{
  d =0;w =1;P2 =0xff;
  wr =0;wr =1;
  d =1;w =0;P2 =0x7f;
  wr =0;wr =1;delay(2);
   d =0;w =1;P2 =0xff;
   wr =0;wr =1;
   d =1;w =0;P2 =0xbf;
   wr =0;wr =1;delay(2);
 }
```

```
        }
166行 void work()
        {
          if(xz = =0&&TR1 = =0&&aw = =cw&&aw!=0)  /*xz和TR1初值均为0。当
                                                    过A处的物品等于过C处
                                                    的物品时且不等于0时,
                                                    可以认为传送带上的物料
                                                    已全部搬走*/
          {
170行       nums =10;   /*为10s倒计时提供初始值,经定时器T1进行每s减1,给数码管
                          显示函数提供显示的内容*/
            TR1 =1;                  //定时器T1启动
172行       xz =1;                   // 为处于倒计时状态的标志,与第36行有连接
          }
        }
        void main()
        {
          djkg =0;                   //电动机不启动
          TMOD =0x11;                //定时器T0、T1均设为方式1
          TH0 =TH1 =0x4C;            //50ms产生一次中断的初值
          TL0 =TL1 =0xD0;            //50ms产生一次中断的初值
          EA =1;
          ET0 =ET1 =1;
          while(1)
          {
185行      TR0 =djkg;                /*djkg =1时电动机在运动,定时器T0启动,djkg
                                       =0时电动机停止,定时器T0停止*/
            display();
            key();
            work();
        }
      }
        void shanshuo() interrupt 1    //电动机在运行过程中数码管D1的闪烁控制
        {
            TH0 =0x4C;               //50ms产生一次中断的初值
            TL0 =0xD0;               //50ms产生一次中断的初值
            num + +;
    196行 if(zt = =0)num2 + +;
            if(num = =10)
```

```
    {
   num =0;
   ss = !ss;                     //为数码管 D1 的闪烁提供时间上的标志
   if(c1 = =1)d2 = !d2;          //C 处有物料时报警灯 LED2 以 1 Hz 的频率闪烁
  }
  if(num2 = =5)
  {
   num2 =0;
   d3 = !d3;                     //在急停状态,报警灯 LED3 以 2Hz 的频率闪烁
  }
 }
void time() interrupt 3          //定时器 T1 用于控制 10s 倒计时
{
  TH1 =0x4C;
  TL1 =0xD0;
  num1 + +;
  if(num1 = =20)
  {
    num1 =0;
    nums--;                      //nums 的初值为 10,见第 170 行
    if(nums <0)                  //nums 的值减到 0 后
    {
      TR1 =0;djkg =0;            //关闭定时器 T1,电动机停止
    }
  }
}
```

3. 知识链接：传感器

传感器是由敏感元件和转换元件组成的检测装置。它能感受到被测量因素（光、电、温度、磁、气体、声波等）的有无或变化，并能将感受到的信息按一定规律变换成电信号或其他形式的信号输出，以满足自动检测和自动控制的需要。

传感器的基本组成如图4-8所示。

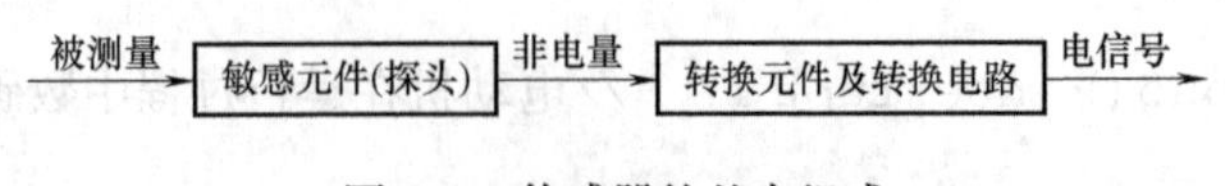

图4-8　传感器的基本组成

敏感元件的作用是感受被测量的变化，并输出与被测量成确定关系的其他物理量的数值。转换元件及转换电路的作用是将敏感元件的输出量转化为相应的电信号，该电信号再传到微处理器或其他处理机构，实现自动控制。

（1）传感器的种类。传感器的种类非常多，从不同的角度有不同的分类方式，详见

表 4-2。

表 4-2　传感器的种类

分类方式	分类结果	说　明
按工作原理分类	物理传感器	利用物理效应的传感器
	化学传感器	利用化学吸附、电化学反应等将被测信号转换成电信号的传感器
根据输出信号的类型	模拟传感器	输出的信号是模拟信号（即连续变化的信号）
	数字传感器	输出的信号是数字信号（即不连续的信号）
按功能分类	温度传感器	将温度的变化转换成电信号输出
	压力传感器	将压力的变化转换成电信号输出
	气敏传感器	将气体浓度的变化转换成电信号输出
	磁敏传感器	将磁场强弱的变化转换成电信号输出
	超声波传感器	将超声波强弱变化转换成电信号输出
	速度传感器	将速度的变化转换成电信号输出

（2）传感器与单片机的连接。传感器与单片机的连接方式是由传感器输出信号的类型决定的。

1）输出信号为开关量的传感器。这类传感器与单片机的连接比较简单，信号采集也比较简单。

若传感器输出的电平和阻抗与单片机匹配，则可以直连，如图 4-9a 所示。若传感器输出的电平和阻抗与单片机不匹配，则需要进行电平变换（多数情况是这样），如图 4-9b 所示。

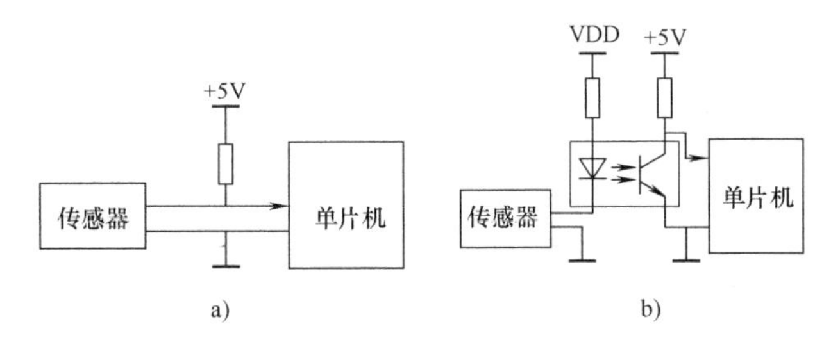

图 4-9　传感器与单片机的直连

2）输出信号为模拟量的传感器。如温度、压力、气敏等传感器输出的电平一般都是模拟量，这就需要经过 A-D 变换，变为数字量，再传送给单片机进行处理。

4.2　典型训练任务

任务：定额计数器的模拟

利用 YL-236 单片机实训台实现模拟定额感应计数器，定额感应计数器的功能说明如下：

（1）按键介绍：Plus（加）、Min（减）、Save（保存）、Start/Stop，启动按键分别为 S1、

S4、S7、S6、S9键。

（2）接上+9V电源，打开开关。电源指示灯LED4点亮，蜂鸣器长叫一声，数码管点亮，并显示为“0000”。

（3）按下启动键，LED1被点亮。开始计数数量的设定，按“Plus”时，数码管DS1前两位显示的数字递增；按“Min”时，前两位数码管DS1显示的数字递减。计数数量设定完成后按“Save”键进行保存，并点亮LED2。再按下Start/Stop键，LED3被点亮，开始工作，送纸电动机转动，物体（纸张）通过光敏二极管IR_2和光敏晶体管IR_1间隙，产生计数脉冲，传送到单片机，单片机控制数码管DS1后两位显示的数字开始计量通过的纸张的张数。当计数完成后，电动机停止转动，数码管DS1后两位数字归零。另外在在运行过程中按下Start/Stop键可以停止工作。

（4）可通过S5、S8实现送纸电动机的正反转。用步进电动机作为送纸电动机，用直流电动机、光耦合器作为计数源。

第2篇　提高篇

第5章
单片机的串行通信

本章导读

本章首先介绍了单片机串行口通信的基本知识，然后介绍了用串行口通信的方法由计算机（上位机）对单片机控制实现对电子时钟的时间校准，以及由单片机向计算机发送信息的方法。通过本章项目的实施，读者可以比较轻松地掌握单片机串行通信的基本编程方法。

学习方法：首先对串行通信的理论知识只需要大致了解。接着根据示例程序中的串行通信语句，掌握串行通信的发送和接收的编程方法，再回头阅读串行通信的相关理论知识。

5.1　串行通信的基础知识

5.1.1　串行通信标准和串行通信接口

1. 串行通信的基本概念

串行通信指数据不是按“字”一次性传输，而是按二进制位逐位传送的通信方式，其优点是使用的导线较少。

2. 串行通信标准

通信协议是指通信各方事前约定的操作规则，可以形象地理解为各个计算机之间进行会话所使用的共同语言。使用统一的通信协议，才能顺利、正确地传递信息，才能读懂信息的内容。

串行通信有多种协议，最经典的是RS-232标准，它是计算机和通信工程中应用最为广泛的一种串行接口（可以多点、双向传输）通信标准。但RS-232的传输距离较短，抗干扰能力不是很强，所以现在也大量使用RS-485标准［其优点是具有多点、双向通信的能力，抗干扰能力强、传输距离远（可达1000m以上）］。

3. 串行通信接口（简称串口）

数据传输在单片机的应用中具有重要的地位。数据传输接口是数据传输的硬件基础，也是数据通信、计算机网络的重要组成部分。单片机本身的数据接口主要有 8 位或 16 位并行接口和全双工串行通信接口。随着技术的发展，单片机系统主要使用串行通信，大多数电子器件和电子设备都只提供串行数据接口。

一个完整的 RS-232 接口有 22 根线，采用标准的 25 芯插头座（DB25），还有一种 9 芯的 RS-232 接口（DB9），如图 5-1 所示。

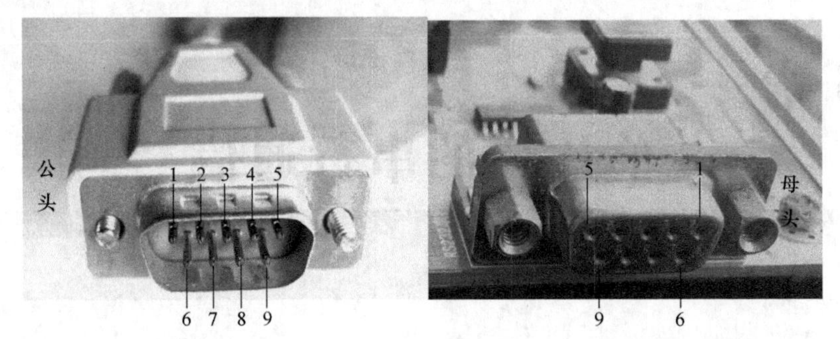

a) DB9

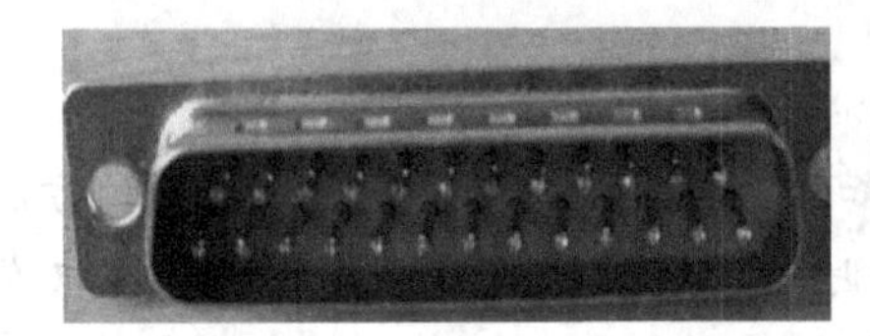

b)DB25

图 5-1　串口

DB9 的引脚功能详见表 5-1。

表 5-1　DB9 的引脚功能

引 脚 号	符　号	信 号 方 向	功 能 说 明
1	DCD	输入	载波检测
2	RXD	输入	接收数据
3	TXD	输出	发送数据
4	DTR	输出	数据终端准备好
5	GND	接地（公共端）	信号地
6	DSR	输入	数据装置准备好
7	RTS	输出	请求发送
8	CTS	输入	清除发送
9	RI	输入	振铃指示

4. 串口通信的方式

按照信号传送方向与时间的关系，数据通信可以分为三种类型：单工通信、半双工通信与全双工通信。

（1）单工通信：信号只能向一个方向传输，任何时候都不能改变信号的传送方向。

（2）半双工通信：信号可以双向传送，但是必须是交替进行，一个时间只能向一个方向传送。

(3) 全双工通信：信号可以同时双向传送。

单工通信、半双工通信与全双工通信的特点如图5-2所示。

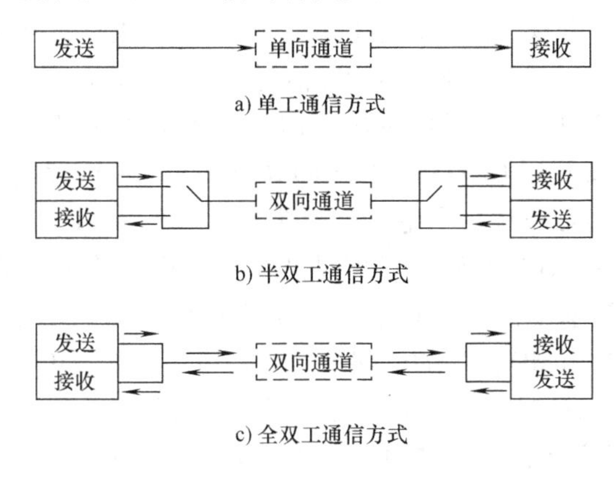

图5-2 串口通信三种方式的特点

5.1.2 波特率

波特率是指数据对信号的调制速率，它用单位时间内载波调制状态改变的次数来表示，其单位是波特。波特率是传送通道频带宽度的指标。

在数字通信中，比特率是数字信号的传输速率，它用单位时间内传输二进制代码的有效位（bit）来表示，其单位是每秒比特数，用b/s（bps）表示。

比特率=波特率×单个调制状态对应的二进制数。

5.1.3 同步通信与异步通信简介

1. 同步通信

同步通信时要建立发送方时钟对接收方时钟的直接控制，使双方达到完全同步。传输过程，一帧数据中不同的位之间的距离均为“位间隔”（即传输相邻两位之间的时间间隔）的整数倍，同时传送的字符间不留间隙，即保持位同步关系，也保持字符同步关系。

同步通信的传输速率高，但由于硬件电路复杂，并且无论是在发送状态还是在接收状态都要同时使用两条信号线，这就使同步通信只能使用单工方式或半双工方式。

2. 异步通信

异步通信是指通信的发送与接收设备使用各自的时钟控制数据的发送和接收过程。为使双方的收发协调，要求发送和接收设备的时钟尽可能一致。

异步通信是以字符（构成的帧）为单位进行传输，字符与字符之间的间隙（时间间隔）是任意的，但每个字符中的各位是以固定的时间传送的，即字符之间是异步的（字符之间不一定有“位间隔”的整数倍的关系），但同一字符内的各位是同步的（各位之间的距离均为“位间隔”的整数倍）。

异步通信的特点：每个字符要附加2~3位用于起止位，各帧之间还有间隔，因此传输效率不高。但不要求收发双方时钟的严格一致，实现容易，设备开销较小，所以单片机的通信一般都用异步通信。

5.1.4 硬件连接

51系列单片机有一个全双工的串行通信口，所以单片机和计算机之间、单片机与单片机之间可以方便地进行串口通信。进行串行通信时要满足一定的条件，例如计算机的串口是RS-232电平（注：RS-232电平采用负逻辑，即：逻辑1为-15～-3V；逻辑0为+3～+15V），而单片机的串口使用CMOS电平（即高电平3.5～5V为逻辑1，低电平0～0.8V为逻辑0），所以两者之间必须有一个电平转换电路，我们采用了专用芯片MAX232进行转换，虽然也可以用几个晶体管进行转换，但是还是用专用芯片更简单可靠。RS-232串行通信引脚分为两类：一类为基本的数据传送信号引脚；另一类为用于MODEN（即调制解调器）控制的引脚信号。在无MODEN的电路中，我们可采用最简单的连接方式即三线制，也就是说计算机的9针串口只连接其中的3根线：第5脚的GND、第2脚的RXD、第3脚的TXD。这是最简单的连接方法，一般来说已经够用了，如图5-3所示。

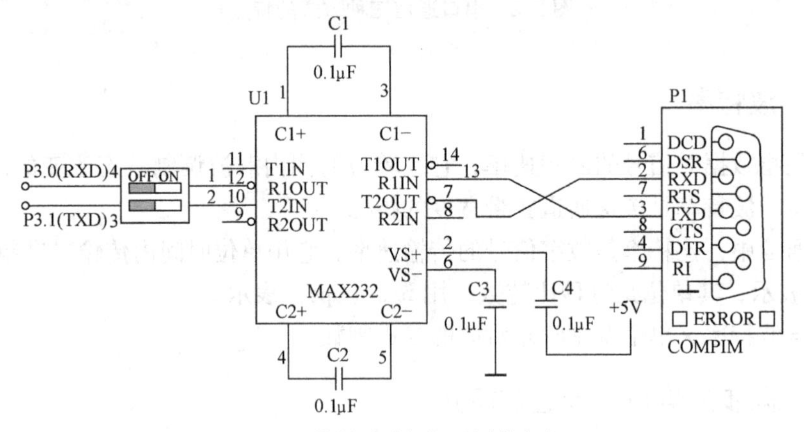

a) 单片机与串行接口的连接电路

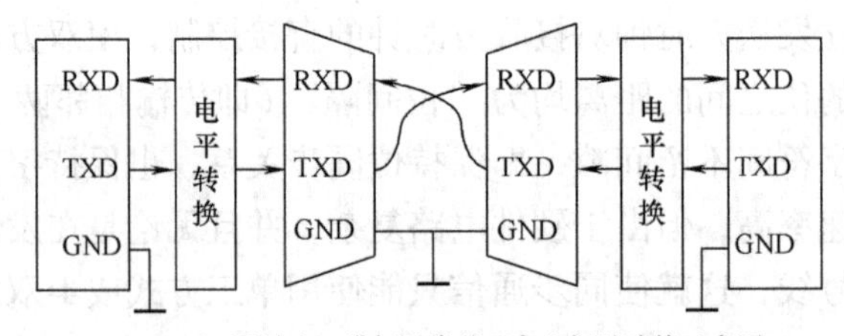

b) 通过串口进行通信的双方之间的连接示意图

图5-3 单片机的串口接口电路

对通信的双方甲和乙，甲方的数据接收端RXD与乙方的数据发送端TXD相连接，甲方的数据发送端TXD与乙方的数据接收端TXD相连接，数据就是一位一位的按照次序进行发送和接收。

5.1.5 读写串行口数据

51系列单片机配有全双工串行I/O口，如图5-3所示。

1. 接收数据

51系列单片机有接收缓冲器SBUF，当串口接收完一帧数据后，会将数据写入缓存SBUF中，同时置位标志位RI（置1），通过RI就可知道还有数据需读，即

```
temp = SBUF;        //读后应将标志位RI清0，以接收下一帧数据
```

2. 发送数据

向SBUF写入一字节的数据，将立即启动数据发送，即

```
SBUF = dat;         //数据发送完毕，会自动置位TI，由此可知是否发送完毕
```

接收和发送都是通过SBUF进行的，但写入实质上是将数据装入发送寄存器中，读取实质上是从接收寄存器读取。它们虽然名称相同，却是物理上独立的两个寄存器。

5.1.6 串行控制与状态寄存器

51系列单片机有一个串行控制与状态寄存器SCON，其各位的定义见表5-2。

表5-2 SCON各位的定义

位编号	位名	定义
0	RI	接收的中断标志。当方式0中接收到第8位数据或方式1、2、3中接收到停止位时，由硬件置位RI（置为1），引发中断。此标志必须用软件清0
1	TI	发送的中断标志。当方式0中发送完第8位数据，方式1、2、3中发送停止位时，由硬件置位TI，引发中断。此标志必须用软件清0。因为RI和TI共用中断号（4），所以编程时通常必须先在中断程序中判断是TI还是RI引起的中断，再做相应的处理，并将中断标志位清0
2	RB8	方式2、方式3中要接收的第9位数据，方式1中是接收的停止位（为1）
3	TB8	为方式2、方式3中要发送的第9位数据，常用作奇偶校验或多机通信控制
4	REN	串行口接收允许位，置位时允许接收数据
5	SM2	多机通信控制位。如果置位SM2，则在方式1时，只有当接收到停止位时才能启动接收中断；在方式2、方式3时只有接收到的第9位数据（RB8）为1时，才能启动接收中断。在方式0时，SM2应设为0，多机通信时，可以通过第9位数据区分“命令”和“数据”，从而控制子机与主机的通信
6	SM1	定义串行口的工作方式。具体是：SM0SM1 = 00，为方式0；SM0SM1 = 01，为方式1；SM0SM1 = 10，为方式2；SM0SM1 = 11，为方式3。工作方式详见5.1.7
7	SM0	

5.1.7 串行口的工作方式

51系列单片机串行口分四种工作方式，由串行口控制寄存器SCON中的SM0、SM1二位选择决定。

1. 方式0

方式0为移位寄存器方式，数据的接收/发送都通过RXD（P3.0），而TXD（P3.1）用来产生移位脉冲。当RI = 0时，软件置位REN后，开始接收。串行口以固定的频率采样RXD，TXD端发出的脉冲使移位寄存器同步移位。当向SBUF发送数据后，立即启动发送。8位数据的收/发都是低位在前，波特率固定为晶振频率的1/12。方式0常用于配合CMOS或TTL移位寄存器进行串/并、并/串的转换。

2. 方式1

方式1为10位数据格式：1个起始位（为0），8位数据（低位在前），一个停止位（为1），起始位和停止位都是由硬件产生的，接收时停止位进入RD8。TXD用于发送数据，RXD用于接收数据。方式1用定时器1或定时器2作为波特率发生器，这时相应的定时器中断应关闭。定时器1作为波特率发生器时，波特率计算公式如下：

$$波特率=(2^{SMOD}/32)\times 定时器1设置的溢出率$$

式中，SMOD为节电控制寄存器PCON的波特率加倍位，取值为0或1。

定时器作为波特率发生器时，定时器选择工作方式0、1、2均可，一般选择方式2（即8位常数自动重装方式）。波特率计算公式如下：

$$波特率=(2^{SMOD}/32)\times[振荡频率/(12\times(256-TH1))]$$

发送数据：任何对SBUF写数据的操作都会启动串行发送，发送完毕中断标志位TI被硬件置1。

接收数据：收到有效的数据起始位后，开始接收数据。接收完毕，若RI=0且SM2=0，或收到有效停止位后，则数据写入SBUF，同时将中断标志位RI置1，否则本次接收的信息被放弃。

3. 方式2和方式3

方式2和方式3都是通过TXD和RXD分别进行数据发送和数据接收的，数据为11位：1位起始位（0），8位数据位（低位在前），单独的第9位数据，1位停止位。发送时，应先将第9位数据放入RB8，再执行写SBUF的指令。接收时，第9位数据进入RB8，而停止位丢弃。第9位数据常用于多机通信或奇偶校验。

方式2的波特率是固定的，计算公式如下：

串行方式2的波特率＝ $(2^{SMOD}/64)\times$ 振荡频率

方式3的波特率由定时器1或2的溢出率决定，计算公式与方式1相同。

5.2 串口通信设置

5.2.1 计算机端串口通信设置

用计算机与单片机通信时，可用“串口调试助手”这个免费小软件（在网上很容易下载）对计算机的串口进行调试（设置）。步骤如下：

1. 启动串口调试助手

启动串口调试助手后，界面如图5-4所示。

2. 修改波特率

即将计算机端串口的波特率修改为与单片机串口的波特率相一致。例如，若单片机串口的波特率为4800，则应在图5-4中将波特率修改为4800。

3. 输入需向单片机传送的数据

在图5-4中的数据输入区输入需向单片机传送的字节数据，然后点击左边的“手动发送”按钮，数据就会通过串口发送出去。由串口接收到的，会自动在数据接收区显示出来。

注意：在数据输入区和接收区中，默认发送和接收的都是ASCII码数据。

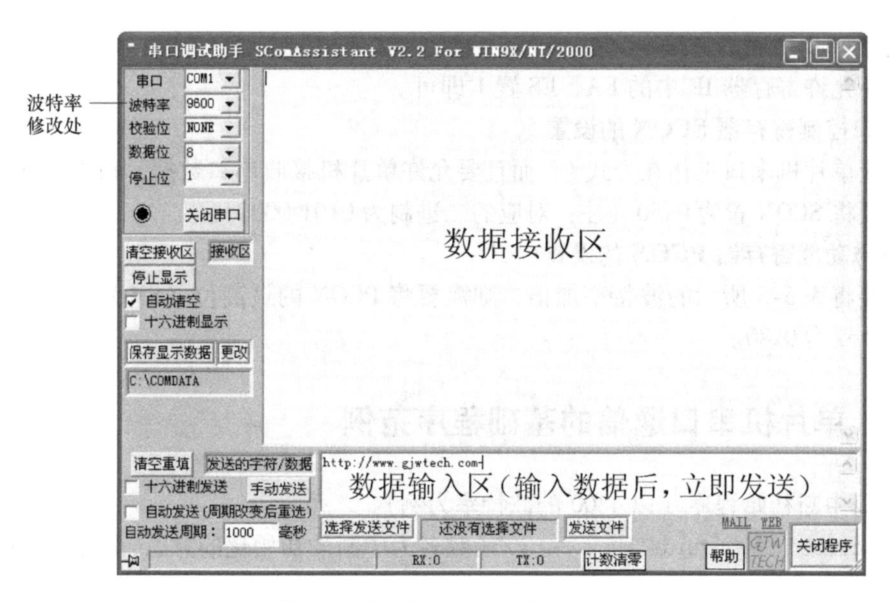

图5-4　串口调试助手软件的界面

在计算机中所有的数据在存储和运算时都是采用二进制（因为计算机用高电平和低电平分别表示1和0），像0～9，A、B、C等字母和一些常用的符号也需要使用二进制来表示。这些数字、符号和字母用什么样的二进制组合来表示，需要统一，否则人们相互之间就不能进行通信。所谓ASCII码是由美国有关的标准化组织制定的，ASCII码规定每个字符用什么样的二进制数进行组合来表示。例如，ASCII码中的0表示十六进制0x30；ASCII码中的9表示十六进制0x39。

注意：在单片机串口通信编程接收数据时，我们可用收到的ASCII码减去0x30而得到十六进制数；发送数据时，可将十六进制数加上0x30而得到ASCII码。

5.2.2　单片机端串口通信的设置

1. 波特率的设置

为了方便进行串口通信，单片机中设置了串口中断。在该中断中，一般使用定时器T1的工作方式2产生波特率。

方式2是自动加载初值的8位定时器。TH1是它自动加载的初值，所以设定TH1的值就能改变波特率。在11.0592MHz（常用的晶振频率）下，定时器T1工作在方式2时常用的波特率对应的PCON设置和TH1初值详见表5-3。

表5-3　定时器T1工作在方式2时常用的波特率对应的PCON设置和TH1初值

常用的波特率	PCON	TH1
19200	0x80	0xfd
9600	0x00	0xfd
4800	0x00	0xfa
	0x80	0xf4
2400	0x00	0xf4

2. 开启串口中断的方法

将中断允许寄存器IE中的EA、ES置1即可。

3. 串口控制寄存器SCON的设置

一般让单片机串口工作在方式1，而且要允许单片机接收串口数据，根据表5-2各位的定义，需要将SCON置为0x50（注：对应的二进制为0101 0000）。

4. 特殊功能寄存器PCON的设置

若需要将表5-3所示的波特率加倍，则需要将PCON的最高位（SMOD）设为1，也就是将PCON置为0x80。

5.3 单片机串口通信的基础程序范例

1. 串口中断初始程序（以4800的波特率为例）

```
void initinterrupt()          //函数名为中断的初始化的意思,也可以用别的名字
{
    ES =1;
    TMOD =0x20;               //定时器1选择工作方式2
    TH1 =0xf4;
    TL1 =0xf4;                //T1装初值
    PCON =0x80;               //配合T1的初值可产生4800的波特率
    SCON =0x50;               //串口工作在方式1,允许单片机接收串口数据
    TR1 =1;                   //开定时器T1
    EA =1;                    //总中断开关,1为开启
}
```

2. 串行口接收程序

```
void serial()interrupt 4      //serial是串行之意
{
    if(RI)                    //数据接收完成,RI由硬件置1
    {
        str[0] =SBUF-0x30;    //从缓存SBUF中取出ASCII码数据(1个字节),转
                                化为十六进制数据后,存入数组的第0个元素str
                                [0]中,供被使用
        RI =0;                //接收完成后必须由软件清0
    }
}
```

3. 串行口发送数据程序

```
void send byte(unsigned char temp)  // send byte为发送1字节的意思,可以用
                                    // 别的名字
{
    SBUF =temp +0x30;   //加0x30可将十六进制数转化为ASCII码数据,供发送
```

```
    while(TI = =0);        //等待发送完成(即 T=1)时,才会退出循环,执行下一行
                             程序
    TI =0;                 //发送完毕,需用软件将 TI 清 0
}
```

5.4　串口通信应用示例(用串口校准时间的数字钟)

1. 任务书

利用 YL-36 单片机实训装置，实现 24h 的数字钟，初始时是 00-00-00，显示格式是：

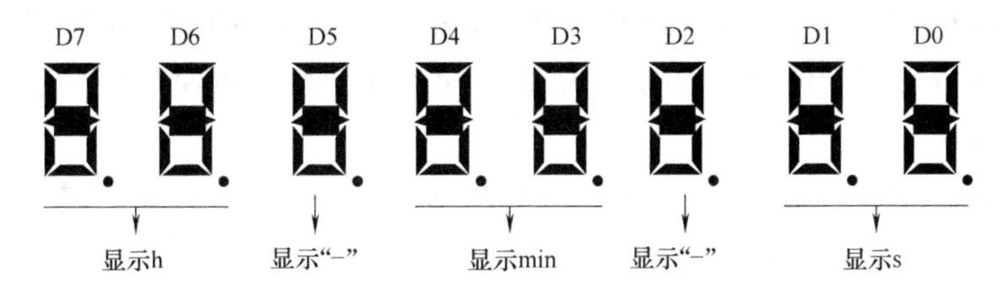

刚上电时单片机不断向上位机（计算机）发送请求：

qingshurudangqianshijian!　（注：为“请输入当前时间”的汉语拼音）

geshi:xxxxxx (xiaoshi fenzhong miaozhong)　[注：格式（小时　分钟　秒钟)]，如图 5-5 所示。

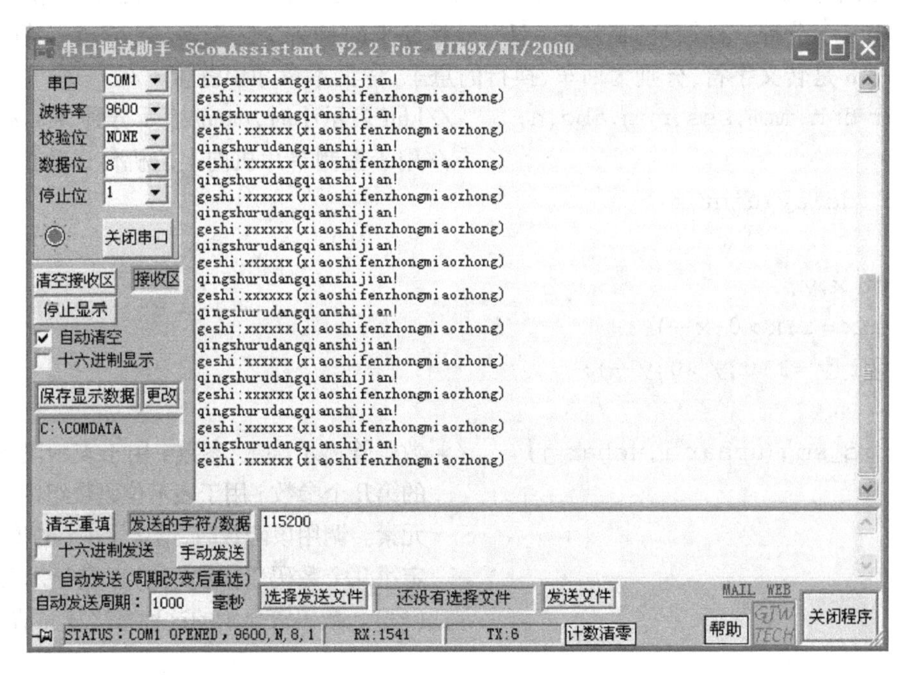

图 5-5　串口校准时间的数字钟初上电时的状态

直到上位机（计算机）发送当前时间后单片机就会停止向上位机发送请求，电子钟就以上位机发来的 h、min、s 的值作初始值开始计时。

2. 硬件的接线

单片机与计算机的连接如图5-3a所示。其中DB9串口通过串行数据线与计算机相连。其他硬件的接线在程序代码的相关声明中很容易看清。

3. 程序代码示例

```
#include <reg52.h>
#define uint unsigned int
#define uchar unsigned char
sbit  d = P1^0;  sbit w = P1^1; sbit  wr = P1^2;  //段、位、锁存的端口声明
uchar code smgd[] = {0xc0,0xf9,0xa4,0xb0,0x99,0x92,0x82,0xf8,0x80,0x90,0xbf};
/*显示"0～9"、"－"的共阳段码的数组。数组每个元素作为段码使数码管显示的数值
  和该元素在数组中的序号相同,如第0个元素作为段码可使数码管显示0,用段码的
  数值是0*/
Uchar code smgw[] = {0xfe,0xfd,0xfb,0xf7,0xef,0xdf,0xbf,0x7f};
/*共阳数码管依次点亮的位码数组。例如,0xfe即1111 1110,为点亮最右边数码管的位
  码*/
uchar sj[] = {11,11,11,11,11,11};
8行 uchar code
sc[] = "qingshurudangqianshijian!\r\ngeshi:xxxxxx(xiaoshifenzhongmiaozhong)\r\n";
/*该数组存储向上位机发送的字符(请输入当前时间!换行、回车后显示格式:xxxxxx
  (小时  分钟  秒钟)的拼音)。双引号括起来的是一个字符串,共67个字符。注意:
  \r、\n是转义字符,分别为回车、换行的意思,详见本章知识链接*/
uchar hhh,mmm,sss,num,abc,n;       //hhh表示小时,mmm表示分钟,sss表示秒,n
                                   //用于控制单片机向上位机传送数据
void  delay(uint z)
{
  uint x,y;
  for(x = z;x >0;x--)
    for(y =110;y >0;y--);
}
void xs_smg(uchar i,uchar j)     /*数码管显示函数,参数i用于表示段码数组内
                                   的第几个参数j用于表示位码数组内的第几个
                                   元素。调用该函数时,给定了i、j的值,就能确
                                   定第几个数码管点亮(位)以及显示什么内容
                                   (段)。数码管显示的这种写法较简洁*/
{
  d = 0;w = 1;P0 = smgd[i];  wr = 0,wr = 1;P0 = 0xff;  //d、w为低电平有效
  w = 0;d = 1;P0 = smgw[j];  wr = 0;wr = 1;P0 = 0xff;
  delay(2);
}
```

```
void init()                    //初始化函数
{
  ES =1;                       //串口中断打开
  TMOD =0x21;                  //定时器1选择工作方式2,定时器0选择工作方式1
  TH1 =TL1 =0xFD;              //T1装初值,可产生9600的波特率(详见表5-3)
  SCON =0x50;                  //串口工作在方式1,允许单片机接收串口数据
  PCON =0x00;                  //T1初值产生的波特率不加倍
  TH0 =0x4c;                   //定时器T0装初值,每50ms产生一次中断
  TL0 =0xd0;                   //定时器T0装初值,每50ms产生一次中断
  EA =ET0 =TR1 =TR0 =1;        //开启总中断、T0、T1
}
void main()
{
  uchar i;
  init();
  while(1)
  {
38行  if(n = =0)      /*n初值为0。当单片机收到上位机传来的数据时n=1,就不能执
                        行向上位机发送请求的语句,详见82行*/
39行      {
40行        while(i <67)          //向上位机发送请求,共有67个字符。若尚未发送完毕
                                  //则执行{}内的语句,即继续发送
          {
41行        SBUF =sc[i];          //依次将第8行数组内的67个字符写入SBUF中并依
                                  //次发送
42行        while(!TI);           //第1个字符发送完毕,TI由硬件置1,!TI为0,退
                                  //出while
43行        TI =0;
44行        i + +;                //i增大到等于67时(就已将数组内的67个字符发送
                                  //完毕)退出该while循环,执行46行
          }
/*执行40行时,由于i为初值0,所以会执行41行,SBUF =sc[0],即为发送数组内的第
  0个字符→再执行42行→再执行43行,将TI清0,为发送下一字符做准备→执行44
  行,i变为1→执行40行→41行,SBUF =sc[1],发送数组内的第1个字符→执行42
  行→执行43行→执行44行,i变为2→……→直到i等于66,数组内的数据全部发送
  完毕→当i等于67时退出while循环→执行46行→执行47~57行,调用数码管显示
  函数50遍(此时,还没有收到上位机传来的时、分、秒的值,hhh、mmm、sss均为0)→执
  行59行,i清0→再执行40行,重复以上过程*/
46行        if(i! =0)
```

```
47行          {
                for(i =0;i <50;i + +)
                {
50行              xs_smg(hhh/10,7);
                  xs_smg(hhh% 10,6);
                  xs_smg(10,5);
                  xs_smg(mmm/10,4);
                  xs_smg(mmm% 10,3);
                  xs_smg(10,2);
                  xs_smg(sss/10,1);
57行              xs_smg(sss% 10,0);
                }
59行            i =0;
60行          }
          }
      }
void time() interrupt 1      // T0用于产生秒(sss)、分(mmm)、时(hhh)的具体数值
{
      TH0 = (65535-45872)/256;
      TL0 = (65535-45872)% 256;
      num + +;
      if(num = =20)
      {
        num =0;sss + +;
        if(sss = =60)
        {
          sss =0;mmm + +;
          if(mmm = =60){mmm =0;hhh + +;if(hhh = =24) hhh =0;}
        }
      }
  }
  void zd() interrupt 4
  {   /* 串口中断程序,实现用计算机(上位机)对时钟的调时(在计算机上打开串口调
         试助手,即可在图5-4所示的数据输入区依次输入时、分、秒的十位、个位的校准
         数据 */
      if(RI = =1)              //一个字节接收结束,RI置1
      {
82行 n =1;  /* n =1为单片机收到上位机传来的数据时的状态标志,在此处设该标志的目
                的是实现当单片机收到上位传来的数据时,就不再向上位机发送请求了,详
```

```
            见第38行*/
    sj[abc]=SBUF-0x30;   /*abc的默认初值为0。第0次接收的那个字节(ASCII)
                          转为十六进制数后存储在sj[0]*/
    RI=0;
    switch(abc)
    {
      case 1:hhh=sj[0]*10+sj[1];   /*当第0、1次接收数据后,abc=1,这一
                                    行被执行,sj[0]为小时的十位,sj[1]
                                    为小时的个位*/
      if(hhh>=24){hhh=23;}break;
      case 3:mmm=sj[2]*10+sj[3];   /*当第2、3次接收数据后,abc=3,这一
                                    行被执行,sj[2]、sj[3]分别为分钟的
                                    十位、个位。"—"不需调整*/
      if(mmm>=60){mmm=59;}break;
      case 5:sss=sj[4]*10+sj[5];if(sss>=60){sss=59;}break; //校秒
    }
    abc++;
    if(abc>5){abc=0;}
  }
}
```

（1）知识链接一：字符型数据

1）字符型常量。C语言中的字符型常量是用单引号括起来的一个字符。如‘a’、‘A’、‘b’等都是字符型常量。注意：‘a’、‘A’是两个字符常量。

由ASCII字符表可以发现，有一些字符没有“形状”，如换行（ASCII值为10）、回车（ASCII值为13）等。还有一些字符虽然有“形状”，却无法从键盘上输入，如单引号是用于界定字符型常量的，但它自身作为字符型常量却无法用单引号来界定。如果编程时需要用到这一类字符，可以用C语言提供的一种特殊形式进行输入，即用一个“\”开头的字符序列来表示字符。常用的以“\”开头的特殊字符（转义字符）及其含义详见表5-4。

表5-4　转义字符及其含义

字符形式	含　义	ASCII字符（十进制）
\n	换行，将当前位置移到下一行的开头	10
\t	水平制表（跳到下一个TAB位置）	9
\b	退格（将当前位置移到前一列）	8
\r	回车（将当前位置移到本行开头）	13
\f	换页（当前位置移到下页开头）	12
\\	反斜杠字符“\”	92
\'	单引号字符	39
\"	双引号字符	34

2）字符型变量。字符型变量用于存放字符型常量。一个字符型变量只能存放一个字符。例如：

```
unsigned char m1,m2;    //表示m1和m2为字符型变量，可以存放一个字符。
m1 = 'a'; m2 = 'b';     //将字符型常量即字符a和b分别存放入字符型变量m1、m2。
```

将一个字符型常量存入一个字符型变量，实际上是将字符型常量的ASCII值存入字符型变量的存储单元中。a、b的ASCII值分别为十进制的97、98。所以，m1、m2的ASCII值分别为十进制的97、98。

（2）知识链接二：字符串数组

在C51语言中，没有字符串概念，但可以采用字符串数组，例如程序中的第8行就是声明一个字符串数组。字符串数组是一特殊的数组，它与其他数组的区别是：字符串数组的最后一个元素为“\0”（叫做空字符），对应的ASCII值为0x00。因此我们在程序中声明字符串数组时，其长度需比要存的字符串多一个元素，最后一个元素用于存储空字符“\0”。例如：

```
char st[12];
```

该语句声明了一个字符型数组，长度为12，如果该数组用来存放字符串则只能存放11个字符（11个字节）组成的字符串，最后一位必须为空字符“\0”。

第6章

自动恒温箱

本章导读

通过本章项目的实现，读者可掌握DS18B20数字温度传感器和LED点阵显示屏的原理、编程（使用）方法，并能掌握电子温度计、温控仪的制作方法，进一步提高灵活使用这些器件解决实际综合性问题的能力，读者对单总线的通信协议也会有较深刻的理解。

6.1 自动恒温箱介绍

培养某微生物需要一种恒温箱，要求箱内温度在32±2℃。我们可以这样来实现：① 即当温度低于30℃时，起动电加热管加热（用YL-236单片机实训台上的一个继电器线圈得电、常开触点变为闭合来模拟），同时起动微型风机使电热管产生的热在箱内尽量分布均匀（用YL-236实训台上的直流电动机起动来模拟），当温度升到33℃时，断开电热管、停止风扇电动机。② 用YL-236实训台上的DS18B20温度传感器检测箱内的温度，并将箱内的温度显示在LED点阵屏上，显示的位置如图6-1所示（注：一般可用数码管来显示温度）。

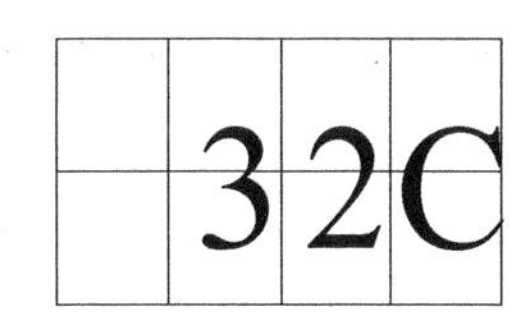

图6-1　YL-236实训台模拟自动恒温箱的箱内温度显示位置

实现该任务，需要用到LED点阵和18B20温度传感器，下面详细介绍。

6.2 LED点阵显示屏的应用

6.2.1 LED点阵显示屏基础

1. LED点阵显示屏实物与结构

LED点阵显示屏常用于广告、通知等场合，实物（示例）如图6-2所示。8×8的LED点阵是最基本的显示屏，其结构示意图如图6-3所示。它是由8×8=64个LED构成的，共有8条独立的行电极（行线）和8条独立的列电极（列线），每个LED一端接在行线上，另一端接在列线上，每个LED就是一个发光点。如果LED全是单色的，则可构成单色点阵显示器，如果LED是双色的或三色的，则可构成多色点阵显示器。

2. 类型

根据LED的连接方式的不同，LED点阵显示屏可分为以下两类：

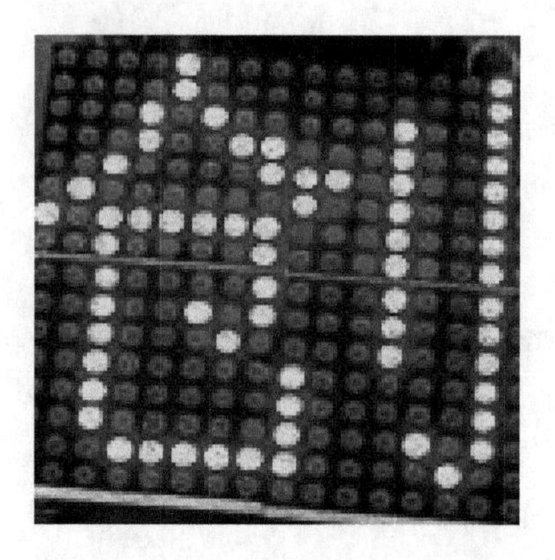

图6-2　LED点阵显示屏实物

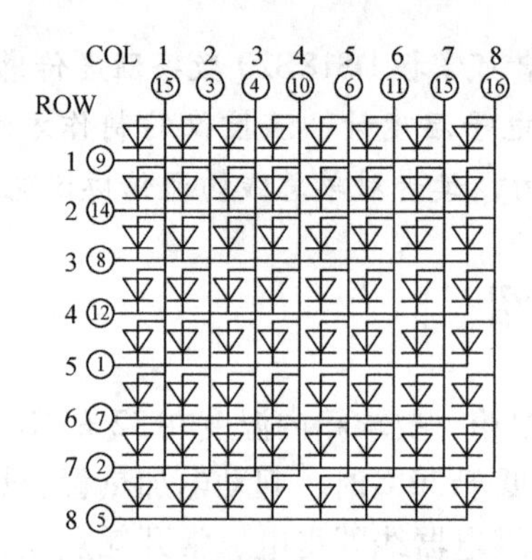

图6-3　8×8的LED点阵显示屏结构示意图

（1）共阴型（行共阴、列共阳）：所有LED的负极都接在行线上，正极接在列线上，如图6-4a所示。

（2）共阳型（行共阳、列共阴）：所有LED的负极都接在列线上，正极接在行线上，如图6-4b所示。

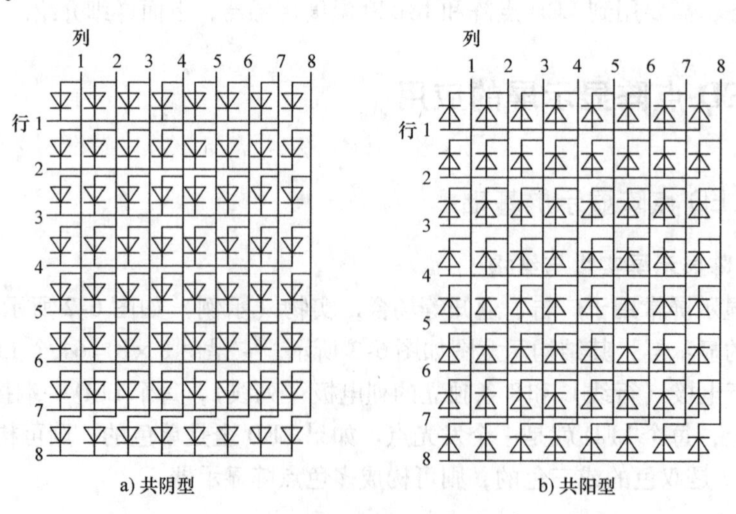

图6-4　LED点阵屏的内部结构

3. 工作原理

点阵显示的方式有逐行扫描、逐列扫描和逐点扫描三种方式。下面以 8 ×8 的 LED 共阳型（行共阳、列共阴）点阵屏采用逐行扫描的方式显示一个梯形“▽”（见图 6-5）为例进行介绍。

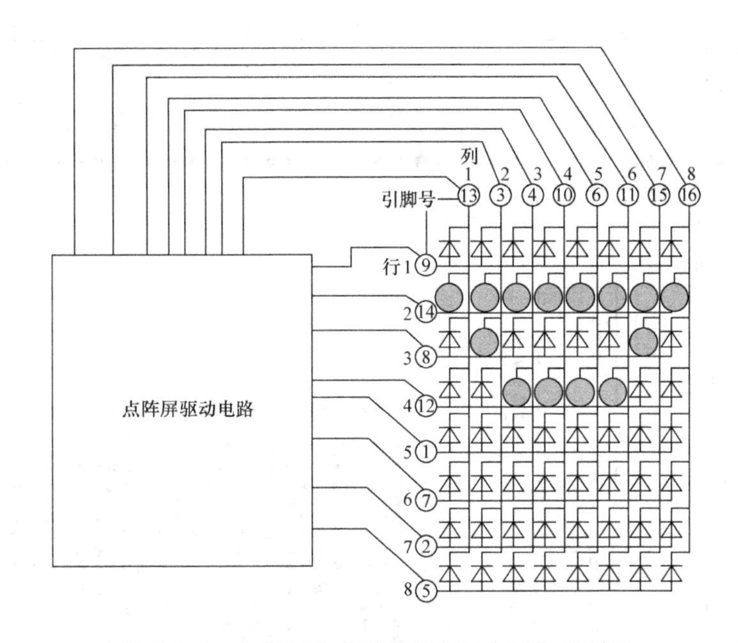

图 6-5　8 ×8 的 LED 共阳型点阵显示电路（示例）

（1）在显示之前，给所有的行线加上低电平，所有的列线加上高电平，所有的 LED 全部截止、不发光。

（2）给第一行线加上低电平（0），所有列线加上高电平（11111111），因为第一行不需要发光。

（3）给第二行加上高电平（1），所有列线都加上低电平（00000000），这样可使第二行的 LED 全部发光。

（4）给第三行加上高电平，列线（1 ~ 8）加上的电平为 10111101，这样可使第三行的位于第二列和第七列的 LED 发光。

（5）给第四行加上高电平，列线（1 ~ 8）加上的电平为 11000011，这样可使第四行的位于第三、四、五、六列的 LED 发光。

（6）周期性地重复以上扫描过程，并且扫描速度较快时屏上就可显示所需的梯形。

至于逐列扫描和逐点扫描，与逐行扫描的原理基本一样。

6.2.2 YL-236单片机实训台LED点阵显示屏

1. YL-236单片机实训台LED点阵显示屏原理图（见图6-6）

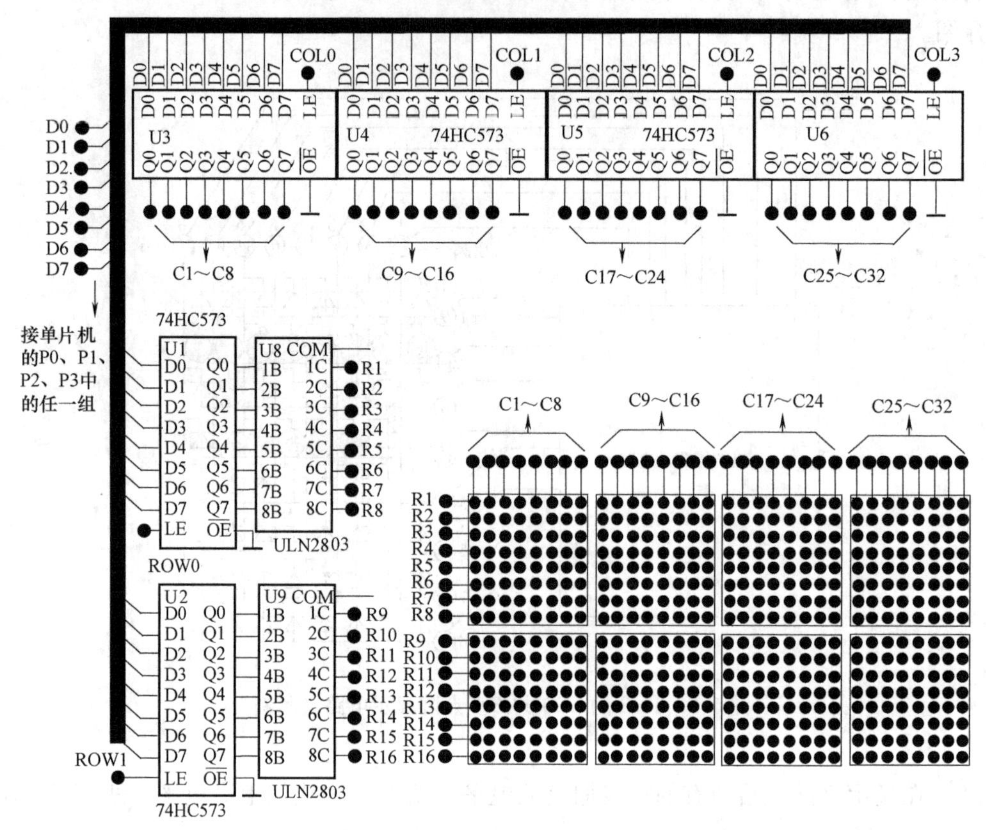

图6-6 YL-236单片机实训台LED点阵原理图

注：C1～C32为点阵的列线引出端，R1～R16为点阵行线的引出端子。

说明：

（1）U1～U6为锁存器74HC573，其引脚D0～D7为锁存器的信号输入端子，Q0～Q7为信号输出端子，引脚$\overline{OE}$为使能端，低电平有效（即低电平时该芯片能正常工作，或称为被选中），LE为锁存控制端子。

当$\overline{OE}$为低电平时，如果LE为高电平，则输入端子的数据传送到输出端子。

当$\overline{OE}$为低电平时，如果LE为低电平，则输出端子的数据保持不变，不会受到输入端数据变化的影响（这就是锁存）。其功能见表6-1。

表6-1 锁存器（74HC573）的功能

输入			输出	
OE	LE	D	Q（HC573）	Q（HC563）
H				
L	L	X（可变化的数据）	保持原来的数据	保持原来的数据
L	H	L	L	H
L	H	H	H	L

（2）锁存器 U1、U2 的锁存控制端子为 ROW0、ROW1，输出的数据经反相器 ULN2803 反相（即反相器的输出电平与输入电平相反）后加在点阵的行线上，锁存器 U3、U4、U5、U6 用于给点阵的列线传送数据（COL0～COL3 为锁存控制端子），6 个锁存控制端子均接单片机的 I/O 口。

（3）YL-236 实训台点阵屏是行共阴列共阳类型（即 LED 的正极接在列线上、负极接在行线上），要点亮 LED，单片机输出的行、列数据都是高电平有效（因为行线上接有反相器）。

（4）行线数据是低位在上，列线数据是低位在前。

2. YL-236 单片机实训台 LED 点阵实物图（见图 6-7）

图 6-7　YL-236 单片机实训台 LED 点阵实物图

注：各接线端口与原理图是一致的，可对照理解。

6.2.3　LED 点阵显示屏的编程

1. 编程思路和步骤

（1）对要显示的字符取模。LED 点阵可显示汉字、ASCII 码字符和符号（如箭头、几何图形等）。显示什么内容是由加在行线或列线上的数据决定的，这种数据叫做字模。显示不同的字符其字模是不同的。用人工方法取模很费时，通常可使用取模软件来取出字模。常用的取模软件有“LCMzimo. exe”和“zimo. exe”，其使用方法很简单，详见本书教学资源。

注意：对点阵屏编程必须理解横向取模和纵向取模。

1）横向取模纵向扫描。所谓纵向扫描，就是按从上到下的顺序，依次点亮 1、2、3、4 行、…、直至点亮最后一行，并不断循环，这样人眼看起来各行都处于点亮状态。每一行的哪些 LED 被点亮哪些 LED 处于熄灭状态，是由这一行的字模决定的。采用纵向扫描时，就需横向取模，如图 6-8a 所示。对于 YL-236 点阵，由硬件决定了采用横向取模纵向扫描的方式时亮度更高一些，所以本书中的点阵我们都采用横向取模纵向扫描的方式。

图 6-8 中欲显示“E”，扫描过程是：扫描第 1 行时（第 1 行置为低电平），第 1 行没有 LED 点亮，其字模数据为 00000000 即 0x00→扫描第 2 行时（第 2 行置为低电平），有 4 个 LED 点亮，其字模数据为 00111100 即 0x3C→扫描第 3 行时，只有 1 个 LED 点亮，其字模数

据为00000100即0x04（注意：为了和YL-236实训台点阵屏硬件相一致，横向取模时需采用“右高位”……。

2）纵向取模横向扫描。就是从左到右依次扫描各列，如图6-8b所示。读者可自行分析。

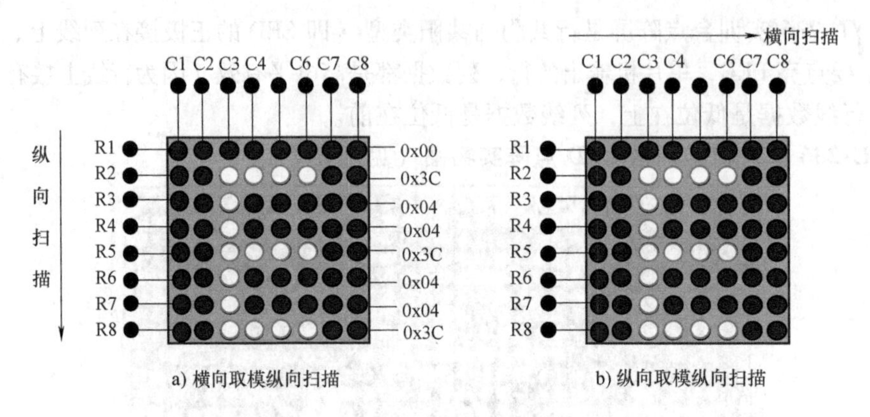

图6-8 点阵的横向取模和纵向取模

（2）将取出的字模存入数组内（可用一维数组或二维数组）。

（3）选中给欲显示字符的点阵屏送数据的锁存器（含行数据和列数据的锁存器）。

（4）编写扫描各行（纵向扫描）的语句并从字模数组中调用字模数据，送到点阵列线上。

2. 8×8字符的显示示例

（1）任务书：在图6-7虚线框所在的8×8点阵内依次显示0、1、2、3。

（2）硬件接线。在图6-6中，D0～D7接单片机的P0口，row0、row1、col0～col3分别接单片机的P1.0～P1.5，详见程序中的端口声明。

（3）参考程序代码

```
#include <reg52.h>
#include <intrins.h>                //含循环移位库函数的头文件
#define uint unsigned int
#define uchar unsigned char
sbit row0 = P1^0; sbit row1 = P1^1; sbit col0 = P1^2; sbit col1 = P1^3;
sbit col2 = P1^4; sbit col3 = P1^5;
unchar code zm[][8] = {              //字模数组(采用二维数组,调用方便。也可
                                       用一维数组)
   0x1C,0x22,0x32,0x2A,0x26,0x22,0x1C,0x00,  // -0-
   0x08,0x0C,0x08,0x08,0x08,0x08,0x1C,0x00,  // -1-
   0x1C,0x22,0x20,0x18,0x04,0x02,0x3E,0x00,  // -2-
   0x3E,0x20,0x10,0x18,0x20,0x22,0x1C,0x00,  // -3-
   0x10,0x18,0x14,0x12,0x3E,0x10,0x10,0x00,  // -4-
   0x3E,0x02,0x1E,0x20,0x20,0x22,0x1C,0x00,  // -5-
```

```
    0x38,0x04,0x02,0x1E,0x22,0x22,0x1C,0x00,  // -6-
    0x3E,0x20,0x10,0x08,0x04,0x04,0x04,0x00,  // -7-
    0x1C,0x22,0x22,0x1C,0x22,0x22,0x1C,0x00,  // -8-
    0x1C,0x22,0x22,0x3C,0x20,0x10,0x0E,0x00,  // -9-
    0x00,0x00,0x00,0x00,0x00,0x00,0x00,0x00,  //-10-:任一行的各列 LED
                                                 都熄灭的字模(注意:放
                                                 在第几行,调用时 n 就是
                                                 几,见 43 行)
    }
20行 void delay(uint z){ while(z--)};//定义延时函数。z 为 110 时,延时为 1ms
     void disp8x8_2(uchar n)          //这里命名为 8×8_2 是便于标识第 2 块 8×8
                                        点阵,即显示字符的那一块点阵
     {
        uchar i,row=0x01;             //定义两个局部变量
        for(i=0,i<8,i++)
        {
           P0=row;                    //P0=0x01,经反相器后变为 11111110,为扫
                                        描第 1 行(将该行置为低电平,就是扫描该
                                        行。该行哪些 LED 点亮,是由字模数据决
                                        定的)
27行       row0=1;                    //锁存器 U8 将 P0 口数据传送到输出端R1~R8
28行       row0=0;                    //锁存器将输出端 R1~R8 的数据与输入端
                                        隔离
           P0=zm[n][i];               //取字模数组内的第 n 行的第 i 个元素的值
                                        赋给 P0
30行       col1=1;                    /*锁存器 U4 将输入端 P0 的数据传送到输
                                        出端 C9~C16。此时被扫描的那一行的
                                        各列相应的 LED 点亮*/
31行       col1=0;                    /*锁存器将输出端 C9~C16 的数据与输入
                                        端隔离*/
           delay(30);
           row=_cror_(row,1);         //循环右移 1 位,对应于欲扫描的下一行
           P0=0;                      //P0=0,这个 0 是 10 进制数,对应的二进制
                                        数为 00000000
35行       row0=col1=1; row0=col1=0;//关掉原来的显示(防止显示新内容时产
                                        生重影)
        }
  } /*说明:要在该任务书所述的位置显示 0~9 的字符,只需调用该显示函数。欲显示
    几,调用时参数 n 就置为几,如需显示 3,调用时只需写为:disp8x8_2(3);。*/
```

```
void main()
{
      while(1){
        disp8x8_2(0);                    //显示0
        delay(5500);                     //延时0.5s
43行    disp8x8_2(10);                   //所有LED都熄灭。数组内第10行为所有
                                           LED都熄灭的字模
        delay(1100);                     //延时0.1s
        disp8x8_2(1);delay(5500);        //显示1并延时0.5s
        disp8x8_2(10);delay(1100);
        disp8x8_2(2);delay(5500);        //显示2并延时0.5s
        disp8x8_2(10);delay(1100);
        disp8x8_2(3);delay(5500);        //显示3并延时0.5s
        disp8x8_2(10);delay(1100);}
}
```

说明：① 如果要分别依次循环显示0～9，调用次数太多，较麻烦，可这样写：

```
void main()
{
     uchar j=0;
     while(1){
     disp8x8_2(j);delay(5500);
     disp8x8_2(10);delay(1100);j++;
     j=j%8;}      /*可将j限定在0~7的范围内。例如当j为0~7时,j%8的
                      值为0~7,当j自加到为等于8时,j%8为0,j%8的这个值
                      (0)又赋给了j,j又从0开始执行。可起到和for(j=0;j<8;
                      j++)相同的作用*/
}
```

② 如果要在其他的8×8点阵上显示，则需改变27、28、30、31、35的锁存信号控制脚即可。

3. 8×16字符的显示示例

每一个8×16字符的字模共有16个字节，需用两个8×8的屏进行显示，上屏显示第0～7字节，下屏显示第8～15字节。可按该思路编程，具体方法见本节自动恒温箱中点阵的显示函数。

4. 显示一个16×16字符的显示示例

（1）任务书：在YL-236单片机实训台上点阵屏显示16×16的汉字“长”，如图6-9所示。

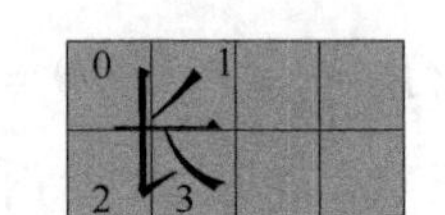

图6-9 YL-236单片机实训台上点阵屏显示16×16的汉字“长”

（2）编程分析：1个16×16的汉字要占4个8×8的点阵屏（图中编号为0、1、2、3）。采用横向取模纵向扫描，根据取模方法决定的扫描顺序是：0号屏第0行、1号屏第0行→0号屏的第1行、1号

屏的第1行→0号屏的第2行、1号屏的第2行→……→0号屏的第7行、1号屏的第7行→2号屏的第0行（即总第8行）、3号屏的第0行（即总第8行）→……2号屏的第7行（即总第15行）、3号屏的第7行（即总第15行），至此扫描了一遍，然后再按照这个顺序循环扫描。

编程的关键：可用变量i自加来表示扫描的行数的变化，当i小于16时要选择上屏，当i大于16时要选择下屏（通过控制锁存器的row0、row1的值来选择）；要按照扫描顺序将字模数组内的数据依次送到各扫描行的列线上。

（3）程序示例：

```
#include <reg52.h>
#include <intrins.h>
#define uint unsigned int
#define uchar unsigned char
sbit row0 = P0^0; sbit row1 = P0^1;     // row0、row1用于选择上面的屏还是下面
                                          的屏
sbit col0 = P0^2;sbit col1 = P0^3;      //col0、col1、col2、col3用于选择竖直方向
sbit col2 = P0^4; sbit col3 = P0^5;     // 的第0、1、2、3列屏中的哪一列
uchar code hz16*16[] = {                //16×16汉字的字模数组(对点阵采用横
                                          向取模、纵向扫描)
0x10,0x00,0x10,0x08,0x10,0x0C,0x10,0x02,0x10,0x01,0x90,0x00,0x10,0x20,0xFF,0x7F,
0x90,0x00,0x90,0x00,0x10,0x01,0x10,0x02,0x10,0x04,0x90,0x38,0x70,0x10,0x10,0x00};//长
void delay(uint z){ while(z--);}         //微秒级延时函数
void hz16(){
uchar i,row = 0x0001;  //row用于控制扫描0~15行
for(i = 0;i < 32;i + +)                  //for循环1遍,共32次,共扫描32行
{
    P1 = row;                            //P1 = 0x0001。扫描第1行
    if(i < 16){row0 = 1;row0 = 0;}       //如果i小于16,就选择上屏(即锁存器
                                           U1传送数据)
    else if(i > 15){row1 = 1;row1 = 0;}  //如果i大于15,就选择下屏
    P1 = hz[i];                          //调用数组中的数据
    col0 = 1; col0 = 0;                  //选中锁存器U3,即选中0号屏
    delay(30);                           //延时这个时间就可以使点阵不闪烁
    P1 = 0x00;
    row0 = row1 = col0 = col1 = col2 = col3 = 1;row0 = row1 = col0 = col1 = col2 = col3 = 0;
    /*将刚才加在点阵上的字模数据清0(结果是点阵屏所有行线均为高电平,列线均
      为低电平,显示熄灭)。现在只用了左边两个屏,"col2 = col3 = 1;col2 = col3 = 0;"
      这两句可不写 */
    i + +;
    P1 = row;                            //P1 = 0x001
```

```
      if(i <16){row0 =1;row0 =0;}              //如果小于16,就写到上半屏
      else if(i >15){row1 =1;row1 =0;} //如果大于15,就写到下半屏
      P1 =hz[i];                                //调用数组中的数据
      col1 =1; col1 =0;                         //选中锁存器U4,即1号屏
      delay(30);
      row =_crol_(row,1);                       //右移,变为扫描下一行的数据
      P1 =0x00;
row0 =row1 =col0 =col1 =col2 =col3 =1;row0 =row1 =col0 =col1 =col2 =col3 =0;
    }
  }
  void main()
  {
    P1 =0x00;
row0 =row1 =col0 =col1 =col2 =col3 =1;
row0 =row1 =col0 =col1 =col2 =col3 =0;  //将LED点阵清屏,即不显示内容
    while(1)
    {
      hz16();                                   //显示
    }
  }
```

5. 在屏上固定位置显示多个16×16的汉字的典型示例

(1) 任务书：在图6-9所示的屏的左半部依次显示“长”、“阳”、“职”、“教”。

(2) 编程分析：取出的字模数据放在二维数组里，用前一个下标表示各个汉字在数组内的排序编号，在显示某个汉字调用显示函数时，显示函数的实参值等于该汉字的编号即可。

“长”、“阳”、“职”、“教”的字模如下：

```
uchar code hz16 *16[][31] = {
0x10,0x00,0x10,0x08,0x10,0x0C,0x10,0x02,0x10,0x01,0x90,0x00,0x10,0x20,0xFF,0x7F,
0x90,0x00,0x90,0x00,0x10,0x01,0x10,0x02,0x10,0x04,0x90,0x38,0x70,0x10,0x10,0x00, //长
0x00,0x20,0xBE,0x7F,0xA2,0x20,0x92,0x20,0x92,0x20,0x8A,0x20,0x92,0x20,0x92,0x3F,
0xA2,0x20,0xA2,0x20,0xA2,0x20,0x96,0x20,0x8A,0x20,0x82,0x20,0x82,0x3F,0x82,0x20,  //阳
0x20,0x00,0x7F,0x20,0x24,0x7F,0x24,0x21,0x3C,0x21,0x24,0x21,0x24,0x21,0x3C,0x21,
0x24,0x3F,0x24,0x21,0xE4,0x12,0x3F,0x12,0x22,0x21,0x20,0x61,0xA0,0x40,0x20,0x00, //职
0x10,0x02,0x10,0x02,0xFE,0x02,0x90,0x22,0x50,0x7E,0xFF,0x11,0x10,0x10,0xF8,0x12,
0x44,0x0A,0x33,0x0A,0x10,0x04,0x70,0x0A,0x1E,0x0A,0x10,0x11,0x94,0x70,0x48,0x20    //教
};
```

16×16汉字的显示函数如下：

```
void hz16(uchar n){
uchar i;uint row =0x0001;      //0x0001 =0000 0000 0000 0001。row用于控制扫
```

```
                                        描0~15行
for(i=0;i<32;i++)                  //for循环1遍,共32次,共扫描32行
  {
      P1=row;                           //P1=0x0001。扫描第1行
      if(i<16){row0=1;row0=0;}          //如果i小于16,就选择上屏
      else if(i>15){row1=1;row1=0;}     //如果i大于15,就选择下屏
      P1hz16*16[n][i];                  //调用数组中第n个编号汉字的第i个
                                          字节
      col0=1; col0=0;                   //选中锁存器U3,即选中0号屏
      delay(30); P1=0x00;
      row0=row1=col0=col1=1;row0=row1=col0=col1=0;
      i++; P1=row;
      if(i<16){row0=1;row0=0;}          //如果小于16,就写到上半屏
      else if(i>15){row1=1;row1=0;}     //如果大于15,就写到下半屏
      P1hz16*16[n][i];
      col1=1; col1=0;                   //选中锁存器U4,即1号屏
      delay(30);
      row=_crol_(row,1);                //右移,变为扫描下一行的数据
      P1=0x00;row0=row1=col0=col1=1;row0=row1=col0=col1=0;
  }
}
```

主函数如下:

```
void main(){
   while(1){
      hz16(0);delay(5500);              //n=0,显示"长",延时0.5s
      P1=0x00;row0=row1=col0=col1=1;row0=row1=col0=col1=0;
                                        //清零
      delay(1100);                      //延时0.1s,以消除余辉
      hz16(1);delay(5500);              //显示"阳", 延时0.5s
      P1=0x00;row0=row1=col0=col1=1;row0=row1=col0=col1=0;
      delay(1100);
      hz16(2); delay(5500);             //显示"职"
      P1=0x00;row0=row1=col0=col1=1;row0=row1=col0=col1=0;
      delay(1100);
      hz16(3);delay(5500);              //显示"教"
      P1=0x00;row0=row1=col0=col1=1;row0=row1=col0=col1=0;
      delay(1100); }
}
```

这是多个汉字的显示函数，采用了二维数组，调用很方便，可作为一个范例。

6.3 DS18B20温度传感器

6.3.1 DS18B20简介

1. DS18B20引脚定义、封装

DS18B20是美国DALLAS公司生产的单总线数字温度传感器，具有体积小、结构简单、操作灵活等特点，封装形式多样，适用于各种狭小空间内设备的数字测温和控制。单总线数字温度传感器系列还有DS1820、DS18S20、DS1822等其他型号，它们的工作原理和特性基本相同。DS18B20采用T0-92、SO封装或μSOP封装，如图6-10所示。

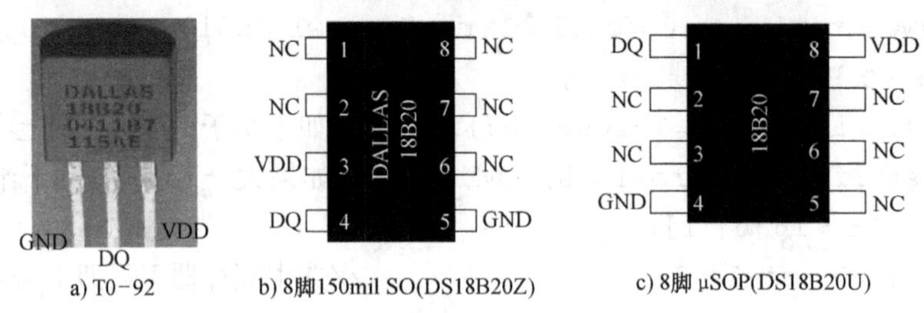

图6-10 DS18B20温度传感器的封装形式

DS18B20各引脚功能详见表6-2。

表6-2 DS18B20引脚功能

序号	名 称	功 能
1	GND	接地脚
2	DQ	数字信号（含对温度传感器输入的命令以及将检测到的温度转化成数字信号）的输入/输出脚，单总线接口引脚。当DS18B20工作于寄生电源时，也可以由该脚向器件提供电源
3	VDD	独立供电时接电源。当工作于寄生电源时，该引脚需接地

2. DS18B20的内部结构和基本特点

DS18B20内部结构如图6-11所示。

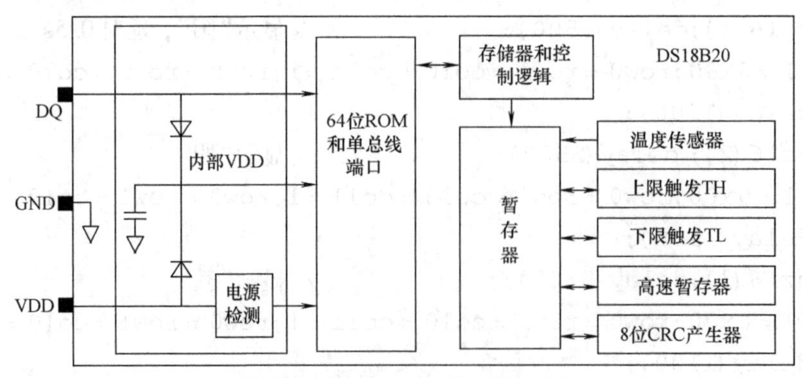

图6-11 DS18B20内部结构框图

（1）每个DS18B20芯片都具有唯一的一个64位光刻ROM编码：开始8位是产品类型编号，接着是每个器件的唯一序号（共48位），最后8位是前面56位的CRC校验码。所以可以将多个DS18B20连在一根线上（单总线）以串行方式传送（根据64位ROM编码的不同可以将各个DS18B20区分开来）。

（2）DS18B20内部存储器还包括一个高速暂存RAM和一个非易失性的可电擦除的E^2PROM。高速暂存RAM共有9个字节，如图6-12所示。设定的报警上、下限温度值和设定的分辨率存储在E^2PROM内，掉电后不丢失。高速暂存各字节用途如下：

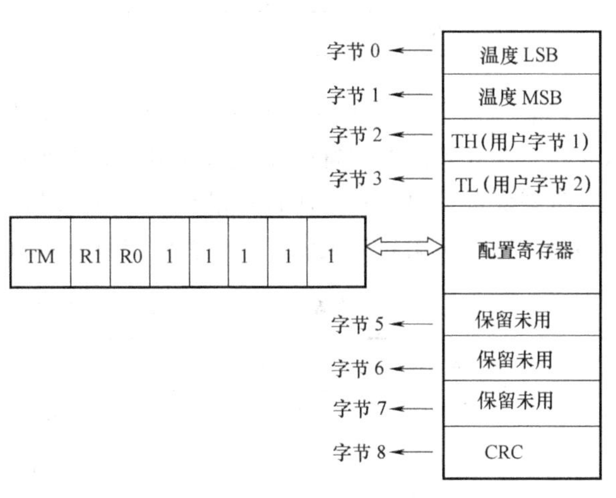

图6-12 DS18B20高速暂存字节定义

● 头2个字节（字节0和字节1）存储测得的温度信息。测量结果保存在低字节（LSB）和高字节（MSB），一条读取温度寄存器的命令可以将暂存器中的温度数值读出，读取数据时，低位在前，高位在后。数据是按补码的形式存储的，具体格式还要根据配置字（见第5个字节）的设定而定。

● 字节2、3是E^2PROM内报警温度上、下限值的复制，是易失的，每次上电复位时被刷新。

● 字节4为配置寄存器，用于设定温度转换的分辨率。TM为工作模式位，用户通过对该位设置可知器件是工作在测试模式还是工作模式（出厂时该位设置为0，为工作模式）。R0、R1用于编程时用软件方法设置转换的准确度（含转换时间），详见表6-3。

表6-3 DS18B20转换准确度和转换时间

R1	R2	分辨率/位	转换准确度	最大转换时间/ms
0	0	9	0.5℃	93.75
0	1	10	0.25℃	187.5
1	0	11	0.125℃	375
1	1	12	0.0625℃	750

●字节5、6、7保留未用（全部为逻辑1）。

●字节8为读出前面所有8个字节的CRC码［注：循环冗余校验码（Cyclic Redundancy Check，简称CRC），是数据通信领域中最常用的一种差错校验码］，用于检验数据，从而保证通信的正确性。

DS18B20出厂时默认配置为12位分辨率，此时数据以16位符号扩展的二进制补的形式存储，前5位是符号位。存储格式见表6-4。

表 6-4　DS18B20 设置为 12 位分辨率时温度数据的存储格式

LSB	bit7	bit6	bit5	bit4	bit3	bit2	bit1	bit0
	2^3	2^2	2^1	2^0	2^{-1}	2^{-2}	2^{-3}	2^{-4}
MSB	bit15	bit14	bit13	bit12	bit11	bit10	bit9	bit8
	S	S	S	S	S	2^6	2^5	2^4

注意：表中的 MSB 为符号位（高 5 位）。LSB 的低 4 位为小数，LSB 的高 4 位和 MSB 的低 3 位为整数位。若测得的温度大于 0，则前 5 位全为 0，只要将测得的数值乘以 0.0625，就可得到实际的温度；若测得的温度小于 0，则前 5 位为 1，测得的值需要取反加 1 再乘以 0.0625，可得实测的温度值。一些特殊温度和 DS18B20 输出数据的对照关系见表 6-5。

表 6-5　一些特殊温度和 DS18B20 输出数据的对照关系

温度/℃	数据输出（二进制）	数据输出（十六进制）
+125	0000011111010000	07D0H
+85	0000010101010000	0550H
+25.0625	0000000110010001	0191H
+10.125	0000000010100010	00A2H
+0.5	0000000000001000	0008H
0	0000000000000000	0000H
-0.5	1111111111111000	FFF8H
-10.125	1111111101011110	FF5EH
-25.0625	1111111001011111	FE6FH
-55	1111110010010000	FC90H

3. DS18B20 与单片机的连接

YL-236 单片机实训台上采用 TO-92 封装的 18B20 传感器。GND 为接地脚，VDD 采用独立电源供电的方式（接 3.0～5.5V 的电源）。DS18B20 接口电路十分简单，DQ 引脚将检测到的温度信息输出并传送给单片机，DQ 可与单片机的任一 I/O 口相连。单片机收到温度信息后可以根据温度信息进行显示（将温度显示在数码管、LED 点阵、液晶屏等显示器）或驱动相关动作器件（如继电器、电动机等）动作，控制典型应用电路如图 6-13所示。

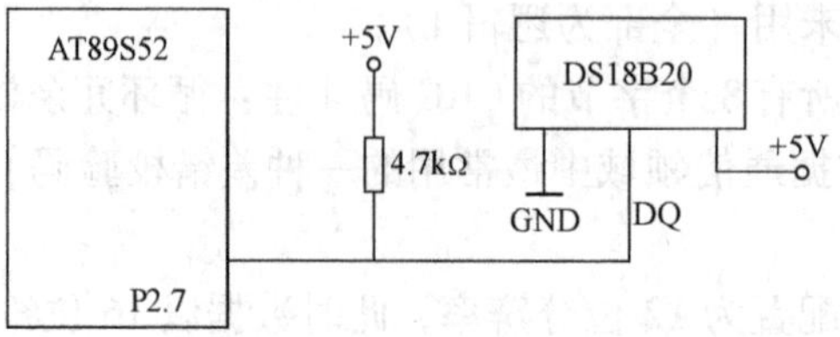

图 6-13　DS18B20 温度传感器典型应用电路

6.3.2　DS18B20的控制方法

DS18B20采用的是1-Wire总线协议方式，即用一根数据线实现数据的双向传输，而对于51系列单片机来说，硬件上不支持单总线协议，因此需用软件的方法来模拟单总线的协议时序来实现对DS18B20芯片的访问。DS18B20有严格的通信协议来保证数据传输的正确性和完整性。该协议定义了以下几种信号的时序：初始化时序、读时序、写时序。所有时序都是将单片机作为主设备，单总线器件作为从设备。

1. 初始化时序

（1）DS18B20单总线初始化步骤。单总线上的所有器件均以初始化开始，主机发出复位脉冲（即将总线DQ拉低480~960μs），再等待（即将总线DQ拉高）15~60μs，然后判断从件是否有应答（即判断总线DQ是否为0），为0则表示从件有应答（即从器件发出持续60~240μs的存在脉冲，使主机确认从器件准备好）。初始化时序如图6-14所示。

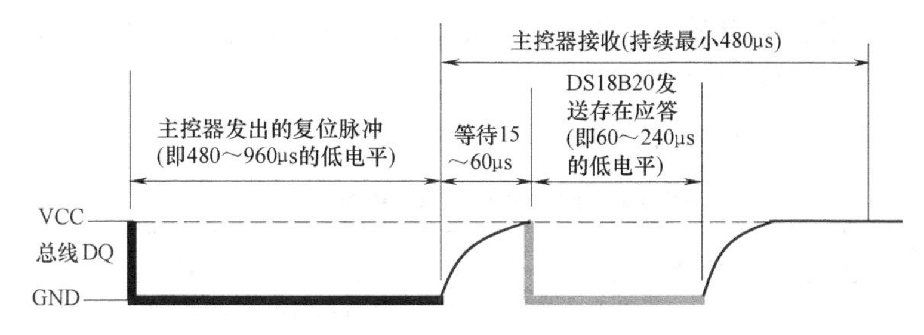

图6-14　DS18B20初始化总线（启动）时序

（2）DS18B20初始化编程示例。详见6.4节74~81行。

2. 读DS18B20的时序

（1）读DS18B20的时序如图6-15所示。

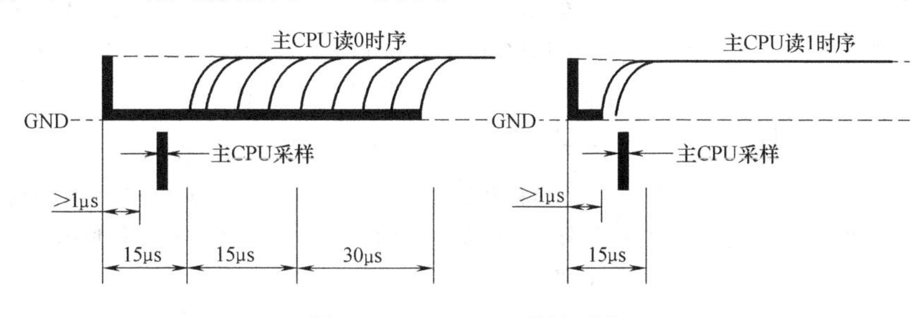

图6-15　DS18B20的读时序

读DS18B20的时序分别为读0时序和读1时序两个过程。读时序是在主机把单总线由高拉低（保持1μs以上）作为读开始，主机在拉低持续15μs时拉高单总线，接着读总线状态。读每一位的总持续时间不得少于60μs。

（2）读DS18B20测得的温度数据的编程。详见6.4节92~102行。

3. 写DS18B20的时序

所谓写DS18B20，就是将一些命令传给DS18B20。

（1）DS18B20的写时序如图6-16所示。

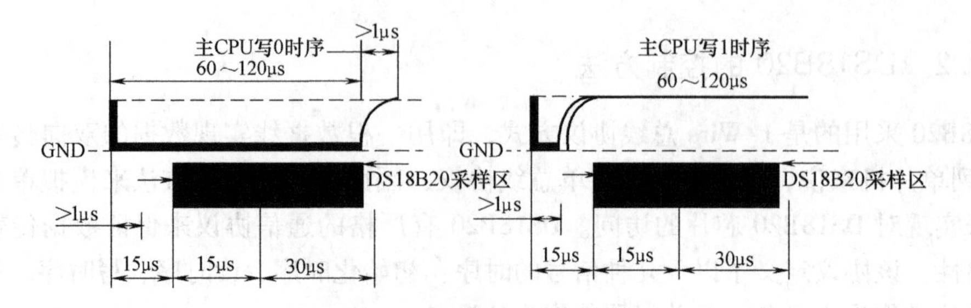

图6-16　DS18B20的写时序

1）主机对DS18B20写0时，将总线拉低60～120μs，然后拉高1μs以上。

2）主机对DS18B20写1时，将总线拉低1～15μs，然后拉高，总时间在60μs以上。

（2）写DS18B20的编程。详见6.4节第83～90行。

总之，初始化、读/写操作的共同点是：DS18B20在静态时总线必须为高电平，所有的读/写操作都是由拉低总线开始的，不同的操作保持的低电平时间间隙不一样。

4. DS18B20的ROM操作命令

DS18B20的ROM操作命令详见表6-6。

表6-6　DS18B20的ROM操作命令

序　号	命令名称	命令代码	说　　明
1	读取ROM	0x33	这个命令允许总线控制器读取DS18B20的8位系统编码、唯一的系列号和8位CRC码。使用该命令时，只能在总线上接一个DS18B20，否则多个DS18B20同时将数据送到总线会发生数据冲突。若需要在一根总线上接多个DS18B20，则应在装机之前测出芯片的系列号，并记录备用
2	匹配ROM	0x55	该命令后跟64位ROM序列，让总线控制器在总线上定位一个特定的DS18B20，只有和64位ROM序列完全匹配的DS18B20才能响应随后的存储器操作，所有和64位ROM序列不匹配的从机都将等待复位脉冲。这条命令在总线上有单个或多个器件时都可以使用
3	跳过ROM	0xCC	这条命令允许总线控制器不用提供64位ROM编码就能使用存储器操作命令，可以节省时间。在单线总线情况下，才能使用该命令
4	搜索ROM	0xF0	当一个系统初次启动时，总线控制器并不知道单线总线上有多个器件以及它们的64位编码。该命令允许总线控制器用排除法识别总线上的所有从机的64位编码
5	报警搜索	0xEC	这条命令的流程和搜索ROM相同。然而，只有在最近一次测温后遇到符合报警条件的情况，DS18B20才会响应这条命令。报警条件定义为温度高于TH或低于TL。只要DS18B20不掉电，报警状态将一直保持，直到再一次测得的温度值达不到报警条件

5. 存储器操作命令

存储器操作命令详见表 6-7。

表 6-7 存储器操作命令

序号	命令名称	命令代码	说明
1	写暂存器	0x4E	这个命令向 DS18B20 的暂存器 TH 和 TL 中写入数据。可以在任何时刻发出复位命令来中止写入
2	读暂存器	0xBE	这个命令读取暂存器的内容。读取将从第 1 个字节开始，一直进行下去，直到第 9（CRC）个字节读完。如果不想读完所有字节，控制器可以在任何时间发出复位命令来中止读取
3	复制暂存器	0x48	这个命令把暂存器的内容复制到 DS18B20 的 E^2PROM 存储器里，即把温度报警触发字节存入非易失性存储器里。如果总线控制器在这条命令之后跟着发出读时间隙（即将总线拉低 1～2μs，然后再拉高；拉高后再读总线状态），而此时 DS18B20 又忙于把暂存器复制到 E^2PROM 存储器，DS18B20 就会输出一个 0，如果复制结束，DS18B20 则输出 1。如果使用寄生电源，总线控制器必须在这条命令发出后立即启动强上拉并保持 10ms
4	启动转换	0x44	该命令启动一次温度转换。温度转换命令被执行，之后 DS18B20 保持等待状态。如果总线控制器在这条命令之后跟着发出读时间隙，而 DS18B20 又忙于做温度转换，则 DS18B20 将在总线上输出 0，若温度转换完成，则输出 1。如果使用寄生电源，总线控制必须在发出这条命令后立即启动强上拉，并保持 500ms 以上时间
5	调回暂存器	0xB8	这条命令与 0x48 相反，即把报警触发器里的值复制回暂存器。这种复制操作在 DS18B20 上电时自动执行，这样器件一上电，暂存器里马上就存在有效的数据了
6	读电源	0xB4	若把这条命令发给 DS18B20 后发出读时间隙，器件会返回它的电源模式：0 为寄生电源，1 为外部电源

6.3.3 DS18B20 的编程方法示例

这一内容将在 6.4 节介绍的自动恒温箱的程序代码中详细介绍。

6.4 自动恒温箱的实现

本章 6.1 节所述的自动恒温箱的控制程序代码示例如下：

```
#include <reg52.h>
#include <intrins.h>        //因为需用到循环移位函数,所以需包含该头文件
```

```
#define uint unsigned int
#define uchar unsigned char
sbit row0 = P2^0; sbit row1 = P2^1;  //控制行线数据的锁存器的锁存信号端子
sbit col0 = P2^2;sbit col1 = P2^3; sbit col2 = P2^4; sbit col3 = P2^5;
                                     /*控制列线数据的锁存器的锁存信号端子*/
sbit dq = P2^6;                      //18B20 的 DQ 引脚与单片机连接
sbit jr = P2^7;                      //加热继电器的控制端子
sbit dj = P3^0;                      //散热风扇电动机的控制端子
uchar code table[][16] = {           //显示温度数字(8×16 规格)的数组
0x00,0x00,0x3E,0x63,0x63,0x73,0x6B,0x6B,  //-0-
0x67,0x63,0x63,0x3E,0x00,0x00,0x00,0x00,
0x00,0x00,0x18,0x1C,0x1E,0x18,0x18,0x18,  //-1-
0x18,0x18,0x18,0x7E,0x00,0x00,0x00,0x00,
0x00,0x00,0x3E,0x63,0x60,0x30,0x18,0x0C,  //-2-
0x06,0x03,0x63,0x7F,0x00,0x00,0x00,0x00,
0x00,0x00,0x3E,0x63,0x60,0x60,0x3C,0x60,  //-3-
0x60,0x60,0x63,0x3E,0x00,0x00,0x00,0x00,
0x00,0x00,0x30,0x38,0x3C,0x36,0x33,0x7F,  //-4-
0x30,0x30,0x30,0x78,0x00,0x00,0x00,0x00,
0x00,0x00,0x7F,0x03,0x03,0x03,0x3F,0x70,  //-5-
0x60,0x60,0x63,0x3E,0x00,0x00,0x00,0x00,
0x00,0x00,0x1C,0x06,0x03,0x03,0x3F,0x63,  //-6-
0x63,0x63,0x63,0x3E,0x00,0x00,0x00,0x00,
0x00,0x00,0x7F,0x63,0x60,0x60,0x30,0x18,  //-7-
0x0C,0x0C,0x0C,0x0C,0x00,0x00,0x00,0x00,
0x00,0x00,0x3E,0x63,0x63,0x63,0x3E,0x63,  //-8-
0x63,0x63,0x63,0x3E,0x00,0x00,0x00,0x00,
0x00,0x00,0x3E,0x63,0x63,0x63,0x7E,0x60,  //-9-
0x60,0x60,0x30,0x1E,0x00,0x00,0x00,0x00,
0x00,0x00,0x07,0x7D,0xCF,0x86,0x06,0x06,  //-C-
0x06,0x06,0x86,0xCC,0x78,0x00,0x00,0x00,};
uchar n,numwd;                       // numwd 表示测量出的温度数值
void delay(uint z){ while(z--);}     //延时函数
34行 void display(uchar n2,uchar n3,uchar n4)/*点阵显示函数。参数 n2 表示温
                                     度的十位,n3 表示温度的个位,
                                     在显示数据时可调用该函数并
                                     给参数赋值,n4 用于表示℃,调
                                     用时须赋值 10,对应数组 table
                                     []内的第 10 个元素*/
```

```
        {
35行      uchar i,row =0x01;
36行      for(i =0;i <16;i + +)  //一个8×16的字共有16个字节,所以要循环16次
37行      {                      //该 for 循环显示温度的十位数
            P0 =row;                        //row 此时为0x01 扫描第1行
39行        if(i <8){row0 =1;row0 =0;}      //i <8 时选择上屏,i >7 时选择下屏,因
40行        else if(i >7){row1 =1;row1 =0;}//为一个8×16的字占用两块8×8点阵屏
            P0 =table[n2][i];               //显示温度的十位
            col1 =1;col1 =0;//选择第1列点阵屏(注:最左那一列屏为第0列,空着未用)
            delay(30);
            row =_crol_(row,1);  //将 row 循环右移1位后的值再赋给 row,扫描下一行
            P0 =0x00;
            row0 =row1 =col0 =col1 =col2 =col3 =1;
47行        row0 =row1 =col0 =col1 =col2 =col3 =0;      //清除刚才的显示数据
          }
          row =0x01;              /* 执行39 ~47 行后,row 的值不再为初值0x01,所以这里
                                     需重赋初值,以显示温度个位数时也从第1行开始扫
                                     描 */
          for(i =0;i <16;i + +){     //该 for 循环显示温度的个位数
            P0 =row;
            if(i <8){row0 =1;row0 =0;}
            else if(i >7){row1 =1;row1 =0;}
            P0 =table[n3][i];
            col2 =1; col2 =0;           //选择第2列点阵屏
            delay(30);
            P0 =0x00;
            row =_crol_(row,1);
            row0 =row1 =col0 =col1 =col2 =col3 =1;
            row0 =row1 =col0 =col1 =col2 =col3 =0;} //清除刚才的显示数据
            row =0x01;                  // row 重赋初值,以显示“C”时从第1行开始扫描
            for(i =0;i <16;i + +){  //该 for 循环用于显示“C”
                P0 =row;
                if(i <8){row0 =1;row0 =0;}
                else if(i >7){row1 =1;row1 =0;}
                P0 =table[n4][i];   //调用34行的显示函数时将 n4 赋值10,即显示“C”
                col3 =1; col3 =0;  //选择第3列点阵屏
                delay(30);
                row =_crol_(row,1);
                P0 =0x00;
```

```
            row0 = row1 = col0 = col1 = col2 = col3 = 1;
            row0 = row1 = col0 = col1 = col2 = col3 = 0;}
    }
```

/＊注:以上将温度的十位数、个位数和单位这三个字符用三个参数表示,写在一个显示函数里,调用时只需将三个参数赋值(注:值是字模数组内字符的序号)就可以了。这可以作为一种方法推广到其他显示的场合＊/

```
74行bit init18b20()              //DS18B20的初始化函数,有返回值,bit型
75行{
        bit ack;                 //定义一个bit型变量
        DQ = 1;delay(5);
        DQ = 0;delay(80);        //单片机将总线DQ拉低480～960μs
        DQ = 1;delay(5);         //单片机将总线DQ拉高15～60μs(等待)
        ack = DQ;delay(50);      //读应答(将DQ的电平值赋给ack),并持续480μs以上
81行    return(ack);    //函数返回变量ack的值。返回值为0表示初始化成功,可进
    }                            //行下一步;为1则表示初始化失败
83行void write_18b20(uchar com)  /＊给DS18B20写命令的函数,com为欲写的命令。
                                   注意:写是从低位开始的,读也是从低位开始。
                                   为了解释时便于叙述,我们设com的各位从高
                                   位到低位分别为D7、D6、D5、D4、D3、D2、D1、
                                   D0＊/
     {
        uchar i;
86行     for(i = 0;i < 8;i + +){
87行     dq = 0;            //单片机将DQ电平拉低
88行     dq = com&0x01;  /＊com与0x01相“与”后只有com的最低位D0值保持不变,其余
                           位均变为0,此值赋给DQ,单片机将com的最低位D0传到总线
                           DQ上＊/
89行     delay(7);       // com的最低位传到总线DQ上的状态保持时间大于60μs
90行     dq = 1;com > > = 1; }  /＊将DQ电平拉高,com右移一位后的值(从高位到低
                               位依次为0、D7、D6、D5、D4、D3、D2、D1)再赋给com,
                               即准备写下一位(即D1)。由于for语句共循环8
                               次,可将1个字节的com写完＊/
    }
92行char read_18b20(void)  //读取DS18B20输出的1个字节的函数
    {
        uchar i,dat = 0;          // uchar型变量dat用于存储读出的温度数据
        for(i = 0;i < 8;i + +)     //从低位开始读,一次读1位,读1字节需循环8次
        {
97行        dq = 0;dat > > = 1;    //拉低DQ,dat右移、兼延时,开始读
```

```
        dq=1;                //拉高，
99行    if(dq==1)dat|=0x80;  /*当DQ上数据为1时，执行dat|=0x80(即dat=
                               dat|0x80)后，dat的值变为1000 0000，相当于
                               将DQ上的1传给了dat的最高位；当DQ上
                               数据为0时，执行dat|=0x80后，dat的值为
                               0000 0000，相当于将DQ上的0传给了dat的
                               最高位，这样，下一次执行97行时的"dat>>
                               =1"时，将dat的最高位(即从总线上读到的
                               第1位数据)右移一位后再赋给dat，为读总线
                               DQ上的第2个"1"或"0"做准备。for循环8
                               次，即可将总线DQ上的8个"位数据"传给变
                               量dat，由于执行了97行的右移，所以最后dat
                               的最低位为最初从总线DQ上读得的数据，dat
                               的最高位为最后从总线DQ上读得的数据*/
        delay(7);
      }
102行 return(dat);  //函数返回dat和值
    }
    void wendu()           //从DS18B20读出温度数据并进行处理(即转换为十进制
    {                      //数)的函数
      uchar tcl,tch;
      if(!init18b20())  //初始化18B20成功后，init18b20()的返回值为0，
      {                 //! init18b20()的值就为1，if()的{}内的语句就会被执行
        write_18b20(0xcc);       //跳过ROM
        write_18b20(0x44);       //启动温度转换
        init18b20();             //重新初始化(启动)总线
        write_18b20(0xcc);       //跳过ROM
        write_18b20(0xbe);       //为"读"的命令
        tcl=read_18b20();        //读高速暂存器的字节0
        tch=read_18b20();        //读高速暂存器的字节1
        display(numwd/10,numwd%10,10);  //这里调用温度显示函数是为了
      }                  //减轻点阵显示字符的闪烁。在单独的读温度函数里是不需要的
118行 numwd=(tch<<4)|(tcl>>4);
    }  /*将读出的数据进行处理后，赋给numwd。注意：处理数据的方法有两种，一种
        是numwd=t(tch×256+tcl)*0.0625，即得温度的十进制数值(含小数)。
        (需说明：tcl为图6-12中的LSB，有8位，数据计满时全为1，对应的十进制数
        为255，再计一个数就溢出，即tcl全部清0，向tch进一位，所以tch中的数转
        为十进制后是多少，tch中的数值就是多少个256)。若需要显示温度，可以将
        numwd分离出十位、个位用于显示，对于小数部分，可以在显示的整数部分后
```

人为地写上一个小数点，再将小数部分分离（小数部分一般取一位或两位就足够了），显示在小数点后面。

不过，只有在 Keil uvision4 及以上版本的编译软件中程序代码里才能出现小数点，才能用该方法。由于职业院校单片机技能大赛场地安装的是 Keil uvision2，所以，只能使用另一种方法：由表6-4可知，执行 tch < <4)|(tcl > >4 即可得到温度数值的整数部分。本项目没有要求温度精确到小数，所以只取了温度的整数部分。若需要把小数部分也显示出来，可采用以下方法：

```
uchar a,b,c,d,m;
uint m2;
m=tcl&0x0f;                 //m为tcl的低4位即小数部分
d=m&0x01;                   //d为tcl的byte0位
c=(m>>1)&0x01;              //c为tcl的byte1位
b=(m>>2)&0x01;              //b为tcl的byte2位
a=(m>>3)&0x01;              //b为tcl的byte3位
m2=a*5000+b*2500+c*1250+d*625;  //5000、2500、1250、625分别为2^-1、
                                  2^-2、2^-3、2^-4的值扩大了10000，这
                                  是为了避免出现小数。显示时，可
                                  在显示屏的整数部分后人为地写
                                  上一个小数点，再将m2的最高
                                  位、次高位分离出来，分别显示在
                                  小数点的后面即可*/

void main()
{
    dj=0;             //电动机停止
    P0=0x00;
    row0=row1=col0=col1=col2=col3=1;
    row0=row1=col0=col1=col2=col3=0;//关掉点阵屏的显示
    while(1)
    {
      display(numwd/10,numwd%10,10);   //显示温度的十位、个位"C",
      display(numwd/10,numwd%10,10);    //酌情调用若干次点阵显示函数，
                                           以减
      display(numwd/10,numwd%10,10);   //轻闪烁
      display(numwd/10,numwd%10,10);
      display(numwd/10,numwd%10,10);
      display(numwd/10,numwd%10,10);
      display(numwd/10,numwd%10,10);
      display(numwd/10,numwd%10,10);
      display(numwd/10,numwd%10,10);
```

```
        display(numwd/10,numwd%10,10);
        display(numwd/10,numwd%10,10);
        display(numwd/10,numwd%10,10);
        wendu();                                  //读取、处理温度的函数
        if(numwd<30){dj=1;jr=0;}  //温度小于30℃,启动散热风机,启动加热
        if(numwd>33){dj=0;jr=1;}  //温度大于33℃,停止散热风机,停止加热
      }
}
```

6.5 典型训练任务

任务一： 将本章的恒温箱项目改为用数码管的右三位显示箱内的实际温度（如32℃），用LED点阵显示恒温箱的工作状态，加热时显示16×16汉字“升温”，停止加热时显示“保温”。

任务二：智能温控器的制作

设计一个温控器，要求是：最初上电时显示32℃。温控器的输出部分有一对常开触点和一对常闭触点，输入部分有三个按键。

可设定动作温度，当温度到达设定温度后，温控器的长开触点闭合，常闭触点断开（用于自动控制系统对硬件的启、停）。

长按键S1（即“设定键”）2s以上，进入设定状态，然后点按键S2（即“+”键），可使温度值逐次加0.5，最高只能增加到100（当增加到100℃时，“+”键失效）；点按键S3（即“-”）可使温度值逐次减0.5，最低只能减小到0（当减小到0℃时，“-”键失效）。设定完毕，再点按S1键设定生效、退出。用左边三个数码管显示设定温度，用右边三个数码管显示测得的温度。

第7章 温度及市电电压监测仪

本章导读

本章通过实现电子温度计及市电电压监测仪的过程，可使读者掌握LM35模拟温度传感器、A-D转换以及LCD 1602的特点和使用方法，提高综合应用这些器件完成实际项目的能力。

7.1 温度及市电电压监测仪介绍

1. 电子温度计介绍

用模拟温度传感器LM35感受环境温度，将温度信息转化为电压信息输出给ADC0809（A-D转换芯片），0809输出转化后的数字量发送给单片机处理，单片机将收到的数字量还原到温度信息，传送到LCD 1602上显示出环境温度。

2. 电网电压监控介绍

可用变压器将市电（额定380V）降低到1/100，电压变为3.8V，经A-D转换后传给单片机，单片机将接收到的电压值乘以100（即为实际的市电电压值），显示在LCD 1602上。当超电压时或欠电压影响设备的正常运行时，单片机驱动蜂鸣器（或报警器）报警。降压到1/100的交流电压我们可用YL-236实训台上的电压源代替，如图7-1所示。

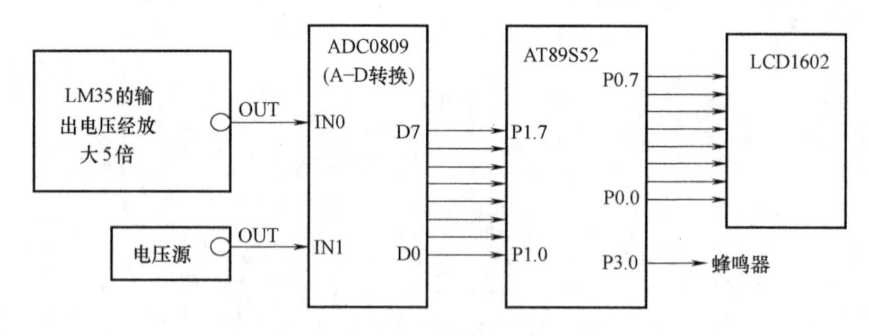

图7-1 温度及市电电压监测仪

本项目可用YL-236单片机实训台等设备模拟实现。涉及温度传感器模块、A-D转换模块、LCD1602模块、主机模块、电压源等，下面首先分模块介绍，再介绍综合应用解决该项目。

7.2　A-D 转换

7.2.1　A-D 和 D-A 转换简介

在实际应用中，很多传感器可将被测量的因素（如温度、压力等）转换成连续变化的电信号（即模拟信号）。单片机不能直接处理这些模拟信号，而要将其转化为数字量，才能进行分析和处理，这种将模拟信号转化为数字信号的过程叫模-数转换即 A-D 转换。反之，单片机输出的数字信号也可以转换成模拟量去控制外围设备，这种转换叫做数-模转换即 D-A 转换，D-A 转换在本章知识链接中介绍。现在有些单片机内设了 A-D 和 D-A 转换功能电路。AT89S52、STC89C52 没有内置 A-D 和 D-A 转换电路，需要使用 A-D 或 D-A 转换芯片进行扩展。

7.2.2　典型 A-D 转换芯片 ADC0809 介绍

1. ADC0809 的引脚功能

ADC0809 是 8 通道 8 位分辨率的 A-D 转换芯片（CMOS 芯片），它是逐次逼近式 A-D 转换器，可以和单片机直接接口。其实物、引脚名称、逻辑方框图如图 7-2a、b、c 所示。

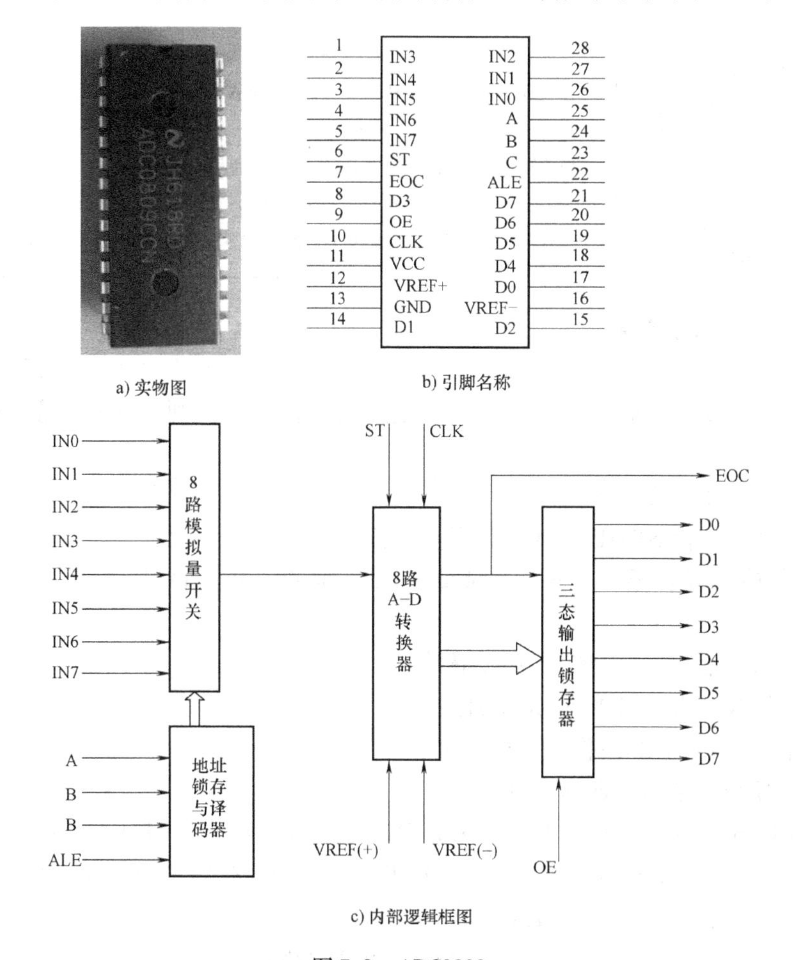

a) 实物图　　b) 引脚名称

c) 内部逻辑框图

图 7-2　ADC0809

ADC0809各脚功能详见表7-1。

表7-1 ADC0809的引脚功能

引脚名称	功　能	说　明
IN0~IN7	8路模拟量输入引脚	给A、B、C加不同电平来选择其中的一路进行A-D转换
A、B、C	地址输入	其不同的电平组合可选择IN0~IN7中的任一通道，例如CBA=000时，选中通道IN0，CBA=001时，选中IN1，其他的按二制递增类推
D0~D7	8位数字量输出引脚	A-D转换结果由这8个引脚送给单片机，D7为高位
VCC	+5V工作电压	
GND	地	
VREF+、VREF-	正、负基准电压输入端	在要求不是很高时，VREF+接电源VCC，VREF-接GND。数字量0对应VREF-，数字量255对应VREF+
ALE	地址锁存允许信号输入端	上升沿将A、B、C的地址锁存
CLK	时钟信号输入端	一般为10~1200kHz，典型值为640kHz
START	A-D转换启动信号输入端	其上升沿复位ADC0809，下降沿启动A-D转换
EOC	转换结束信号输出引脚	开始转换时为低电平，当转换结束时为高电平
OE	输出允许控制端	高电平时，数字量输出到并行总线D0~D7；低电平时D0~D7为高阻状态

2. ADC0809的工作过程

对输入模拟量要求：信号单极性，电压范围是0~5V，若信号太小，必须进行放大；输入的模拟量在转换过程中应该保持不变，若模拟量变化太快，则需在输入前增加采样保持电路。

ADC0809的工作过程如下：

（1）初始化时，使START和OE信号全为低电平。

（2）确定输入端：给C、B、A赋值，选择通道，并用ALE锁存，使选中的全部生效。

（3）发送启动信号：START发送正脉冲。

（4）等待转换结束。可查询EOC的值。

（5）读结果：OE置高电平，使数据输出。

3. 模拟电压与数字量的数学关系

设输入模拟电压为Vi，输出的数字量为Dat，参考电压为VREF+、VREF-，则有

$$Vi = [(VREF+) - (VREF-)] \times Dat/255 + (VREF-)$$

当VREF+接电源，VREF-接地，电源电压为5V，则上式简化为

$$Vi = 5 \times Dat/255$$

输入电压的范围为0～5V。

4. ADC0809与单片机的连接

ADC0809的信号输入部分IN0～IN7脚接传感器以及其他模拟量，转换后输出数字信号的引脚D0～D7与单片机P0、P1、P2、P3中的任一组I/O端口相连接，另外还有START、ALE、OE、EOC和通道选择A、B、C，需与单片机的7个I/O口相连。由于ALE是上升沿锁存地址，而START是上升沿复位0809，所以常将这两个引脚连接在一起。YL-236单片机实训台ADC0809模块电路接线原理图和实物图如图7-3所示。

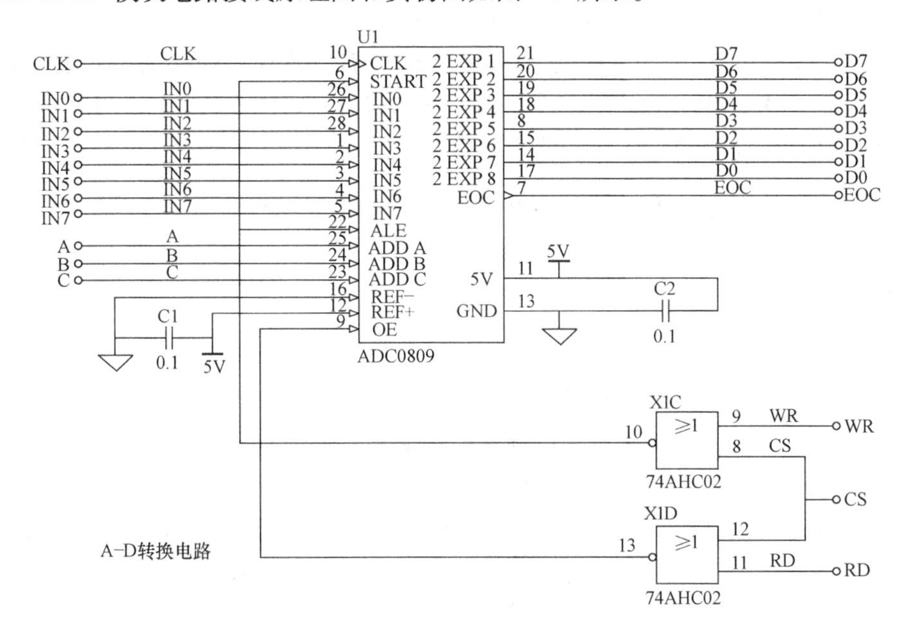

a) 原理图

b) 实物图(电源正负极的插座图中没画出)

图7-3 YL-236单片机实训台ADC0809模块电路原理图和实物图

图7-3a中读信号OE（允许输出控制端）、启动信号START、地址锁存信号ALE经过或

非门U4接到ADC模块的端子$\overline{WR}$、$\overline{RD}$、$\overline{CS}$。其中，$\overline{WR}$和$\overline{CS}$信号一起进行地址锁存和启动A-D转换信号（START和ALE的功能）；$\overline{RD}$和$\overline{CS}$共同作用，产生输出允许信号（OE的功能），这在编程时要注意。

注意： 单片机访问ADC0809可以使用I/O口的方式（这时$\overline{WR}$和$\overline{RD}$可与单片机的任意I/O口相连接），也可以使用扩展地址方式，这时WR和RD需与单片机的$\overline{WR}$（即P3.6脚）、$\overline{RD}$（即P3.7脚）相连，该方式在10.1.2节讲解8255扩展端口时介绍。

所以，YL-236单片机实训台上的ADC0809模块需与单片机连接的端口有：D0~D7、A、B、C、WR、RD、CS、EOC共15个端口。如果只有一路模拟量输入，可将A、B、C三个端口都接地（选中通道IN0），可节省单片机三个端口。

7.2.3 ADC0809应用示例（I/O口方式编程）

```
#include <reg52.h>
sbit ADA = P2^0;
sbit ADB = P2^1;
sbit ADC = P2^2;      //位地址选择端口定义,用于选择通道
sbit ADCS = P2^3;     //通道地址锁存控制信号
sbit ADEOC = P2^4;    //转换结束的标志
sbit ADWR = P2^5;     //与ADCS信号一起作用进行地址锁存和启动A-D转换信号
sbit ADRD = P2^6;     //与ADCS信号一起作用产生输出允许信号
unsigned int temp;    //定义转换结果存放的变量
void adc (void)
{
    unsigned char k;
    unsigned int adtemp;     //定义暂存A-D转换的输出结果
    ADCS =1;ADWR =1;  //此时由于或非门的作用,使START、ALE、OE均为0
    ADA = ADB = ADC = 0; //选择通道0
    for(k =0;k <3;k + +);         //短暂延时
    ADCS =0;ADWR =0;    /*由于或非门的作用,使START、ALE均变为1,产生了一
                          个上升沿,复位0809芯片、锁存地址*/
    for(k =0;k <100;k + +);      //延时
    ADWR =1;  /*此时由于ADCS =0,在或非门作用下,使START变为0,产生了一个
                下降沿,启动A-D转换,同时ALE也变为0,为再次选择通道做所需
                的上升沿做准备*/
    while(!ADEOC);        /*没有转换结束时,ADEOC为0,程序停在这里等待。转
                          换结束后ADEOC为1,会跳出while,执行后续程序*/
    adtemp = P1;          /*ADC0809转换结束输出的数据会传到P1,现将总线P1
                          上的数据赋给变量adtemp*/
```

```
    temp = ( adtemp * 500)/255   /* 将0809输出的结果adtemp进行量程变换。在
                                  7.2.2节已介绍:ADC0809输出的数字量dat对
                                  应的输入模拟量为Vi,其关系是: Vi = 5 × Dat/
                                  255。输出的数字为adtemp,其对应的输入模拟
                                  量为temp = temp * 5/255。为了避免出现小数,
                                  我们可将temp的值扩大100倍,即temp = adt-
                                  emp * 500/255,再根据显示或其他需要我们可
                                  将temp的百位、十位、个位分离出来(用取模、
                                  取余的方式),若需要显示小数,我们可人为地
                                  写上一个小数点。这一点将结合电子温度计和
                                  电压表的具体应用详细介绍 */
    ADCS =1;ADWR =1;ADRD =1;
}
```

7.3　LM35温度传感器的认识和使用

7.3.1　LM35的外形及特点

LM35是精密集成电路模拟温度传感器，它可以精确到1位小数，且体积小、成本低、工作可靠，广泛应用于工业和日常生活中。它的不同封装的引脚排列如图7-4所示。

图7-4　LM35温度传感器的常见封装及引脚功能

LM35的特点是：输出电压与摄氏温标呈线性关系，即0℃时输出电压为0V，每升高1℃，输出电压增加10mV，这一特点使转换后的“电压——温度”换算非常简单；常温下无需校准即可达±0.25℃的线性度和0.5℃的准确度。

LM35可以采用单电源供电，也可采用正、负双电源供电，如图7-5所示。

7.3.2　LM35的典型应用电路分析

YL-236单片机实训台上的LM35模块内部电路如图7-6所示。

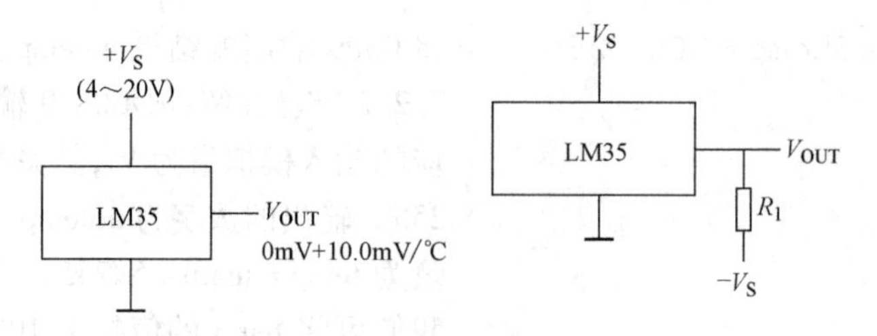

图 7-5 LM35 的供电形式

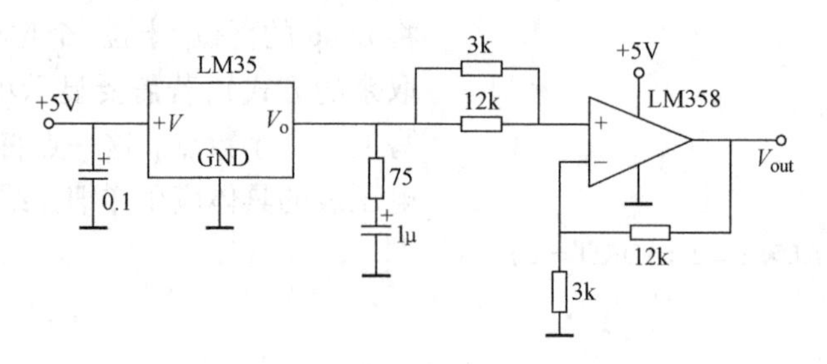

图 7-6 LM35 温度传感器及 5 倍放大电路

由图 7-6 可以看出，YL-236 温度模块 LM35 的输出电压经过集成运放 LM358 放大（放大了 5 倍），所以，电压与温度的换算关系变为 1℃/50mV。

YL-236 单片机实训台上的 LM35 温度传感器模块的实物如图 7-7 所示。使用时只需用专用的插接线插入孔座即可将模块和单片机、A-D 转换器件相连。图 7-7 中的“CON”为驱动继电器的端子。若需要启动加热器加热以模拟温度变化，可用单片机的一个 I/O 口输出低电平至“CON”，使继电器线圈得电，继电器动作，接通加热器。当单片机给“CON”送高电平时，继电器可切断加热器的供电。

图 7-7 YL-236 单片机实训台温度传感器模块

7.3.3 LM35 的应用电路连接及温度转换编程

YL-236 实训台上的 LM35 模块的输出端（OUT）接 ADC0809 的任一个输入通道，

ADC0809 模块的输出端（D0～D7）接单片机的任一组 I/O 口，单片机收到温度信息后，可驱动数码管、LED 点阵、液晶显示屏显示温度，单片机还可以根据温度的变化驱动风扇、继电器等器件动作。示例如图 7-8 所示。

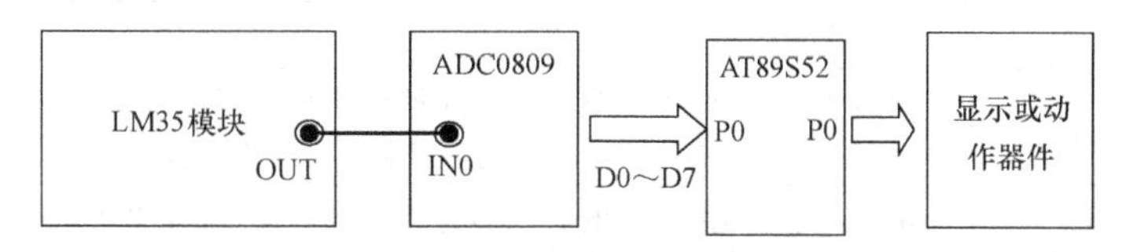

图 7-8　LM35 的应用电路（示例）

LM35 的编程方法：LM35 输出模块输出的电压，经 ADC0809 转换后的值（即 7.2.3 中的 temp）按 50mV /1℃的关系就可得到测量的实际温度。

7.4　LCD1602 液晶显示器的认识和使用

液晶是一种高分子材料，因其特有的物理、化学、光学特性，已被广泛应用于轻薄型显示器上。

液晶显示器（简称 LCD）。各种型号的液晶显示器通常是按显示字符的行数或液晶显示器点阵的行、列数来命名的。例如 1602 的意思就是每一行显示 16 个字符，一共可以显示两行（类似的命名还有 0801、0802、1601 等），这类液晶显示器通常是字符型液晶显示器，即只能显示 ASCII 码字符。12864 液晶显示器是属于图形型液晶显示器，意思是液晶由 128 列、64 行组成，即共有 128×64 个像素点构成，我们可以控制这 128×64 个像素点中任一个点的显示或不显示来形成各种图形、汉字和字符（类似的命名还有 12232、19264、192128、320240 等）。根据用户的需要，厂家也可以设计、生产任意规格的液晶显示器。

液晶显示器体积小、功耗低、显示操作简单，但它具有一个弱点，就是使用的温度范围较窄，通用型液晶显示器工作温度范围为 0～+55℃，存储温度为 -20～+60℃，因此在设计相关产品时需考虑液晶显示器的工作温度范围。

本章介绍 LCD1602，它可显示 2 行 ASCII 码字符，每行包含 16 个 5×10 点阵，其实物如图 7-9 所示。

图 7-9　LCD1602 液晶显示屏

7.4.1　LCD1602 液晶显示器引脚功能

LCD1602 采用标准的 16 脚接口，各引脚功能见表 7-2。

表7-2 LCD1602引脚功能

引脚	符号	功能说明
1	V_{SS}	接地
2	V_{DD}	接电源（+5V）
3	V_L	液晶显示器对比度调整端，接正电源时对比度最弱，接地电源时对比度最高（对比度过高时会产生“鬼影”，使用时可以通过一个10k的电位器调整对比度）
4	RS	RS为寄存器选择，高电平1时选择数据寄存器、低电平0时选择指令寄存器
5	R/W	R/W为读写信号线，高电平1时进行读操作，低电平0时进行写操作
6	E	E（或EN）端为使能（enable）端，高电平1有效
7	DB0	双向数据总线0位（最低位）
8	DB1	双向数据总线1位
9	DB2	双向数据总线2位
10	DB3	双向数据总线3位
11	DB4	双向数据总线4位
12	DB5	双向数据总线5位
13	DB6	双向数据总线6位
14	DB7	双向数据总线7位（最高位），也是忙标志位（busy flag）
15	BLA	背光电源正极
16	BLK	背光电源负极

YL-236单片机实训台上LCD1602液晶显示模块如图7-10所示。

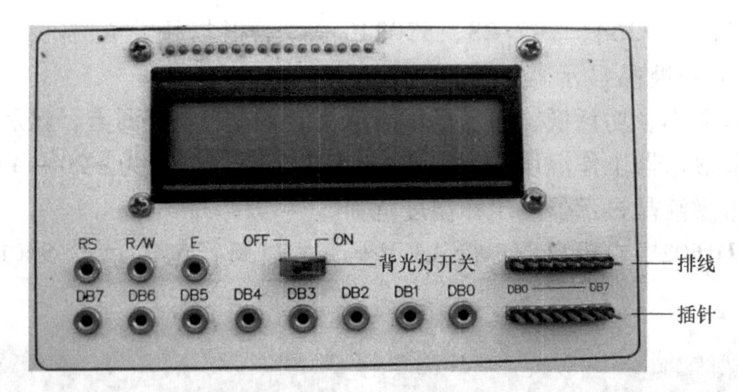

图7-10 YL-236单片机实训台LCD1602模块（电源孔座未在此图中画出）

图7-10中，RS、R/W、E需与单片机的任意三个I/O口相连接，DB0~DB7需与单片机的任一组I/O口相连接，这样单片机就可以控制LCD1602的显示。

7.4.2 LCD1602模块内部结构和工作原理

1. LCD1602模块内部结构

LCD1602的内部结构分为三部分，即LCD控制器、LCD驱动器、LCD显示器，如图7-11所示。

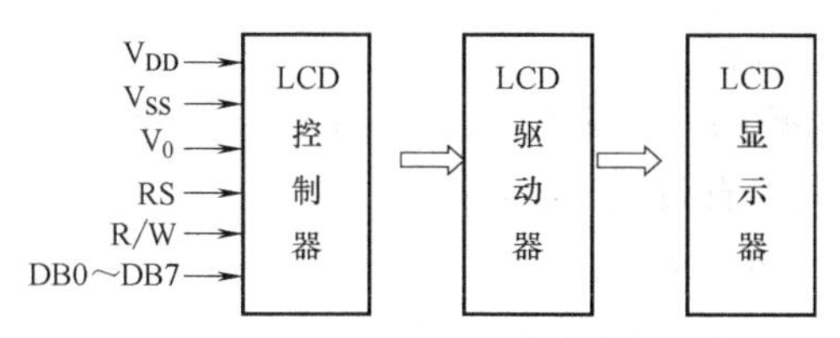

图7-11 LCD1602显示模块内部结构

图7-11中的LCD控制器和驱动器一般由专用集成电路实现，大部分都是HD44780或其兼容芯片。HD44780是用低功耗CMOS技术制造的大规模点阵LCD控制器，具有简单、功能较为强大的指令集，可实现字符的显示、移动、闪烁等功能。HD44780控制电路主要由DDRAM、CGROM、CGRAM、IR、DR、BF、AC等集成电路组成，它们各自的功能详见表7-3。

表7-3 HD44780控制电路各部分功能

名称	功能	说明
DDRAM	为数据显示RAM	用于存放需要LCD显示的数据，能存放80个字符数据。单片机只在将标准ASCII码送入DDRAM，内部控制电路就会自动将数据传送到显示器上显示出来
CGROM	为字符产生器ROM	它存储了由8位字符生成的192个5×7点阵字符
CGRAM	为字符产生器RAM	可供使用者存储特殊字符码，共64B
IR	为指令寄存器	用于存储单片机要写给LCD的指令码
DR	为数据寄存器	用于存储单片机要写CGRAM和DDRAM的数据，也用于存储单片机要从CGRAM和DDRAM读出的数据
BF	为忙信号标志	当BF为1时，不接收单片机送来的数据或指令
AC	为地址计数器	负责计数写入/读出CGRAM中DDRAM的数据地址，AC按照单片机对LCD的设置值而自动修改它本身的内容

2. LCD1602显示字符的过程

HD447780内部带有80×8bit的DDRAM缓冲区，显示位置与DDRAM地址的对应关系见表7-4。

表7-4 显示位置与DDRAM地址的对应关系

显示位置序号		1	2	3	4	5	6	7……15	16……39	40
DDRAM地址	第一行	00	01	02	03	04	05	06……0E	0F……26	27
	第二行	40	41	42	43	44	45	46……4E	4F……66	67

注：表中地址用十六进制数表示。

例如，要在第一行的第4列显示字符“R”，就得将“R”的ASCII码0x52写到DDRAM的03H地址处。一行有40个地址，可以存入40个字符数据，而每行最多只能显示其中的16个。可以用多余的地址存入其他数据，实现显示的快速切换。需注意：编程时，需将表中的地址加上80H才能正确显示，例如要在03H处显示“R”，应将“R”的ASCII码0x52写到地址82H处。

7.4.3 LCD1602的时序

1. LCD1602的读操作时序（见图7-12）

LCD1602 的读操作编程流程：

① 给 RS 加电平（1 为数据，0 为指令）；R/W = 1（为读）。

② E = 1；（使能，高电平有效），延时。

③ LCD1602 送数据到 DB0 ~ DB7。

④ E = 0。

⑤ 读结束。

2. LCD1602 的写操作时序（见图 7-13）

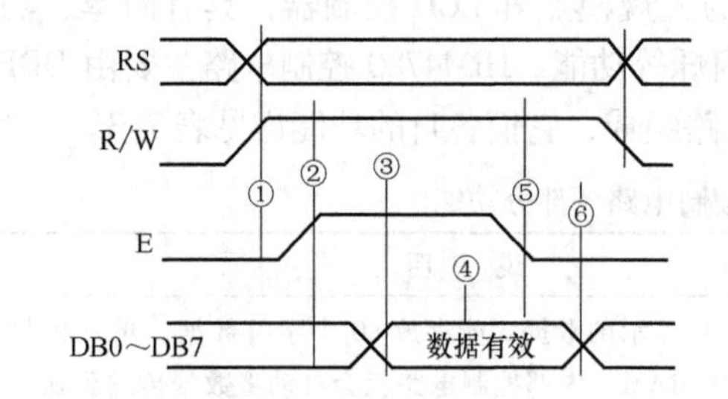

图 7-12　LCD1602 的读操作时序

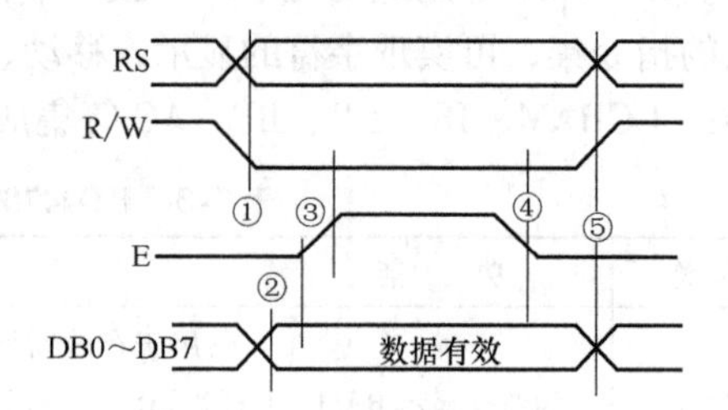

图 7-13　LCD1602 的写操作时序

LCD1602 的写操作编程流程：

① 给 RS 加电平（1 为数据，0 为指令）；R/W = 0（为写）。

② 单片机送数据到 DB0 ~ DB7。

③ E = 1，（使能，高电平有效）。

④ E = 0，写入生效。

⑤ 改变 RS、R/W 的状态，为下次操作做准备。

7.4.4　LCD1602 指令说明

LCD1602 指令说明详见表 7-5。

表 7-5　LCD1602 指令说明（DB0 ~ DB7 为指令的内容）

序　号	指　令	RS	R/W	D7	D6	D5	D4	D3	D2	D1	D0
1	清显示，光标到 0 位	0	0	0	0	0	0	0	0	0	1
2	光标返回 0 位	0	0	0	0	0	0	0	0	1	*
3	置输入模式	0	0	0	0	0	0	0	1	N	S
4	显示开/关控制	0	0	0	0	0	0	1	D	C	B
5	光标或字符移位	0	0	0	0	0	1	S/C	R/L	*	*
6	置功能	0	0	0	0	1	DL	N	F	*	*
7	置字符发生存储器地址	0	0	0	1	字符发生存储器地址（用 add 表示）					
8	置数据存储器地址	0	0	1	显示数据存储器地址						
9	读忙标志或地址	0	1	BF	AC 寄存器地址						
10	写数到 CGRAM 或 DDRAM	1	0	要写的数据内容							
11	从 CGRAM 或 DDRAM 读数	1	1	读出的数据内容							

LCD1602液晶模块内部的控制器共有11条控制指令，按表7-5中的序号进行以下说明：

指令1：清除显示，指令码0x01，其实质是将DDRAM全部写入空格的ASCII码0x20，地址计数器AC清0。该过程需要的时间相对较长。

指令2：光标复位，光标返回到地址00H（即复位到屏左上方），地址计数器AC清0，DDRAM内容不变，完成光标复位的时间相对较长。

指令3：光标和显示模式设置。N——设置光标的移动方向，当N=1时，读或写一个字符后，地址指针加1，光标加1；当N=0时，读或写一个字符后，地址指针减1，光标减1。S——用于设置整屏字符是否左移或右移，当S=1且N=1时，则写一个字符时整屏显示左移；当S=1且N=0时，则写一个字符时整屏显示右移。若设置S=0时，则整屏字符移动无效。所以常用的光标右移指令为0x06。

指令4：显示开/关控制。D——控制整体显示的开与关，高电平表示开显示，低电平表示关显示；C——控制光标的开与关，高电平表示有光标，低电平表示无光标；B——控制光标是否闪烁，高电平闪烁，低电平不闪烁。常用的开显示关光标指令为0x0c。

指令5：命令光标或字符移动。S/C控制光标或字符，R/L控制左、右，具体如下：

(S/C)(R/L)=(0)(0)时，文字不动，光标左移一格，AC减1；

(S/C)(R/L)=(0)(1)时，文字不动，光标右移一格，AC加1；

(S/C)(R/L)=(1)(0)时，文字全部右移一格，光标不动；

(S/C)(R/L)=(1)(1)时，文字全部左移一格，光标不动。

指令6：功能设置命令。DL——高电平时为8位数据总线，低电平时为4位数据总线；N——低电平时单行显示，高电平时双行显示；F：——低电平时显示5×7的点阵字符，高电平时显示5×10的点阵字符。常用的两行、8位数据、5×7的点阵的指令为0x38。

指令7：指令为0x40+add（注：可这样理解，当DB7~DB0的低6位全为0时，DB7~DB0可写成0x04，当DB7~DB0的高两位全为0时，DB7~DB0可写成add，合在一起则为0x40+add，该指令用于设置自定义字符CGRAM地址。Add（DB5~DB0）的前3位即D5D4D3选择字符，D2D1D0选择字符的8位字模数据。

指令8：指令为0x80+add，用于设置下一个要存入数据的DDRAM地址。add范围是0x00~0x27，对应第一行显示，0x40~0x67对应第一行显示。每一行可存入40个字符，默认情况下1602只能显示其中的前16个字符，可以通过指令6的字符移动指令来显示其他内容。

指令9：读忙信号和光标地址。BF为忙标志位，高电平表示忙，此时模块不能接收命令或者数据，如果低电平表示闲，可以操作。

总结：LCD1602的常用指令有：清除显示—0x20，光标右移—0x06，开关显示光标—0x0c,两行8位数据5×7点阵—0x38。

7.4.5 LCD1602的编程

1. 电路连接

我们现将YL-236单片机实训台上LCD1602模块的RS、R/W、E端子与单片机的P2.0、P2.1、P2.2口相连接，DB0~DB7与单片机的P0口相连接。

2. 基础操作函数

(1) 引脚定义

```
/*根据电路连接,引脚定义如下*/
#include <reg52.h>
#define uint unsigned int
#define uchar unsigned char
void delay(uint i){while(--i)};        //延时函数
sbit RS=P2^0;sbit R/W=P2^1;sbit E=P2^2;
#define dat1602 P0  /*这里采用宏定义后,编程时dat1602就可代表P0。其好处是
如果在实践中改变了LCD1602的DB0~DB7与单片机的接口(不接在P0口),我们只需
在该宏定义处修改接口,不需在程序中相应位置一一修改,显得简单实用*/
sbit BF=dat1602^7;    //BF表示dat1602的最高位, 即LCD1602的"忙"标志位
```

(2) 忙检测函数

1) 定义为有返回值的典型写法

```
bit busy_1602(){           //将忙检测函数定义成有返回值类型(bit型)
    bit busy;
    P0=0xff;                //防止干扰
    RS=0;RW=1;              //置"命令、读"模式
    E=1;  E=1;
    busy=BF;                // 将读出的忙标志的数值(0或1)赋给busy
    E=0;
    return busy;            //函数返回busy的值,即函数的值等于busy的值
}             //编程时,判断busy_1602()的值,当为0时,才能执行后续程序
```

2) 定义为无返回值的典型写法 (详见本章7.6节电子温度计程序代码的第22~28行)

(3) 写"命令"函数

```
write_com(uchar com){
  while(busy_1602());       //只有当busy_1602()为0时才会跳出while
  RS=0;RW=0;                //置"命令、写"模式
  dat1602=com;       //将命令的内容(十六进制数)送到dat1602即P0
  E=1;E=0;     //使能端,高电平有效,使命令送到液晶显示器的DB0~DB7*/
}
```

(4) 写"数据"函数

```
write_dat(uchar dat){
  while(busy_1602());
  RS=1;RW=0;          //置"数据、写"模式
  dat1602=dat;        //将数据的内容(十六进制数)送到P0
  E=1;E=0;            //使能端,高电平有效,使数据送到液晶显示器的DB0~DB7
}
```

(5) 初始化函数。初始化函数用来设置液晶显示器的显示模式等, 详见本章7.6节的

第40～45行。

7.5 电压源介绍

YL-236实训台上的电压源设在A-D、D-A转换模块上，如图7-14所示。在模块实物的+5V和GND两端子间加+5V电压，转动旋钮，可使OUT和GND之间的电压在0～5V之间变化。

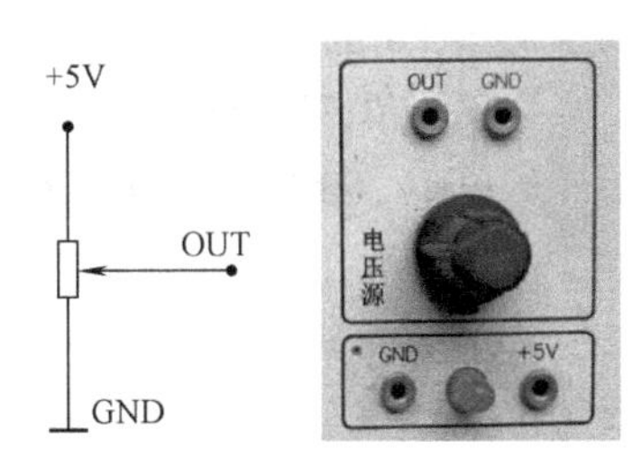

图7-14 电压源

7.6 电子温度计及市电电压监测仪的程序代码示例及分析

```
#include <reg52.h>
#define uint unsigned int
#define uchar unsigned char
sbit en = P2^0;      //LCD1602的使能端子
sbit rs = P2^1;      //LCD1602的数据/命令选择端子
sbit rw = P2^2;      //LCD1602的写/读模式选择
sbit adcs = P2^3;  //ADC0809的CS端子
sbit adrd = P2^4;  //ADC0809的RD端子
sbit adwr = P2^5;  //ADC0809的WR端子
sbit eoc = P2^6;    //ADC0809的转换结束标志
sbit tda = P2^7; /* ADC0809的通道选择端子A(注:B和C全接地以节省单片机
                     端口tda = 0时选择通道0,tda = 1时选择通道1 */
sbit fmq = P3^0;      //蜂鸣器
uchar code asc[] = "0123456789";  //数组里存储的是字符串0123456789
uchar code asc1[] = "wendu:";       //字符数组(温度的拼音)
uchar code asc2[] = "dianya:";      //字符数组(电压的拼音)
uint dy;         //将模拟电压输入0809后,转换后输出的数字量对应的模拟电压值
uchar numwd;  //LM35输出的电压经A-D转换后输出的数字量经过修正后的温度值
```

```
17行  void delay(uint z){
            uint x,y;
```

```
        for(x = z;x > 0;x--)
            for(y = 110;y > 0;y--);
    }
22行  void busy_1602(){              //LCD1602忙检测函数(定义为无返回值)
        P0 = 0xff;                   //防止干扰
        rs = 0; rw = 1;              //置"命令、读"模式
        en = 1; en = 1;              //写两次,兼做短暂延时
        while(P0&0x80); /*当P0的最高位(即BF)为1时(也就是忙),P0&0x80
                          不为0,不会跳出while循环,当P0的最高位为0时
                          (闲),P0&0x80为0,跳出while循环,执行后续程序
        en = 0;
28行  }
29行  void write_com(uchar com)             //LCD1602写命令函数
      {
        busy_1602();
        rs = 0;rw = 0;
        P0 = com; en = 1;en = 1;en = 0;
34行  }
35行  void write_dat(uchar com){            //LCD1602写数据函数
        busy_1602();
        rs = 1;rw = 0;
        P0 = com; en = 1; en = 1; en = 0;
39行  }
40行  void init_1602(){                     //LCD1602的初始化函数
        write_com(0x38);  //调用写命令函数,将设置"2位数据、8位数据、5x7的
                            点阵"的命令0x38写入LCD1602的控制器
        write_com(0x0c);  //0x0c为开显示关光标指令
        write_com(0x06);  //0x06为光标右移指令
        write_com(0x01);  //0x01为清除显示
45行  }
      void LM35()                //温度测量函数
      {
        uint temp;
        adcs = 0;adwr = 1;adrd = 1;
        tda = 0;                 //选择通道0(因为B、C已接地,CBA = 000)
        delay(1);
        adcs = 1;adwr = 0;
        while(!eoc);
        adcs = 0;adrd = 0;
```

```
        temp = P1;
        numwd = temp * 20 / 51;  /* 说明:根据7.2.2节的知识,ADC0809输出的数
                                    字量对的模拟量为(temp * 5/255)V,由于
                                    LM358将LM35输出的电压放大了5位,所以
                                    LM35输出的没经放大的温度信息为(temp/
                                    255)V即(temp×1000/255)mV,而LM35的电
                                    压与温度的线性关系是10mV/1℃,所以测出的
                                    温度值为(temp × 100/255)℃即temp × 20/
                                    51℃,含十位、个位和一位小数 */
        adcs = 1;adrd = 1;
}
void dianya()             //监测电源
{
        uint temp;           //定义局部变量temp
        adcs = 0;adwr = 1;adrd = 1;
        tda = 1;          //选择通道1(因为B、C已接地,CBA = 001)
        delay(1);
        adcs = 1;adwr = 0;
        while(!eoc);  //转换结束时eoc才等于1,退出while而执行后续程序
        adcs = 0;adrd = 0;
        temp = P1;
        dy = (temp * 500)/255;  /* dy为由0809输出的数字量对应的输入模拟量
                                    扩大了100倍,刚好为市电电压(不含小数)
        adcs = 1;adrd = 1;
}
void xs()                         //LCD1602显示函数
{
        uchar i;
        write_com(0x80);         //0x80 + add为设置数据存储地址(见LCD1602指令
                                   8),add为0时,从LCD1602第一行的第一列开始
                                   显示
        for(i = 0;i < 6;i + +)  // asc1[]内有6个元素,所以需循环6次
        write_dat(asc1[i]);  // 显示数组asc1[]内的各字符即:wendu:,省掉了{}
        write_dat(0x20);       //空一个字符。0x20为空格的ASCII码
        write_dat(asc[numwd/10]);    //显示numwd的十位
        write_dat(asc[numwd% 10]);  //显示numwd的个位
        write_dat(0xdf);              //显示摄氏度的那个小圆圈
        write_dat('C');                //显示C。单引号表示"C"的ASCII码
        write_dat(0x20);write_dat(0x20);  //空
```

```
        write_dat(0x20);write_dat(0x20);
        write_dat(0x20);write_com(0x20);  //空
        for(i=0;i<7;i++)
        write_dat(asc2[i]);             //显示字符串dianya:,即电压的拼音
        write_dat(0x20);                //空一个字符
        write_dat(asc[dy/100]);         //显示电压的百位数
        write_dat(asc[dy%100/10]);      //显示电压的十位数
        write_dat(asc[dy%10]);          //显示电压的个位数
        write_dat(0x20);write_dat(0x20);write_dat(0x20);  //空
        write_dat(0x20);write_dat(0x20);write_dat(0x20);  //空
        write_dat(0x20);                                  //空
    }
    void main()
    {
        uchar n;
        init_1602();
        while(1)
        {
            LM35();
            xs();
            dianya();
            if((dy>420)||(dy<342))  //当市电电压大于420V或者小于342V时
            {
                fmq = ~fmq;         //fmq取反,蜂鸣器由响变停或由停变响,由于
                                      变化过程的时间很短,所以蜂鸣器能发出类
                                      似"嘀嘀"声
                for(n=0;n<10;n++)   /*调用下列函数10遍,一是给fmq状态变
                                      化后延时,二是为了不影响测温、测电压
                                      和显示。也可以将if改为while语句*/
                {
                    LM35();xs();dianya();
                }
            }
        }
    }
```

7.7　知识链接——D-A 转换芯片 DAC0832 及应用

7.7.1　DAC0832 的内部结构和引脚功能

DAC0832 是一款价格低廉的 8 位 D-A 转换芯片，其引脚排列和内部结构如图 7-15 所示。

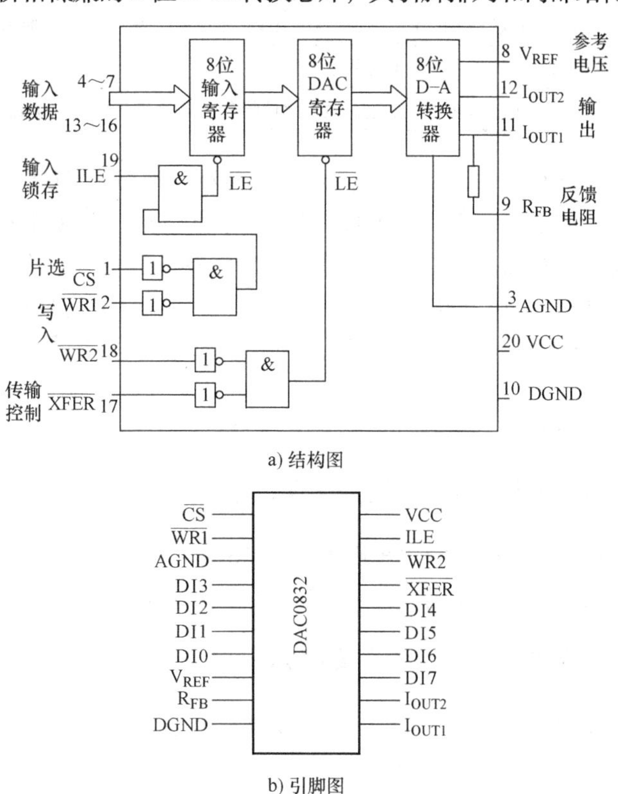

图 7-15　DAC0832 的结构图和引脚图

DAC0832 各引脚的功能详见表 7-6。

表 7-6　DAC0832 各引脚功能

引　脚　号	引 脚 功 能
DI0 ~ DI7	数字信号输入端，TTL 电平
ILE	数据锁存允许控制信号输入端，高电平有效
$\overline{CS}$	输入寄存器选择，低电平有效
$\overline{WR1}$	输入寄存器的写入信号，低电平有效。当 $\overline{CS}$ 为“0”，ILE 为“1”，$\overline{WR1}$有效时，DI0 ~ DI7 状态被锁存到输入寄存器
$\overline{XFER}$	数据传输控制信号，低电平有效
$\overline{WR2}$	DAC 寄存器写入信号，低电平有效。当 $\overline{XFER}$ 为“0”且$\overline{WR2}$有效时，输入寄存器的状态被传送到 DAC 寄存器中
I_{OUT1}	电流输出端，当属入全为“1”时，I_{OUT1} 值最大

（续）

引 脚 号	引脚功能
I_{OUT2}	电流输出端，其值和 I_{OUT1} 值之和为一常数
R_{FB}	反馈输入
VCC	供电电压输入端
V_{REF}	基准电压输入端，V_{REF} 范围为 -10～+10V。此端电压决定 D-A 输出电压的准确度和稳定度。如果 V_{REF} 接 +10V，则输出电压范围为 0～+10V；如果 V_{REF} 接 -5V，则输出电压范围为 -5～0V
AGND	模拟端，为模拟信号和基准电源的参考地
DGND	数字端，为工作电源地和数字逻辑地，此地线与 AGND 地最好在电源处一点共地

可以看出，DAC0832 内部由 1 个 8 位输入寄存器和 1 个 8 位 DAC 寄存器构成双缓冲结构，每个寄存器有独立的锁存使能端。所以 DAC0832 可工作在单缓冲方式和双缓冲方式。

双缓冲方式：输入寄存器的锁存信号和 DAC 寄存器的锁存信号分开独立控制。其特点为：①在输出模拟信号的同时，可以采集下一个数字量，可以提高转换速度。②由于有两级锁存器，可以在多个 DAC0832 同时工作时，利用第二级锁存信号实现多路 D-A 的同量输出。

单缓冲方式：用于只有一路模拟信号输出的场合。

7.7.2 YL-236 实训台 D-A 转换模块介绍

YL-236 实训台 D-A 转换模块的原理图如图 7-16 所示。

由图 7-16 可见，YL-236 实训台 D-A 转换模块工作为单缓冲方式。

7.7.3 ADC0832 采用 I/O 方式编程示例

用 I/O 方式编程示例（将 D0～D7 与单片机 P1 相连，CS、WR 接 P2.0、P2.1 或其他端口）。

```
sbit CS = P2^0; sbit WR = P2^1;
wr0832(unsigned char dat)
{
    P1 = dat;        //P1 输出数字量
    CS = 1;          //输入寄存器选择,低电平有效
    WR = 0;WR = 1;  // WR = 0 时,数据被锁存到输入寄存器中
}
```

7.7.4 ADC0832 采用扩展地址方式编程示例

1. 单片机扩展地址涉及的端口

51 单片机的 P0 口、P2 口、P3.6（$\overline{WR}$）、P3.7（$\overline{RD}$）都具有第二功能。P0 口的第二功能是用作扩展外部存储器的数据和地址总线的低 8 位；P2 口的第二功能是用作扩展外部存储器的数据和地址总线的高 8 位；P3.6（$\overline{WR}$）、P3.7（$\overline{RD}$）的第二功能分别是外部存储器的写、读脉冲，都是低电平有效。

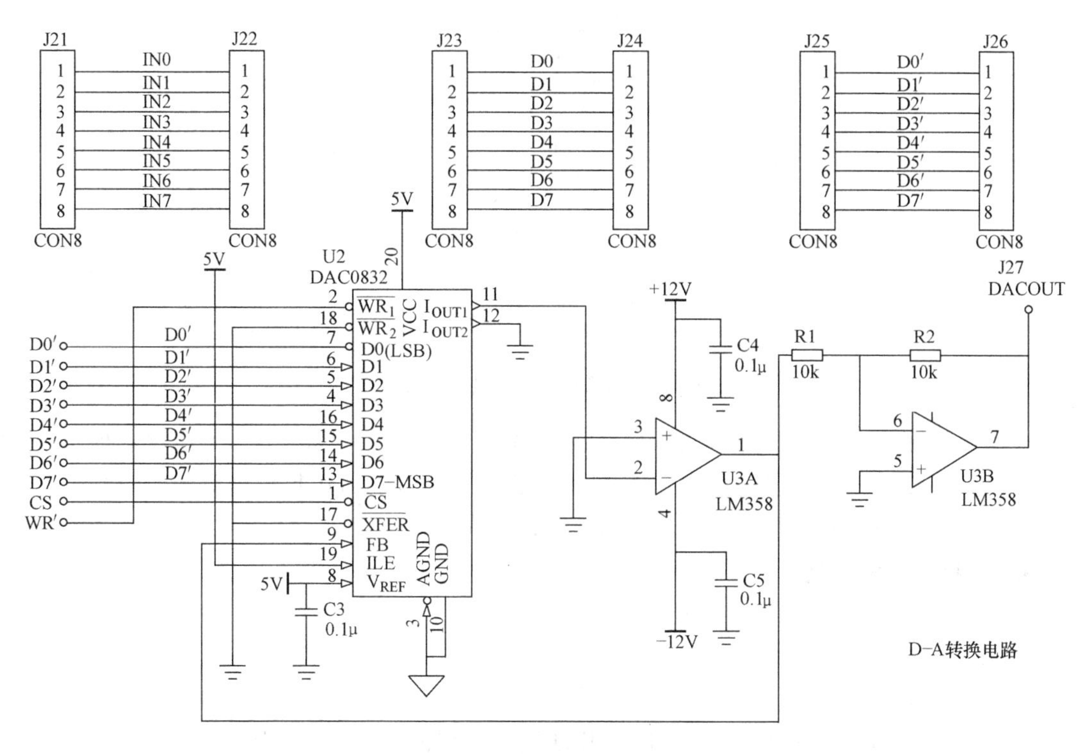

a) YL-236实训台D-A转换模块原理图

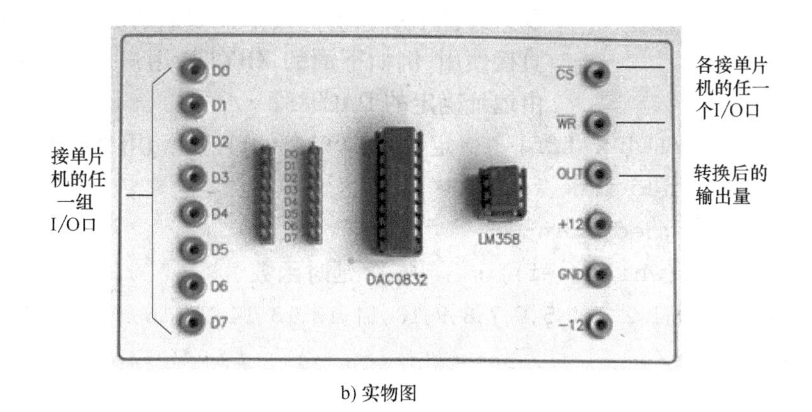

b) 实物图

图 7-16　YL-236 实训台 ADC0832 模块

2. 采用扩展地址方式编程的接线

单片机与 DAC0832 的连接必须是：①P0 口接 DAC0832 的数据（数字信号）输入端口 DI0 ~ DI7 也就是 YL-236 上 DACC0832 模块上的 D0 ~ D7（注：传送的数据是 8 位，不涉及高 8 位，所以只需用到 P0 传送数据）。②对 YL-236 实训台 DACC0832 模块，需要操作的端口有：$\overline{CS}$、$\overline{WR}$和 $\overline{WR}$ 需接单片机的 P3.6（$\overline{WR}$）；$\overline{CS}$ 可接 P2 口的任一引脚。现以某锯齿波发生电路为例进行介绍，其接线如图 7-17 所示。

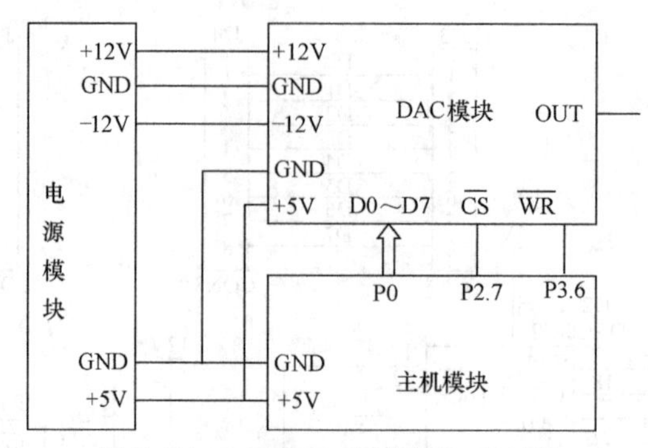

图7-17 DAC0832应用电路（示例）

根据接线图7-17确定外部设备（DAC0832）的地址时，只涉及$\overline{CS}$的电平，所以关键是要使$\overline{CS}$即P2.7的电平要满足工作需要（为低电平），P2、P0其他引脚为高电平或低电平均可，所以，DAC0832的口地址为0x7fff（或0x0000）。

3. 扩展地址编程示例

对于DAC0832的扩展地址编程只需以下两行：

```
#define DACPORT XBYTE[0x7fff]
DACPORT = dat;                //单片机将数据dat传送给外部设备。时序不需要写
/*下面为利用YL236实训台的DAC模块输出一锯齿波的参考程序*/
#include <reg52.h>
#include <absacc.h>          /*该头文件中定义了一些不带参数的宏(可提供给用户
                               直接使用,例如下面的XBYTE,用户用它可直接访问
                               由地址确定的DAC0832*/
#define DACPORT XBYTE[0x7fff]  //定义DAC0832的口地址,(用DACPORT表示)
#define uint unsigned int
#define uchar unsigned char
void delay(uint i){while(--i)} ;          //延时函数
uchar code tab[] = {0,1,2,3,4,5,6,7,8,9,10,11,12,13,14,15,16,17,18,19,20};
  /*锯齿波数据数组*/
void main()
{
  uchar i;
  while(1)
  {
    for(i =0;i <sizeof(tab);i + +)  /*sizeof操作符以字节的形式给出了其操作
                                      符的存储大小(即有多少个字节)。这里
                                      数组的长度已知,可直接写为i<21*/
    {
      DACPORT = tab[i]*5;  //锯齿波的幅度可在示波器上观察,若幅度太小,可
                             增大tab[i]乘的倍数
```

```
        delay(5);
      }
    }
}
```

实现的锯齿波可用示波器观察波形，如图7-18所示。

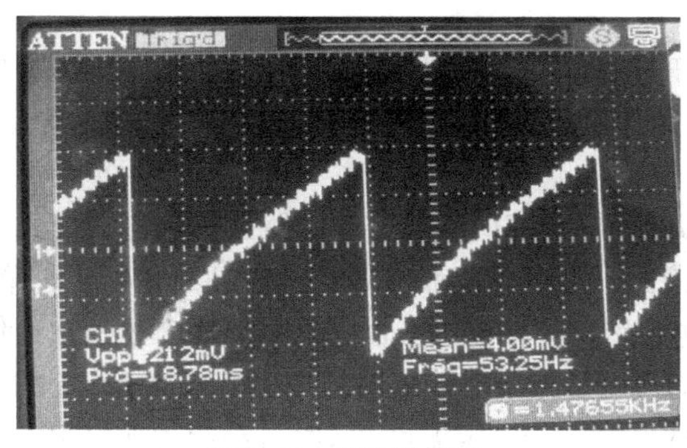

图7-18　锯齿波波形

7.8　典型训练任务

任务一：液晶数字钟

利用LCD1602实现第3章的24h数字钟。

任务二：利用LM35和LCD1602，实现第6章的自动恒温箱

任务三：智能换气扇

智能换气扇可以根据室内温度自动控制风扇电动机的运行。设有手动和自动两种模式。

1. 控制功能说明

智能换气扇控制部分由输入按键、显示部分、输出部分组成。

（1）输入按键部分：使用7个按键，分别是电源、手动/自动、+、-、进风/出风、开、关，用于对运行状态和参数的设定。它们的功能见表7-7。

表7-7　智能换气扇按键的功能说明

按　键　名	功　　能
电源	控制智能换气扇的工作与停止
手/自动	用于设定工作模式是自动模式还是手动模式
+、-两键	用于温度设定值的加或减
进风/出风	用于设定手动模式下换气扇的进风和出风选择
开、关两健	用于手动模式下直接控制风扇电动机的起动和停止

（2）显示部分：使用LCD1602显示工作状态。电源关闭时显示欢迎信息“welcome!”，按下电源键，正常工作时，第1行显示工作模式“Mod：main/auto”，main为手

动，auto为自动。换气扇的运行状态“Fan：in/out”，in为进风，out为出风。第2行显示设定温度和实际温度，正常工作时显示Test＋空格＋2位温度值，设定时显示Set＋空格＋2位温度值。

使用LED进行电源指示，电源开时，LED点亮；电源关时，LED熄灭。

（3）输出部分：驱动交流电动机或直流电动机。

2. 初始状态

通电后，控制器不工作。LCD1602液晶屏第1行显示“welcome！”（欢迎），第2行显示“Press Power Key”（请按电源键），电源指示LED熄灭，风扇电动机停止转动。

3. 工作要求

（1）按下电源键，电源指示LED点亮。控制器工作在自动模式，液晶屏显示预先设定的参数并按参数运行。液晶屏第1行显示“Mod：auto Fan：out”，第2行显示“Test：＊＊ Set：24”，如果再按下电源键，则回到初始状态，LCD1602显示欢迎信息。

自动模式（auto）的功能是将温度传感器（用18B20或LM35均可）实测的室温与设定的温度相比较，当实测的室温高于设定温度2℃时自动起动换气扇并出风；当实测室温低于设定温度时换气扇电动机停止运行，Fan的状态显示off；当实测温度达50℃以上或为负值时，自动停止风扇电动机，Fan的状态显示off。

（2）参数设置：要改变工作方式或改变设定的温度，需重新设置参数。只有在电源键按下开启电源后，其他按键才生效。

1）工作模式切换：按下“手/自动”键一次，工作模式发生一次变化。液晶屏上的“mod：”后的内容相应地改变。手动模式下，换气扇的运行与温度无关，直接由按键控制，按下“开”或“关”，起动或停止风扇电动机的运行，按下进风或出风改变风扇电动机的运转方向。

2）改变设定的温度。按下“＋”一次，可使原先设定的温度值加1或减1，液晶屏上对应的“Set：”后显示当前设定的温度值。当设定温度超过38℃时，限制设定温度为38℃。当设定温度低于1℃，限定设定温度为1℃。

3）设置进风/出风方式。只有在手动模式下，按下“进风/出风”键才生效，按该键一次，可使“进风”改为“出风”，或由“出风”改为“进风”。液晶屏上对应用位“Fan：”后面显示相应的进风/出风方式（in或out）。

4）开关换气风扇电动机：只在手动模式下，按下“开”、“关”键才起作用，屏上对应位置“Fan：”后显示相应的电动机的状态即当电动机停止时显示“off”，运行且进风时显示“in”，运行且出风时显示“out”。

任务四：全自动洗衣机

此项目为2009年湖北省中等职业学校技能大赛单片机控制装置安装与调试技能竞赛试题。涉及数码管显示、温度传感器、A-D变换、交直流电动机、按键等，综合性较强，有一定的难度。可以很好地锻炼编程和解决复杂的综合性问题的能力。

1. 评分标准

（1）职业与安全意识评分标准（此项满分为10分，最低为－40分）

评分项目	分值	评分标准
操作是否符合安全操作规程	4	出现不符合安全操作规程的，一次扣2分，扣完为止。严重不符造成一定后果的扣4分
工具的摆放、工具的正确的使用、调试操作方法等的处理，是否符合职业岗位的要求	3	出现工具运用、装置取舍不符合职业岗位要求的（如工具遗忘在现场）一次扣一分，扣完为止
是否遵守赛场纪律、爱惜赛场的设备和器材、保持工位的整洁	3	发现违反赛场纪律（如提前操作、规定时间外继续答题不听劝阻的）、损坏设备仪器的，一次扣3分。工位不整洁的扣1~3分，扣完为止

特别：1. 完成工作任务并交卷后，出现电路短路总成绩再加扣30分；

2. 完成工作任务过程中，因违反操作规程影响自己及他人比赛的（如造成机房停电），总成绩再加扣5~30分；

3. 严重损坏赛场提供的设备，污染赛场环境，不符合职业规范的行为，视情节总成绩再扣3~10分；

4. 严重违反纪律的，如出现作弊现象，经主评委确认，可直接取消该选手参赛资格，比赛成绩记为0分。

（2）工艺性评分标准（此项满分为30分，最低为0分）

评分项目	分值	评分标准
模块元件导线连接工艺	2	模块选择多于、少于试题要求的，每项扣1分，扣完为止
	6	导线连线不合理、不正确，扣1~6分
	2	导线选择不合理，每项扣1分，扣完为止
	2	导线整理不美观的（如没有绑扎的），扣1~2分
	3	导线连接不牢，同一接线端子上连接多于2条的，每项扣1分，扣完为止
制图标准与规范性	3	徒手绘图，字迹潦草扣1~3分
	3	图形标号不符合标准要求，每项扣0.5分，扣完为止
	3	没有模块名称，每项扣0.5分，扣完为止
	6	漏画模块，每项扣1分，与实际连线不符的每项扣0.5分，连线与功能要求不符的每项扣1分，扣完为止

（3）功能评分标准（此项满分为60分，最低为0分）

评分项目		分值	评分标准
初始工作状态	开电源	1	开电源正常，得1分。不开电源就工作，不得分
	显示10个数字	5	每个0.5分，要求字形正确，时间准确
	等待设定显示	1.5	显示设定水位（闪烁）、设定温度、“---”各0.5分
	蜂鸣器响0.5s	0.5	响0.5s，时间准确，得0.5分
	关电源	0.5	在初始工作状态，可以快速关电源，得0.5分
工作过程	设定工作水位	2	能实现“HHH.→LLL.→HHH.”切换并闪烁，得2分
	设定烘干温度	4	设定温度十位、个位数字正常并闪烁，各得2分
	开始工作	2	“开始”键正常，得0.5分，不按“开始”键就开始，不得分；“运行灯”亮，得0.5分；显示实时水位、温度，各得0.5分

（续）

评分项目		分值	评分标准
工作过程	进水	5	“进水灯”亮，得0.5分；倒计时0.5分；水位检测、处理正确2分，故障处理2分
	洗涤	7	“进水灯”灭，“洗涤灯”亮，0.5分；倒计时和动作次序正常，得0.5分；低速正转，2分；低速反转，2分。故障处理，2分。转速不符合处，扣1分，最多扣2分
	排水	5	“洗涤灯”灭，“排水灯”亮，得0.5分；倒计时0.5分；水位检测、处理正确2分，故障处理2分
	脱水	7	“排水灯”灭，“脱水灯”亮，0.5分；倒计时和动作次序正常，0.5分；低速正转，2分；高速正转，2分。故障处理，2分。转速不符合处，扣1分，最多扣2分
	第二次进水、排水、洗涤、脱水	4	各1分
	烘干	6	“脱水灯”灭，“烘干灯”亮，0.5分；测温2分；控温2分；倒计时，0.5分；蜂鸣器响3次，0.5分；“运行灯”灭，得0.5分
	工作中暂停	4.5	处于工作过程以上9步时，能快速暂停，各得0.5分
	工作中关电源	5	处于工作过程以上10步时，能快速关电源，各得0.5分

2. “全自动洗衣机”的工作任务书

（1）总体要求（请在4h内完成）

1）关模块及元件，构建一套虚拟“全自动洗衣机”系统。

2）请在试卷后面答题纸上准确、规范地画出你设计的模块接线图。请注意按要求填写工位号。

3）请按照工艺规范用导线连接“全自动洗衣机”所需各模块及元件。

4）请按照“全自动洗衣机”的控制要求，编写并调试单片机程序。在交卷前，请保存单片机程序开发目录所有内容到计算机“E：\单片机+工位号”目录下，“工位号”为选手的实际工位号码。交卷前，请务必将程序下载到赛场提供的单片机中。

（2）全自动洗衣机说明

1）系统描述。全自动洗衣机是虚拟生活中的“微电脑洗衣机”，模拟完成衣物的自动清洗、烘干等功能。

整个系统由操作面板、洗涤部件、烘干部件等组成。

2）模块及元器件说明

① 操作面板。使用“WYDX-1单片机技能实训平台”中“键盘模块”的“0-SB1”、“0-SB2”、“0-SB3”、“0-SB4”，分别构成“开始/暂停”键、“↑”键、“→”键、“开电源/关电源”键，注意“0-SB1”和“0-SB4”均有两种功能。

使用“显示模块”中的“8位数码管”显示有关信息。显示格式为“XXX.XX.XXX”，左边3位显示洗衣桶内水位高低信息，中间2位显示烘干温度信息（显示精确到1℃），右边3位显示工作时秒倒计时信息。

使用“显示模块”中的“发光二极管”显示有关信息。“LED0”、“LED1”、“LED2”、“LED3”、“LED4”、“LED5”、“LED6”、“LED7”分别表示：“电源指示灯”、“运行指示灯”、“暂停指示灯”、“进水指示灯”、“洗涤指示灯”、“排水指示灯”、“脱水指示灯”、“烘干指示灯”。

使用“主机模块”中的蜂鸣器，实现系统出错时声响报警。

② 洗衣桶内水位。使用“可调电压输出”模拟洗衣桶内水位变化，当其输出端子“Vx-OUT”的电压小于0.1V，表示无水；当“Vx-OUT”的电压为1±0.1V，表示到低水位；当“Vx-OUT”的电压为2±0.1V，表示到高水位。

调试程序时，请手动调整电位器RW2，模拟产生水位变化。

③ 洗涤部件。使用“电动机模块”模拟洗涤部件。当电机上的小转盘顺时针转动时，表示洗涤电动机“正转”；当电动机上的小转盘逆时针转动时，表示洗涤电动机“反转”。通过ST153可以测出电动机转速（单位：r/s），当电动机转速≤35r/s时，为低速运行；当电动机转速≥45r/s时，为高速运行。系统工作时，电动机能够低速正转、低速反转、高速正转。

④ 烘干部件。使用“温度模块”模拟烘干部件。珐琅电阻用于加热升温，测温传感器指定为LM35。烘干温度默认值为40℃，可以通过键盘修改、设定、保存，烘干温度设定范围为30~49℃。烘干过程中要求控温准确度为：“设定烘干温度”±2℃。

为实现“全自动洗衣机”控制要求，除了以上指定模块外，参赛选手可以再选择使用“WYDX-1单片机技能实训平台”中其他模块、元器件。

（3）全自动洗衣机控制要求

1）初始工作状态

① 系统上电后，还没有按下“0-SB4”前，为电源关闭状态，无一切动作、无显示、无声响，不响应除“0-SB4”以外的按键。

② 在电源关闭状态下，按下“0-SB4”，表示“开电源”：“电源指示灯”亮；8位数码管依次显示“00000000”、“11111111”、“22222222”、“33333333”、“44444444”、“55555555”、“66666666”、“77777777”、“88888888”、“99999999”各1s。

接着显示“XXX.XX.---”。其中左边3位显示设定的工作水位：高水位显示为“HHH.”，低水位显示为“LLL.”；如果是第一次使用，就显示为“LLL.”，即默认为低水位工作。水位为第一个等待设定的参数，因此左边3位闪烁提示（亮0.3s，灭0.3s）。中间2位显示设定的烘干温度值；如果是第一次使用，就显示为“40.”。右边3位显示为“---”。

然后蜂鸣器响0.5s，提示可以操作。系统处于等待操作状态，响应所有按键。

在“开电源”后的任何时间，再次按下“0-SB4”，表示“关电源”，停止一切动作、显示等，又回到“初始工作状态（1）”；在电源关闭状态下，按下“0-SB4”，又表示“开电源”，如此循环切换。

2）工作过程

① 设定参数。在等待操作状态，可以设定有关参数。按下“→”键可以改变设定的对象，按照“3位水位显示→烘干温度十位→烘干温度个位→3位水位显示”次序循环切换，当切换到某参数时，相应位闪烁提示（亮0.3s，灭0.3s）。

按下“↑”键可以改变设定对象的内容：“3位水位显示”按照“HHH.→LLL.→HHH.”次序循环切换；“烘干温度十位”按照“3→4→3”次序循环切换；“烘干温度个

位”按照“0→1→2→3→4→5→6→7→8→9→0”次序循环切换。

② 开始工作。完成参数设定后，或不设定（直接用保存值、默认值），按下“开始/暂停”键，开始自动洗衣工作，系统不响应“↑”键、“→”键，“运行指示灯”亮，8位数码管显示当前实时水位信息（无水为“000.”、低水位为“LLL.”、高水位为“HHH.”）、烘干部件的当前温度信息、当前工作秒倒计时值，由于设定参数工作已完成，因此不闪烁提示。

在结束整个洗衣工作周期前，除故障状态外的任何时候，再次按下“开始/暂停”键，“暂停指示灯”亮，“运行指示灯”灭，暂停当前工作，并停止相关倒计时；在暂停状态下，按下“开始/暂停”键，系统继续工作，恢复相关倒计时，“暂停指示灯”灭，“运行指示灯”亮；暂停状态和运行状态可以不断切换，直至整个洗衣工作周期结束。

③ 第一次进水。开始自动洗衣工作时，“进水指示灯”亮，表示已打开进水电磁阀，洗衣桶开始进水，同时开始15s倒计时。此时手动调整电位器RW2，模拟产生水位变化（请在开始工作前，先将端子“Vx-OUT”的电压调到小于0.1V；交卷前也请同样处理），等到其输出端子“Vx-OUT”的电压上升到设定的水位时，“进水指示灯”灭，表示已关闭进水电磁阀，此时请注意正确显示当前水位信息。

进水到设定水位的时间应小于15s，否则，判定为故障，“进水指示灯”灭，“运行指示灯”灭，8位数码管显示为“E┌┌0┌---”，蜂鸣器不断报警（响0.3s，停0.3s），此时只响应“0-SB4”按键。

④ 第一次洗涤。进水到设定水位后，“进水指示灯”灭，“洗涤指示灯”亮，洗涤电动机开始低速正转15s，停2s，低速反转15s，停2s；再次低速正转15s，停2s，低速反转15s；然后停止转动，“洗涤指示灯”灭，完成第一次洗涤。在电动机开始转动时，同时15s倒计时。

在控制电动机转动的所有15s内，若发现连续5s电动机转速低于5r/s，可判定为电动机堵转故障，“运行指示灯”灭，“洗涤指示灯”灭，停止电动机转动，8位数码管显示为“E┌┌0┌---”，蜂鸣器不断报警（响0.3s，停0.3s），此时只响应“0-SB4”按键。

⑤ 第一次排水。完成第一次洗涤后，“洗涤指示灯”灭，“排水指示灯”亮，表示已打开排水电磁阀，洗衣桶开始排水，同时开始15s倒计时。此时手动调整电位器RW2，模拟产生水位变化，等到其输出端子“Vx-OUT”的电压下降到低于0.1V时，“排水指示灯”灭，表示排水完成，但排水电磁阀不关闭，此时请注意正确显示当前水位信息。

排水完成的时间应小于15s；否则，判定为故障，“排水指示灯”灭，“运行指示灯”灭，8位数码管显示为“E┌┌0┌---”，蜂鸣器不断报警（响0.3s，停0.3s），此时只响应“0-SB4”按键。

⑥ 第一次脱水。排水完成后，“排水指示灯”灭，“脱水指示灯”亮，电动机开始低速正转15s（同时15s倒计时），再高速正转15s（同时15s倒计时），然后停止转动，“脱水指示灯”灭，表示排水电磁阀关闭，完成脱水。

在控制电动机转动的所有15s内，若发现连续5s电动机转速低于5r/s，可判定为电动机堵转故障，“运行指示灯”灭，“脱水指示灯”灭，停止电动机转动，8位数码管显示为“E┌┌0┌---”，蜂鸣器不断报警（响0.3s，停0.3s），此时只响应“0-SB4”按键。

⑦ 第二次进水、洗涤、排水、脱水。顺序请参考工作过程的③、④、⑤、⑥步。

⑧ 烘干。在完成第二次脱水后，“脱水指示灯”灭，“烘干指示灯”亮，烘干部件开始加温；当温度上升到设定值时（注意正确显示实时温度），开始 15s 倒计时，此时系统要控制其温度在“设定烘干温度” ±2℃；当 15s 倒计时完成后，“烘干指示灯”灭，蜂鸣器响 1s,停 1s，重复 3 次，然后“运行指示灯”灭，完成整个洗衣工作周期。

然后系统又回到工作过程的①步，处于等待操作状态。

第8章 电子密码锁（液晶显示器、矩阵键盘的综合应用）

本章导读

本章通过对电子密码锁的实现，不仅可使读者掌握矩阵键盘、常用LCD12864的使用方法，而且可以提高读者灵活、综合应用所学的C语言知识编程并解决实用综合性项目的能力，使读者在入门的基础上又有较大的提高。本章介绍的矩阵键盘和LCD12864的编程方法可作为公式供参考套用。

8.1 电子密码锁简介

（1）输入密码使用4×4矩阵键盘，各键的功能如图8-1所示。

图8-1 密码锁键盘的功能

（2）LCD12864显示汉字为16×16显示，其他数字和字母为8×16显示。第一次上电后，LCD12864显示“请设置密码”，如图8-2所示。

接着进行6位数字的初始密码的设置（首先点按确定键，输入后，再按确定键生效），设置成功后，LCD12864的第二行居中显示“密码设置成功”，如图8-3所示。

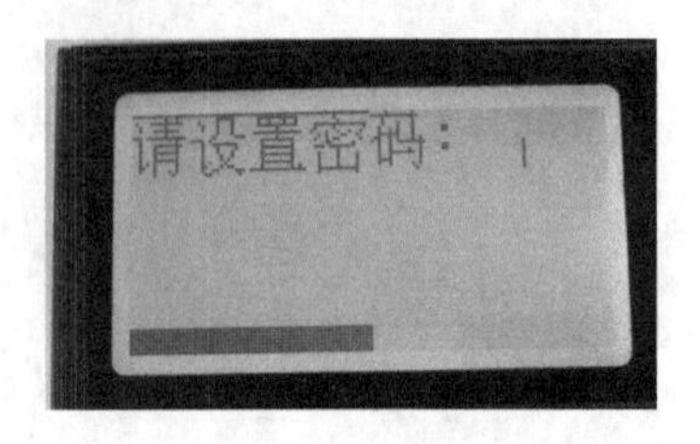

图8-2 显示“请设置密码”

图8-3 显示“密码设置成功”

密码设置成功后，蜂鸣器鸣响1s左右，接着LCD12864显示“请输入密码:”（见图8-4）。

（3）欲开锁时，需要输入密码（设置的初始密码），每输入一个数字，液晶显示屏上显示一个“*”，6位密码输入完毕，按下确定键后，如果密码正确，蜂鸣器鸣响一次，表示密码正确，同时继电器A线圈得电吸合10s模拟开门，此时显示“密码正确”（见图8-5），10s后，继电器线圈失电，门自动关闭。

图8-4　显示“请输入密码：”

图8-5　显示“密码正确”

如果密码输入错误（则液晶屏显示密码错误），蜂鸣器会响两声进行提示，接着返回图8-4的状态。

（4）此密码锁如果在密码输入正确、开门之后1min内无操作（指修改密码的指令，此时显示“无操作”，见图8-6），便会自动返回“请输入密码：”的状态（见图8-4），继电器线圈失电，模拟关门。

图8-6　显示“无操作”

（5）修改密码的方法是：首先点按修改键（显示“请输入旧密码：”，见图8-7），输入原始密码，点按确定键后，如果原始输入正确，则液晶显示“请输入新密码：”，如图8-8所示，再按下确定键后生效，返回“请输入密码：”状态，液晶屏显示如图8-4所示。

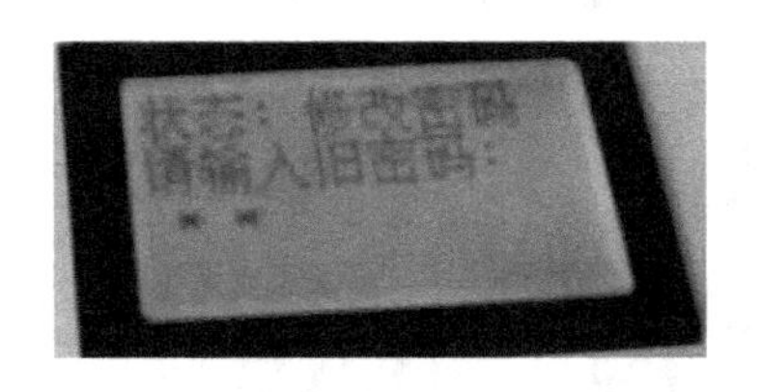

图8-7　显示“请输入旧密码：”

图8-8　显示“请输入新密码：”

完成这一项目，主要需涉及矩阵键盘、LCD12864液晶显示屏的应用。下面首先学习这两个内容，再讲述电子密码锁的实现。

8.2　矩阵键盘的应用方法

8.2.1　矩阵键盘的结构

1. 矩阵键盘结构示例

前面已学过的独立按键与单片机的引脚的连接是一对一的，在按键或开关较少时常用这种方法。但是如果实践中涉及的按键（开关）有十几个或者更多，这种一对一的方式就不适用了，而适合采用矩阵按键连接。矩阵键盘与单片机的连接方式如图8-9所示。

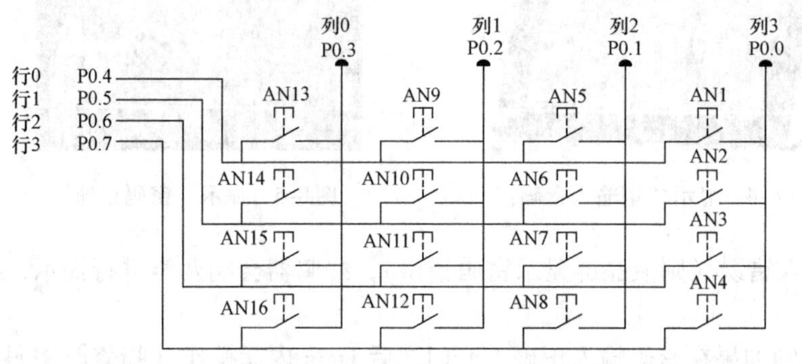

a) 4×4矩阵键盘(注:每个按键的键面值根据不同的用途可以设为不同的名称)

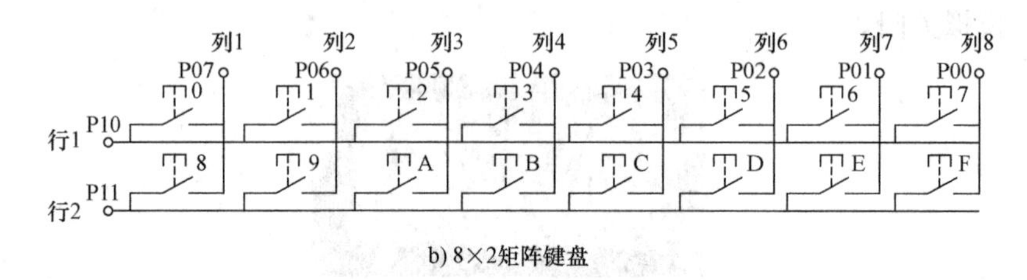

b) 8×2矩阵键盘

图8-9 矩阵键盘示例

由图8-9可知，所谓矩阵键盘，就是将行线和列线分别接到单片机的引脚上，在行线和列线的交叉处接上按键（即按键的一端接行线，另一端接列线）。

2. YL-236单片机实训台矩阵键盘的实物和原理图（见图8-10）

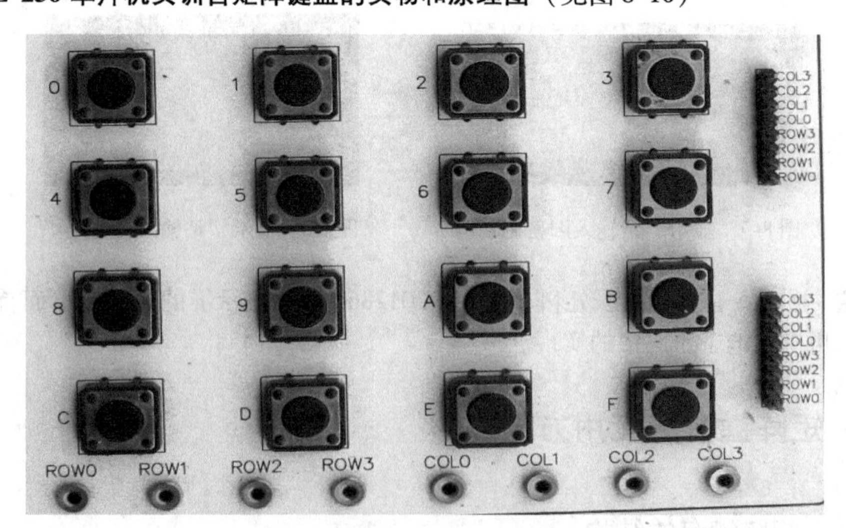

a) 实物

图8-10 YL-236单片机实训台矩阵键盘

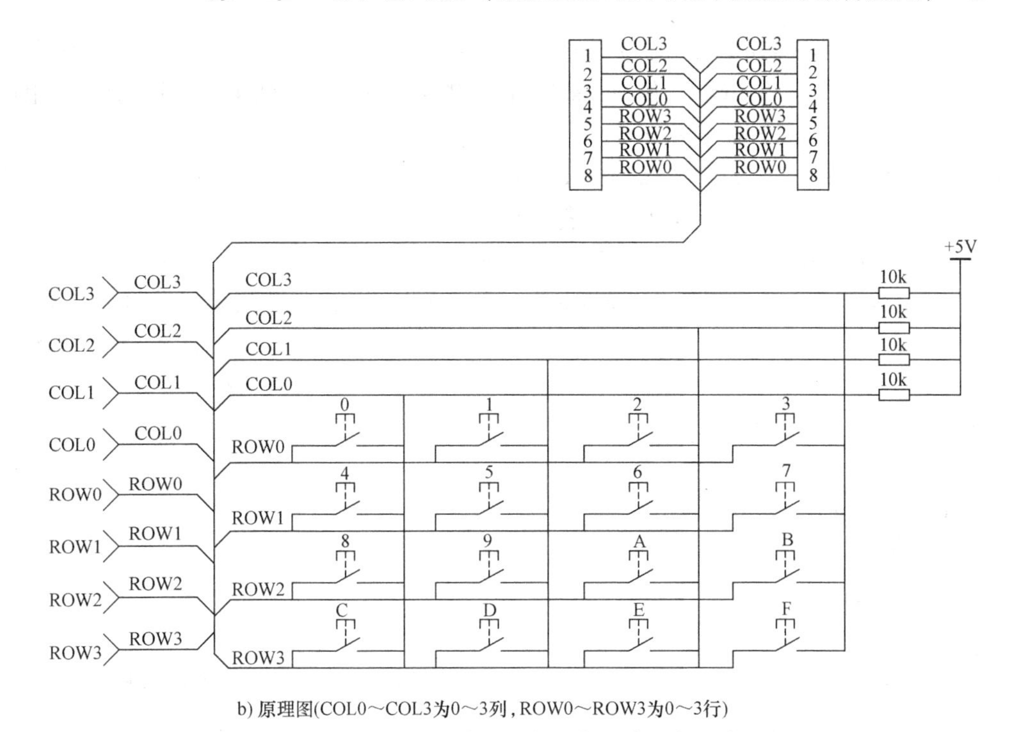

b) 原理图(COL0～COL3为0～3列，ROW0～ROW3为0～3行)

图 8-10　YL-236 单片机实训台矩阵键盘（续）

8.2.2　矩阵键盘的编程方法——扫描法和利用二维数组存储键值

不管是多少行多少列的矩阵键盘，其编程思路是一样的。下面介绍最常用的两种判断键值（即判断是哪个按键按下了）的方法——扫描法和利用二维数组存储键值。

1. 扫描法简介

扫描法是常用的一种按键识别方法，容易理解。其方法是依次将行线中的每一根线的电平置为低电平，再逐次判断列线的电平。如果某列线的电平为低，则判定该列线与行线交叉处的按键被按下（闭合）。也可以依次将列线中的每一根线置为低电平，再逐次判断行线的电平。

2. 扫描法应用典型示例

（1）任务书：使用 YL-236 单片机实训台的矩阵键盘（与单片机的连接如图 8-9a 所示），实现当某个键按下时，8 位数码管同时显示按键的值（单片机的 P3 口与数码管的 D0 ~ D7 相连）。

（2）程序代码示例

```
#include <regx52.h>            /*注意:这里使用了头文件为 regx52.h 之后,在程
                                 序里就可以使用"P0_1 = =0",而不用声明*/
#define uint unsigned int
#define uchar unsigned char
sbit d = P2^0;                 //数码管段码锁存器的选择端子
sbit w = P2^1;                 //数码管位码锁存器的选择端子
sbit wr = P2^2;                //锁存信号端子
```

```
sbit h0 = P0^4; sbit h1 = P0^5; sbit h2 = P0^6; sbit h3 = P0^7;/ * 定义行线
                的各端口,例 如“sbit h1 = P0^4”的意思是 P0.4 端口接行线 1,用标识
                符 h1 表示 * /
sbit lie0 = P0^3; sbit lie1 = P0^2; sbit lie2 = P0^1; sbit lie3 = P0^0;
                   //定义列线的各端口
uchar code table[] = {0xc0,0xf9,0xa4,0xb0,0x99,0x92,0x82,0xf8,0x80,
0x90,0x88,0x83,0xc6,0xa1,0x86,0x8e,0xff};  / * 共阳数码管显示 0 ~ 9、A ~ F 的
                                              段码,其中 oxff 为数码管不显示
                                              的段码 * /
void delay(uint z)
{
    uint x,y;
    for(x = z;x > 0;x--)
        for(y = 110;y > 0;y--);
}
void display()                           //数码管显示按键键值的函数
{
    {
        d = 0;w = 1;        //段锁存器被选中
        P3 = table[i];     / * 将数组的第 i 个元素的值(也就是数码管显示字符“i”的
                              段码)赋给 P3 * /
        wr = 0;wr = 1;      //锁存信号
        P3 = 0xff;          //清除 P3 端口原来的数码
        d = 1;w = 0;        //位锁存器被选中
        P3 = 0x00;          //数码管全部被点亮的位码赋给 P3
        wr = 0;wr = 1; delay(2);
    }
}
void key()
{
    uchar i = 16                 //i = 16 时,P3 = table[i],取的是数组的最后一个元素
                                   (0xff),数码管不点亮
    h0 = h1 = h2 = h3 = lie0 = lie1 = lie2 = lie3 = 1;  //所有行线和列线均置为
                                                       高电平
    h0 = 0;                      //第 0 行置为低电平,即开始扫描第 0 行
    if(lie0 = = 0)i = 0;         //若第 0 列为低电平,则是键 0 按下,键值为 0
    else if(lie1 = = 0)i = 1;    //若第 1 列为低电平,则是键 1 按下
    else if(lie2 = = 0)i = 2;
    else if(lie3 = = 0)i = 3;
```

```
    h0 =1;  h1 =0;          //行线 0 还原为高电平,行线 1 置为低电平,开始扫描第 1 行
    if(lie0 = =0)i =4;  //若第 0 列为低电平,则是键 4 按下,键值为 4
    else if(lie1 = =0)i =5;     //若第 1 列为低电平,则是键 5 按下
    else if(lie2 = =0)i =6;
    else if(lie3 = =0)i =7;
    h1 =1;  h2 =0;              //行线 1 还原为高电平,行线 2 置为低电平
    if(lie0 = =0)i =8;;         //若第 0 列为低电平,则是键 8 按下
    else if(lie1 = =0)i =9;
    else if(lie2 = =0)i =10;    //i =10,数码管显示所提取的段码为数组第 10 个
                                  元素,显示 A
    else if(lie3 = =0)i =11;    //B
    h2 =1;  h3 =0;              //行线 2 还原为高电平,行线 3 置为低电平
    if(lie0 = =0)i =12;;        // C
    else if(lie1 = =0)i =13;    // D
    else if(lie2 = =0)i =14;    // E
    else if(lie3 = =0)i =15;    // F
}
void main()
{
    while(1)
    {
        key();
        display();
    }
}
```

3. 利用二维数组存储键值

（1）二维数组。二维数组定义的一般形式为：

类型说明符　数组名［常量表达式］［常量表达式］

例如：`int a[2][4];`

定义为 2 行、4 列的数组。

给二维数组初始化（即赋初值）的方法有以下两种：

1）对数组的全部元素赋初值。例如：

```
int a[3][4] = {{1,3,2,4},{5,6,7,9},{8,10,11,12}};
```

这种赋值方法很直观，将第一个｛｝内的元素赋给第 0 行，第二个｛｝内的元素赋给第 1 行。也可以写成下面的格式更为直观：

```
int a[3][4] = {1,3,2,4,                //第 0 行
               5,6,7,9,                //第 1 行
               8,10,11,12};            //第 2 行
```

还可以将所有的数据写在一个｛｝内，例如：

```
int a[3][4]={1,3,2,4,5,6,7,9,8,10,11,12};
```

2）对数组的部分元素赋初值。例如

```
int a[3][4]={{1},{5},{8}};
```

对二维数组的存入和取出顺序是：通过下标来按行存取（注：行下标数的最大值等于行数减1，列下标的最大值等于列数减1，这和一维数组是一样的），先存取第0行的第0列、第1列、第2列……直到第0行的最后一列，再存取第1行的第0列、第1列、第2列……直到第1行的最后一列。

例如：temp=a［0］［3］，就是将第0行的第3个元素值赋给变量temp。temp=a［2］［3］就是将第2行的第3个元素值赋给变量temp。

（2）利用二维数组获取矩阵键盘键值的典型应用示例

1）任务书：矩阵键盘的键值分布如图8-10a所示，单片机与矩阵键盘行列的连接如图8-9a所示。利用二维数组获取矩阵键盘的键值，并送到图8-11所示的8位LED进行显示（例如：若键3被按下，3的二进制数为00000011，则LED1和LED0被点亮，其余的都不点亮）。

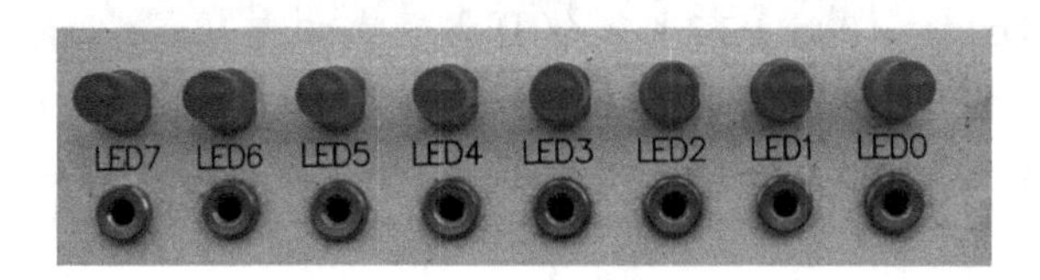

图8-11 YL-236单片机实训台的LED模块

2）程序代码（参考）如下：

```
#include <REGX52.H>
#include "intrins.h"  //程序代码中要用到循环移位库函数,所以需包含该头文件
unsigned char code ka[4][4]={0, 1, 2,3,
                             4, 5, 6,7,
                             8, 9, 0xA,0xB,
                             0xC,0xD,0xE,0xF};      // 存储键值的数组
unsigned char key_get()                  //键值获取函数
{
    unsigned char i,j;
    for(i=0;i<4;++i)                     //++i为先自加1,再取i的值
    {
12行        P1=_crol_(0xef,i); /*送行信号,初值0xef即11101111,将第一行电平
                                拉低。高4位加在行线上,低4位加在列线
                                上*/
13行        for(j=0;j<4;j++)      //本行和14行的作用是检查每一列是否有键按下
            {
14行        if((P1&_cror_(0x08,j))==0)return ka[i][j];  //_cror_为循环右移
            }
    }
```

```
    return 16;                          //无键按下返回的值
  }
  main(){
    while(1){
    P3 = ~key_get();}  //反转键值,送 P3 口进行显示(例如,要显示键 2,2 的二进
    制为 0000 0010,取反后为 1111 1101,刚好能使图 5-11 所示的 LED1 点亮,其余的不
    点亮,我们用点亮的 LED 代表高电平,正好是 0000 0010 */
  }
```

3）程序代码解释

当 i=0 时，执行到 12 行时 P1 =1110 1111，执行第 13 行以后，有以下 4 种情况：

当 j=0 时→执行 14 行：_cror_（0x08，j）仍为 0x08 即 0000 1000，该值与 P1 “按位与”后的值若为 0，则肯定是第 0 列有键按下。所以键值为 ka [i] [j] = ka [0] [0]，即 0，函数的返回值为 0。

当 j=1 时→执行 14 行：_cror_（0x08，j）变为 0000 0100，该值与 P1 按位与后的值若为 0，则肯定是第 1 列有键按下。所以键值为 ka [i] [j] = ka [0] [1]，即 1。函数的返回值为 1。

当 j=2 时→执行 14 行：_cror_（0x08，j）变为 0000 0010，该值与 P1 按位与后的值若为 0，则肯定是第 2 列有键按下。所以键值为 ka [i] [j] = ka [0] [2]，即 2；函数的返回值为 2。

当 j=3 时→执行 14 行：_cror_（0x08，j）变为 0000 0001，该值与 P1 按位与后的值若为 0，则肯定是第 3 列有键按下。所以键值为 ka [i] [j] = ka [0] [3]，即 3；函数的返回值为 3。

当 i=1 时，j=0、1、2、3 对应的函数的键值分别为 4、5、6、7，函数返回值为 4、5、6、7。

当 i=2，i=3 时，键值和函数的返回值可用相同的方法去分析。

这种方法的优点是程序简洁，占用的空间小，不足之处是执行的效率没有扫描法高。

8.3　LCD12864

LCD12864 是一块点阵图形显示器，显示模块如图 8-12 所示。显示分辨率为 128（行）×64（列）个像素点，有带字库（内置 8192 个 16×16 点汉字，和 128 个 16×8 点 ASCII 字符集）和不带字两种。显示的原理和 LED 点阵相似，是由若干“点亮”的像素点的组合构成文字、符号或图形。本章首先介绍不带字库的 LCD12864 的使用，在 8.5.2 节介绍带字库 LCD 的编程。

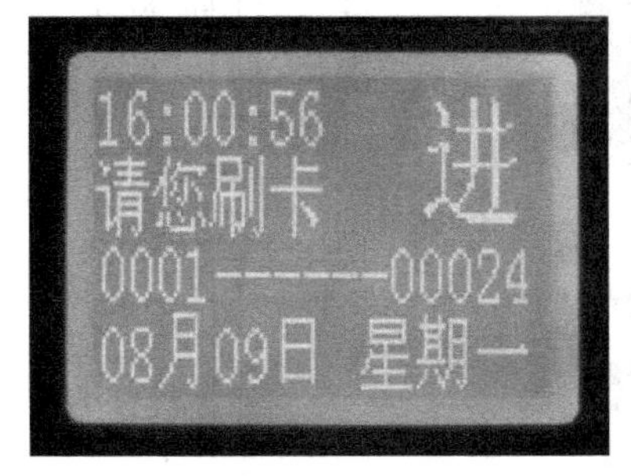

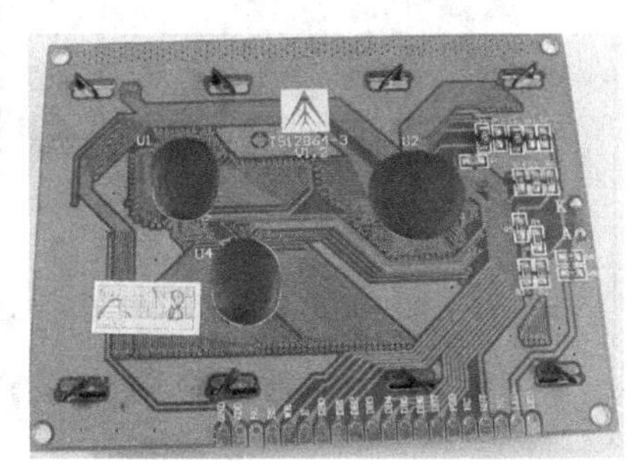

图 8-12　LCD12864 实物图

8.3.1 LCD12864的引脚说明

LCD12864的引脚功能详见表8-1。

表8-1 LCD12864的引脚功能

引脚号	引脚名称	电平	引脚功能描述
1	V_{SS}	0V	电源地
2	V_{DD}	3~5V	电源正
3	V_L	—	对比度调整
4	RS	H/L（高/低）	指令/数据选择，RS为高电平选择数据，RS为低电平时选择指令
5	R/W	H/L	读/写选择，R/W="H"，为读操作； R/W="L"，为写操作
6	E	H/L	使能信号。高电平读出有效，下降沿写入有效
7~14	DB0~DB7	H/L	三态数据线，用于单片机与LCD12864之间读、写数据
15	CS1	—	左半屏选择，高电平有效
16	CS2	—	右半屏选择，高电平有效
17	$\overline{RST}$	H/L	复位端，低电平有效
18	VEE	—	LCD驱动电压输出端
19	LED+	+5V	背光源正极
20	LED-	0V	背光源负极

8.3.2 YL-236单片机实训台LCD12864模块介绍

YL-236实训台上LCD12864如图8-13a所示。模块不带字库，引出线有CS1、CS2、RS、R/W、E、RST、DB0~DB7共14条引线，其他引脚已在模块内部接好。内部已接有复位电路，$\overline{RST}$一般无需再连接。内部电路如图8-13b所示。

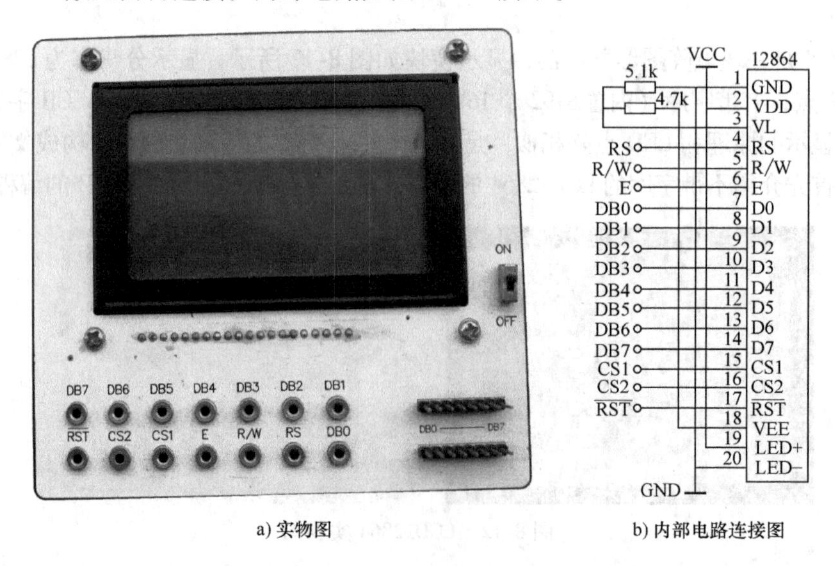

a）实物图　　b）内部电路连接图

图8-13 YL-236实训台LCD12864实物图

8.3.3 LCD12864 的读写时序和指令说明

LCD12864 的读、写时序和 LCD1602 相似，如图 8-14 所示。

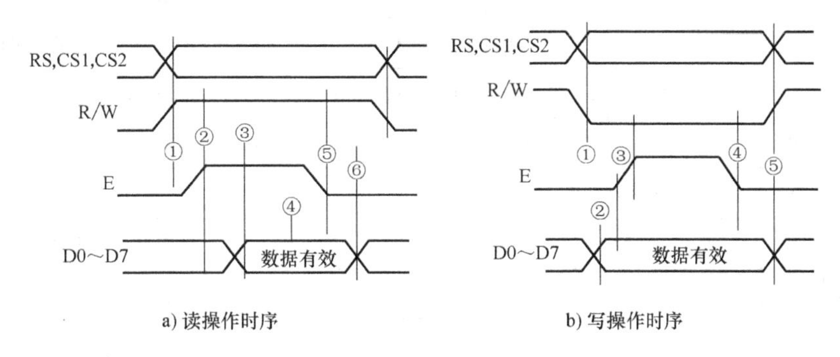

图 8-14 LCD12864 的读写时序

8.3.4 LCD12864 的点阵结构

LCD12864 沿横向共有 128 列，沿纵向共有 64 行。将横向的 128 列分为左、右两屏，每屏有 64 列，用 CS1、CS2 来选择；将纵向的 64 行分为 8 页，每页 8 行，如图 8-15 所示。显示缓存 DDRAM 的页地址、列地址与点阵的页地址、列地址位置是对应的，单片机端口只需将字模数据送到 DDRAM，就可以在点阵上相应位置显示字符了。

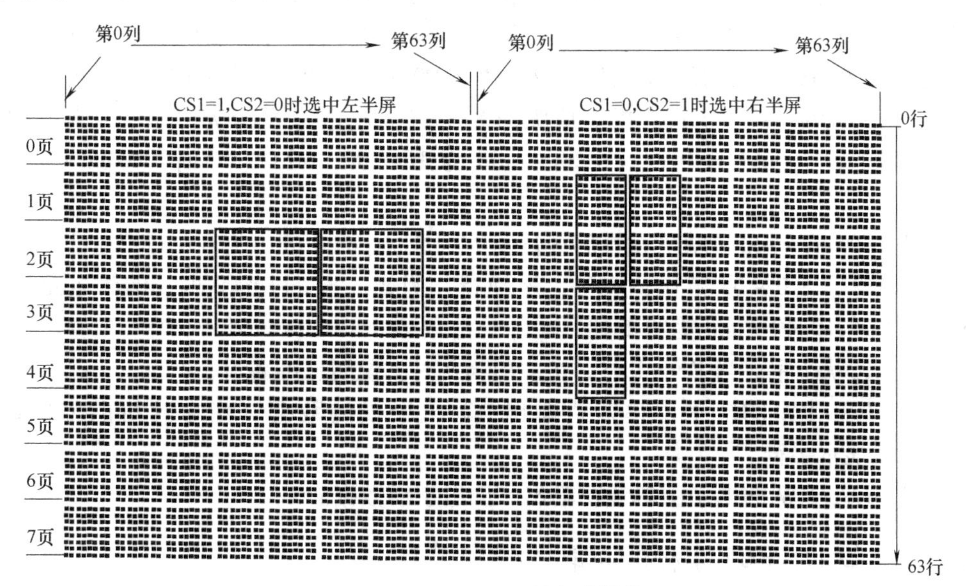

图 8-15 LCD12864 的点阵结构

注：图中的矩形框是 7.3.5 任务书的标记。

8.3.5 LCD12864 的指令说明

LCD12864 的指令说明详见表 8-2。

表8-2 LCD12864的指令说明

指令编号	RS	R/W	D7	D6	D5	D4	D3	D2	D1	D0	功能
指令1	0	0	0	0	1	1	1	1	1	D	显示开关
指令2	0	0	1	1	L5	L4	L3	L2	L1	L0	用于设置显示的起始行
指令3	0	0	1	0	1	1	1	P2	P1	P0	页地址设置
指令4	0	0	0	1	C5	C4	C3	C2	C1	C0	列地址设置
指令5	0	1	BF	0	ON/OFF	RST					
指令6	1	0	数据								写需显示的数据
指令7	1	1	数据								读显示数据

表8-2中各条指令的RS、R/W由单片机的I/O口通过位操作的方式来赋值，根据是读还是写、是命令还是数据来确定是高电平或低电平。D7～D0由单片机的I/O口通过字节（总线操作方式赋值）。各条指令的作用和说明如下：

指令1：相当于显示开关。D=1时为开，D7～D0为0x3f；D=0为关，D7～D0为0x3e。

指令2："0xc0+add"用于设置显示起始行的上下移动量。由于D7、D6均为1，D5～D4均为0时可写成0xc0，我们用add表示D5～D0的实际值，所以D7～D0可写成0xc0+add，由于12864共有64行，所以add的值为0～63。例如，若add=0，则第1行字符显示在屏的最上面，若add=1，则第一行字符的顶部显示在屏的第2行。

指令3："0xb8+add"用于设置后续读、写的页地址。由于D7、D6、D5、D4、D3这5项可写成0xb8，我们用add表示P2、P1、P0的实际值，所以D7～D0可写成0xb8+add。由于12864一字节的数据对应纵向8个点，规定每8行为一页，所以add的值为0～7。例如，当add为0时，0xb8+add为第0页；add为1时，0xb8+add为第1页。

指令4："0x40+add"用于设置后续读写的列地址。add的值为0～63。在读写数据时，列地址自动加1，在0～63范围内循环，不换行。例如，当add为0时，0x40+add为第0列，add为1时，0x40+add为第1列。

指令5：读状态字。当BF=1时，忙；BF=0时，说明已准备好。

指令6：RS、RW的电平由单片机输出，写入字模的数据（由单片机的I/O口送到D7～D0），以显示字符。

指令7：RS、RW的电平由单片机输出，读出字模数据。

8.3.6 LCD12864字模的获取

LCD12864的显示内容的字模可通过取模软件（常用的有"Lcmzimo.exe"和"zimo.exe"，可在网上下载，本书学习资源也附有相应的软件）获取，本书使用"Lcmzimo.exe"软件，并设置为"纵向8点下高位"、"宋体16点阵"、"从左到右从上到下的顺序"取模。

8.3.7　LCD12864 的应用示例

1. 任务书

利用 YL-236 实训台，在图 8-15 所示 LCD12864 的左半屏矩形方框位置显示“机电”，格式为 16×16，右半屏显示字符“A、B、C”，格式为 8×16。

2. 硬件连接

本任务的硬件连接如图 8-16 所示。

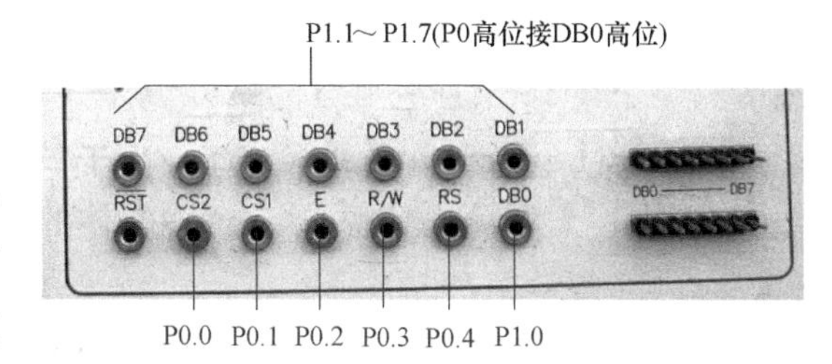

图 8-16　硬件连接

3. 程序代码示例

```
/* 利用 LCD12864 显示，可将初始化、清屏、忙检测、写命令、写数据等写成子函数，这些子函数是 LCD12864 的基础函数，供显示汉字和字符时调用 */
#include <reg52.h>
#define uint unsigned int
#define uchar unsigned char
sbit cs2 = P0^0;          //片选信号,控制右半屏,高电平有效
sbit cs1 = P0^1;          //片选信号,控制左半屏,高电平有效
sbit en = P0^2;           //读写使能信号,由高电平变为低电平的时候写入有效
sbit rw = P0^3;           /* 读写控制信号,为高电平时,从显示静态寄存器中读取数
                             据到数据总线上,为低电平时写数据到数据静态寄存器,
                             在写指令后列地址自动加 1 */
sbit rs = P0^4;           /* 寄存器与显示内存操作选择,高电平时对指令进行操作,
                             低电平时对数据进行操作 */
uchar code asc[] = {      /* 该数组为字符 A、B、C(8×16)的字模数据,每个字的字模
                             共 16 个字节 */
0xE0,0xF0,0x98,0x8C,0x98,0xF0,0xE0,0x00,0x0F,0x0F,0x00,0x00,0x00,0x0F,0x0F,0x00,/*A*/
0x04,0xFC,0xFC,0x44,0x44,0xFC,0xB8,0x00,0x08,0x0F,0x0F,0x08,0x08,0x0F,0x07,0x00,/*B*/
0xF0,0xF8,0x0C,0x04,0x04,0x0C,0x18,0x00,0x03,0x07,0x0C,0x08,0x08,0x0C,0x06,0x00,/*C*/
  };
  uchar code hz[] = {  //该数组为汉字“机电”(16×16)的字模数据,每个字的字模共 32 个字节
0x10,0x10,0xD0,0xFF,0x90,0x10,0x00,0xFC,0x04,0x04,0x04,0xFE,0x04,0x00,0x00,0x00,
0x04,0x03,0x00,0xFF,0x80,0x41,0x20,0x1F,0x00,0x00,0x00,0x3F,0x40,0x40,0x70,0x00,  //机
0x00,0xF8,0x48,0x48,0x48,0x48,0xFF,0x48,0x48,0x48,0x48,0xFC,0x08,0x00,0x00,0x00,
0x00,0x07,0x02,0x02,0x02,0x02,0x3F,0x42,0x42,0x42,0x42,0x47,0x40,0x70,0x00,0x00  //电
void busy_12864()         //LCD12864 的忙检测函数
{
    P1 = 0xff;
    rs = 0;rw = 1;        //置命令、读模式
    en = 1;               //en 为使能端子,高电平读出有效
```

```
    while(P1&0x80);  /*若P1&0x80=0,说明P1的最高位(即BF)变为0(注:BF
                       为0表示已准备好),就退出循环,可执行其他的函数,否
                       则程序停在这里等待。也可写成while(BF=1),不过这样
                       就要再用一个端口检测LCD12864的D7的值,即BF的
                       值*/
    en=0;
}
void write_com(uchar com) //用于"写指令"的函数,其他函数调用该函数时需用
{                         //具体的指令值代替"com"

    busy_12864();         //调用忙检测
    rs=0;rw=0;            //置命令,写模式
    P1=com;               //将指令的值赋给P1
    en=1;en=0;            //使能端,下降沿有效
}
void write_dat(uchar dat) //用于"写数据"的函数,其他函数调用该函数时用显示
{                         //字符或汉字的具体字模数据代替"dat"
    busy_12864();
    rs=1;rw=0;            //置数据,写模式
    P1=dat;               //将需显示的内容的字模数据赋给P1端口
    en=1;en=0;
}
void qp_lcd()             //清屏函数。清屏就是将原来屏上的显示内容清除掉
{
    uchar i,j;            //函数内定义两个局部变量(只在本函数内起作用)
    cs1=cs2=1;            //左右屏都选中
    for(i=0;i<8;i++)
{
    write_com(0xb8+i);    //写满0~7页
    write_com(0x40);      //从第0列开始写
    for(j=0;j<64;j++){write_dat(0);}//每一屏的0~63列都写0,这样实现清屏
  }
}
void init_12864()          //LCD12864的初始化函数
{
    write_com(0x3f);       //写入"开显示"指令
    write_com(0xc0);       //写入"第一行字符显示在屏的最上面"的指令
    qp_lcd();              //调用清屏函数
}                          /*以上的忙检测、写指令、写数据、清屏函数为基础函
```

```
                                    数,在液晶屏显示具体内容时需经常调用它们*/
58行void asc8(uchar d,uchar e,uchar dat)/*8×16点阵显示函数(常用于显示ASCII
                                    字符)。参数:d为页数,e为列数,dat
                                    为字模号数(即数组内第几个字,本书
                                    中都是从0开始编号的),这样,需显示
                                    其他字符时,只需调用该函数,函数的参
                                    数为需显示在第几页、第几列(我们可
                                    在0~127之间取值)、显示数组内的第
                                    几个字。注意看下面的示例*/
  {
  uchar i;
  61行 if(e<64){cs1=1;cs2=0;}      //若列数小于64,则选择左屏
  62行 else {cs1=0;cs2=1;e-=64;} /*否则选择右屏。e-=64即为e=e-64,
                                   其作用是:当e在64~127之间变化时,
                                   可使e的值限定在0~63的范围内。第
                                   61、62行,这是典型、简洁的选屏方法*/
  63行 write_com(0xb8+d);          //设置字符显示所在的页地址
  64行 write_com(0x40+e);          //设置字符显示所在的列地址(可在0~127
                                   之间取值
  65行for(i=0;i<8;i++)
  {
     67行write_dat(asc[i+16*dat]);        //写上面的那一页
  }
 69行write_com(0xb8+d+1);                 //页地址加1
 70行write_com(0x40+e);
 71行for(i=8;i<16;i++)
     {
 73行 write_dat(asc[i+16*dat]);           //写下面的那一页
  }
}
```

/*一个8×16的字符由上下两页构成。63行为确定字符上页的地址,第65行、67行为写上页的每一行,具体过程是:以当显示数组内第0个字(即A)为例,dat=0,67行为写上页的8个字节的数据;69行为显示"A"的下页(页地址增加1),73行写下页的8个字节数据(从8~15)。

关于i+16*dat的含义,以显示数组内第1个字符(B)为例,dat=1,在67行,i的值是0~7,所以i+16*dat的值就是16~23,对应的数组内的这8个元素正是显示B的上页的8个字节。在73行,i的值是8~15,所以i+16*dat的值就是24~31,对应的数组内的这8个元素正是显示B的下页的8个字节。下面16×16的显示函数的编程思想是一样的,该写法可当做一种固定的模式供参考使用*/

```
  void hz16(uchar d,uchar e,uchar dat)   /*16×16点阵显示,参数:d为页数,e
                                           为列数,dat为字模号数
  {
    uchar i;
    if(e<64){cs1=1;cs2=0;}
    else {cs1=0;cs2=1;e-=64;}
    write_com(0xb8+d);
    write_com(0x40+e);
81行 for(i=0;i<16;i++)                   //上页
    {
83行   write_dat(hz[i+32*dat]);          //写上页的16个字节
    }
    write_com(0xb8+d+1);                 //页地址加1,对应着下页
    write_com(0x40+e);
87行 for(i=16;i<32;i++)
    {
89行     write_dat(hz[i+32*dat);         //写下页的16个字节
    }
  }
```

/*81行、89行的i+32*dat解释:一个16×16汉字共有32个字节的字模。以显示数组hz内第0个字(机)为例,dat=0,81~83行为写上页的16个字节的数据字号(0~15);87~89行为显示"机"的下页的16个字节数据(16~31)。

再例如,当显示数组hz内第1个字符(电)为例,dat=1,在83行,i的值是0~15,所以i+32*dat的值就是32~47,对应的数组内的这8个元素正是显示"电"的上页的16个字节。在89行,i的值是16~31,所以i+32*dat的值就是48~53,对应的数组内的这8个元素正是显示"电"的下页的16个字节*/

```
  void main()
  {
92行 init_12864();      //调用12864的初始化函数
    hz16(2,24,0);       //从第2页的上端、第24列开始显示16×16汉字"机"
    hz16(2,40,1);       //从第2页的上端、第40列开始显示16×16汉字"电"
    asc8(1,88,0);       //从第1页的上端、第88列开始显示8×16ASCII"A"
    asc8(1,96,1);       //从第1页的上端、第96列开始显示8×16ASCII"B"
97行 asc8(3,88,2);       //从第3页的上端、第88列开始显示8×16ASCII"C"
    while(1);           //程序停在这里。也可以用while(1){},将92~97行放在{}内
  }
```

8.4　电子密码锁的实现

8.4.1　硬件连接及编程思路和技巧

1. 硬件连接

矩阵键盘与单片机的连接如图8-17所示。各键充当的功能以及接线都可灵活改变，但程序代码要和接线相吻合。LCD12864的D0～D7与单片机的P0口相连。其余的连接见程序代码中的声明。

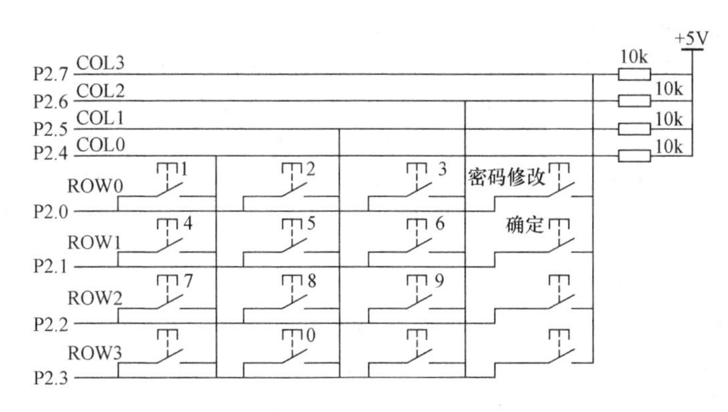

图8-17　矩阵键盘与单片机的连接

2. 编程思路与技巧

（1）对于这种过程比较复杂的项目，有若干个关键状态（关键时刻），有若干个子函数。这些关键状态可用一个变量取不同的值来表示，有利于在各子函数之间进行联系（做好出口和入口）。这是一个很重要的方法（或者技巧）。

（2）该项目，使用了两个数组分别存储原始密码和用户欲开锁时输入的密码，将数组的对应元素进行比较，就可以确定输入的密码是否正确。

8.4.2　程序代码示例及讲析

```
/*本项目主要是矩阵键盘和LCD12864的综合应用，特别是按键部分有一定的难度*/
  #include <reg52.h>
  #define uint unsigned int
  #define uchar unsigned char
  sbit cs2 = P1^0;          //LCD 12864 右半屏选择端
  sbit cs1 = P1^1;          //LCD 12864 左半屏选择端
  sbit en = P1^2;           //LCD 12864 使能端
  sbit rs = P1^3;           //LCD 12864 读写操作选择端
  sbit fmq = P1^4;          //蜂鸣器
  sbit jdq = P1^5;          //控制继电器的端子。输出低电平时继电器线圈得电
  sbit col0 = P2^4;         //矩阵键盘第一列
```

```
    sbit col1 = P2^5;         //矩阵键盘第二列
    sbit col2 = P2^6;         //矩阵键盘第三列
    sbit col3 = P2^7;         //矩阵键盘第四列
13行  uchar code hz[] = {     //相关汉字的字模。每一个字的字模有两行
0x20,0x22,0xEC,0x00,0x20,0x22,0xAA,0xAA,0xAA,0xBF,0xAA,0xAA,0xEB,0xA2,0x20,0x00,
0x00,0x00,0x7F,0x20,0x10,0x00,0xFF,0x0A,0x0A,0x0A,0x4A,0x8A,0x7F,0x00,0x00,0x00,/*请(第0个字)*/
0x88,0x68,0x1F,0xC8,0x0C,0x28,0x90,0xA8,0xA6,0xA1,0x26,0x28,0x10,0xB0,0x10,0x00,
0x09,0x09,0x05,0xFF,0x05,0x00,0xFF,0x0A,0x8A,0xFF,0x00,0x1F,0x80,0xFF,0x00,0x00,/* 输(第1个字)*/
0x00,0x00,0x00,0x00,0x00,0x01,0xE2,0x1C,0xE0,0x00,0x00,0x00,0x00,0x00,0x00,0x00,
0x80,0x40,0x20,0x10,0x0C,0x03,0x00,0x00,0x00,0x03,0x0C,0x30,0x40,0xC0,0x40,0x00,/* 入(第2个字)*/
0x10,0x4C,0x24,0x04,0xF4,0x84,0x4D,0x56,0x24,0x24,0x14,0x84,0x24,0x54,0x0C,0x00,
0x00,0x01,0xFD,0x41,0x40,0x41,0x41,0x7F,0x41,0x41,0x41,0x41,0xFC,0x00,0x00,0x00,/* 密(第3个字)*/
0x02,0x82,0xF2,0x4E,0x43,0xE2,0x42,0xFA,0x02,0x02,0x02,0xFF,0x02,0x80,0x00,0x00,
0x01,0x00,0x7F,0x20,0x20,0x7F,0x08,0x09,0x09,0x09,0x0D,0x49,0x81,0x7F,0x01,0x00,/*码(第4个字)*/
0x40,0x40,0x42,0xCC,0x00,0x40,0xA0,0x9F,0x81,0x81,0x81,0x9F,0xA0,0x20,0x20,0x00,
0x00,0x00,0x00,0x7F,0xA0,0x90,0x40,0x43,0x2C,0x10,0x28,0x26,0x41,0xC0,0x40,0x00,/*设(5)*/
0x00,0x10,0x17,0xD5,0x55,0x57,0x55,0x7D,0x55,0x57,0x55,0xD5,0x17,0x10,0x00,0x00,
0x40,0x40,0x40,0x7F,0x55,0x55,0x55,0x55,0x55,0x55,0x55,0x7F,0x40,0x60,0x40,0x00,/* 置(6)*/
0x00,0x00,0xF8,0x88,0x88,0x88,0x88,0x08,0x7F,0x88,0x0A,0x0C,0x08,0xC8,0x00,0x00,
0x40,0x20,0x1F,0x00,0x08,0x10,0x0F,0x40,0x20,0x13,0x1C,0x24,0x43,0x80,0xF0,0x00,/* 成(7)*/
0x08,0x08,0x08,0xF8,0x0C,0x28,0x20,0x20,0xFF,0x20,0x20,0x20,0x20,0xF0,0x20,0x00,
0x08,0x18,0x08,0x0F,0x84,0x44,0x20,0x1C,0x03,0x20,0x40,0x80,0x40,0x3F,0x00,0x00, /*功(8)*/
0x00,0x02,0x02,0xC2,0x02,0x02,0x02,0xFE,0x82,0x82,0x82,0xC2,0x83,0x02,0x00,0x00,
0x40,0x40,0x40,0x7F,0x40,0x40,0x40,0x7F,0x40,0x40,0x40,0x40,0x40,0x60,0x40,0x00,/* 正(9)*/
0x04,0x84,0xE4,0x9C,0x84,0xC6,0x24,0xF0,0x28,0x27,0xF4,0x2C,0x24,0xF0,0x20,0x00,
0x01,0x00,0x7F,0x20,0x20,0xBF,0x40,0x3F,0x09,0x09,0x7F,0x09,0x89,0xFF,0x00,0x00,/*确(10)*/
0x80,0x40,0x70,0xCF,0x48,0x48,0x48,0x48,0x7F,0x48,0x48,0x7F,0xC8,0x68,0x40,0x00,
0x00,0x02,0x02,0x7F,0x22,0x12,0x00,0xFF,0x49,0x49,0x49,0x49,0xFF,0x01,0x00,0x00,/*错(11)*/
0x40,0x42,0xC4,0x0C,0x00,0x40,0x5E,0x52,0x52,0xD2,0x52,0x52,0x5F,0x42,0x00,0x00,
0x00,0x00,0x7F,0x20,0x12,0x82,0x42,0x22,0x1A,0x07,0x1A,0x22,0x42,0xC3,0x42,0x00,/*误(12)*/
0x00,0x08,0x30,0x00,0xFF,0x20,0x20,0x20,0x20,0xFF,0x20,0x22,0x24,0x30,0x20,0x00,
0x08,0x0C,0x02,0x01,0xFF,0x40,0x20,0x1C,0x03,0x00,0x03,0x0C,0x30,0x60,0x20,0x00,/*状(13)*/
0x04,0x04,0x84,0x84,0x44,0x24,0x54,0x8F,0x14,0x24,0x44,0x44,0x84,0x86,0x84,0x00,
0x01,0x21,0x1C,0x00,0x3C,0x40,0x42,0x4C,0x40,0x40,0x70,0x04,0x08,0x31,0x00,0x00,/*态(14)*/
0x00,0x40,0x42,0x42,0x42,0x42,0xFE,0x42,0xC2,0x42,0x43,0x42,0x60,0x40,0x00,0x00,
0x00,0x80,0x40,0x20,0x18,0x06,0x01,0x00,0x3F,0x40,0x40,0x40,0x40,0x40,0x70,0x00,/*无(15)*/
0x10,0x10,0x10,0xFF,0x90,0xF0,0xA0,0xAE,0xEA,0x0A,0xEA,0xAF,0xA2,0xF0,0x20,0x00,
0x02,0x42,0x81,0x7F,0x04,0x44,0x24,0x14,0x0C,0xFF,0x0C,0x14,0x24,0x66,0x24,0x00,/*操(16)*/
0x80,0x40,0x20,0xF8,0x87,0x40,0x30,0x0F,0xF8,0x88,0x88,0xC8,0x88,0x0C,0x08,0x00,
0x00,0x00,0x00,0xFF,0x00,0x00,0x00,0x00,0xFF,0x08,0x08,0x08,0x0C,0x08,0x00,0x00,/*作(17)*/
0x40,0x20,0xF8,0x07,0xF0,0xA0,0x90,0x4F,0x54,0x24,0xD4,0x4C,0x84,0x80,0x80,0x00,
0x00,0x00,0xFF,0x00,0x0F,0x80,0x92,0x52,0x49,0x25,0x24,0x12,0x08,0x00,0x00,0x00,/*修(18)*/
0x04,0xC4,0x44,0x44,0x44,0xFE,0x44,0x20,0xDF,0x10,0x10,0x10,0xF0,0x18,0x10,0x00,
0x00,0x7F,0x20,0x20,0x10,0x90,0x80,0x40,0x21,0x16,0x08,0x16,0x61,0xC0,0x40,0x00,/*改(19)*/
0x10,0x4C,0x24,0x04,0xF4,0x84,0x4D,0x56,0x24,0x24,0x14,0x84,0x24,0x54,0x0C,0x00,
```

```
0x00,0x01,0xFD,0x41,0x40,0x41,0x41,0x7F,0x41,0x41,0x41,0x41,0xFC,0x00,0x00,0x00,/*密(20)*/
0x02,0x82,0xF2,0x4E,0x43,0xE2,0x42,0xFA,0x02,0x02,0x02,0xFF,0x02,0x80,0x00,0x00,
0x01,0x00,0x7F,0x20,0x20,0x7F,0x08,0x09,0x09,0x09,0x0D,0x49,0x81,0x7F,0x01,0x00,/*码(21)*/
0x40,0x44,0x54,0x65,0xC6,0x64,0xD6,0x44,0x40,0xFC,0x44,0x42,0xC3,0x62,0x40,0x00,
0x20,0x11,0x49,0x81,0x7F,0x01,0x05,0x29,0x18,0x07,0x00,0x00,0xFF,0x00,0x00,0x00,/*新(22)*/
0x00,0x00,0xFE,0x00,0x00,0x00,0xFC,0x84,0x84,0x84,0x84,0x84,0x84,0xFE,0x04,0x00,
0x00,0x00,0xFF,0x00,0x00,0x00,0x7F,0x20,0x20,0x20,0x20,0x20,0x20,0x7F,0x00,0x00  /*旧(23)*/
     };
     uchar code asc[]={       //相关ASCII码字符的字模
     0xF8,0xFC,0x04,0xC4,0x24,0xFC,0xF8,0x00,0x07,0x0F,0x09,0x08,0x08,0x0F,0x07,0x00,/*0*/
     0x00,0x10,0x18,0xFC,0xFC,0x00,0x00,0x00,0x00,0x08,0x08,0x0F,0x0F,0x08,0x08,0x00,/*1*/
66行 0x08,0x0C,0x84,0xC4,0x64,0x3C,0x18,0x00,0x0E,0x0F,0x09,0x08,0x08,0x0C,0x0C,0x00,/*2*/
67行 0x08,0x0C,0x44,0x44,0x44,0xFC,0xB8,0x00,0x04,0x0C,0x08,0x08,0x08,0x0F,0x07,0x00,/*3*/
     0xC0,0xE0,0xB0,0x98,0xFC,0xFC,0x80,0x00,0x00,0x00,0x00,0x08,0x0F,0x0F,0x08,0x00,/*4*/
     0x7C,0x7C,0x44,0x44,0xC4,0xC4,0x84,0x00,0x04,0x0C,0x08,0x08,0x08,0x0F,0x07,0x00,/*5*/
     0xF0,0xF8,0x4C,0x44,0x44,0xC0,0x80,0x00,0x07,0x0F,0x08,0x08,0x08,0x0F,0x07,0x00,/*6*/
     0x0C,0x0C,0x04,0x84,0xC4,0x7C,0x3C,0x00,0x00,0x00,0x0F,0x0F,0x00,0x00,0x00,0x00,/*7*/
     0xB8,0xFC,0x44,0x44,0x44,0xFC,0xB8,0x00,0x07,0x0F,0x08,0x08,0x08,0x0F,0x07,0x00,/*8*/
     0x38,0x7C,0x44,0x44,0x44,0xFC,0xF8,0x00,0x00,0x08,0x08,0x08,0x0C,0x07,0x03,0x00,/*9*/
     0x00,0x00,0x00,0x30,0x30,0x00,0x00,0x00,0x00,0x00,0x00,0x06,0x06,0x00,0x00,0x00,/*:*/
     0x80,0xA0,0xE0,0xC0,0xC0,0xE0,0xA0,0x80,0x00,0x02,0x03,0x01,0x01,0x03,0x02,0x00  /*-*/
     };
77行 uchar mima[]={11,11,11,11,11,11};//这个数组用来保存设置的密码
78行 uchar mm[]={11,11,11,11,11,11};  //这个数组用来记录输入的密码
79行 uchar v=11,abc,n,x,num,ysgs,t;   /*①v为矩阵键盘按键按下产生的键值,没
                                        有键按下时(初始值)等于11;②变量
                                        abc用于判断是否有数字键被按下,每按
                                        下一次数字键,这个值就会自加一次;
                                        ③n是用来表示工作过程的步骤;④ x
                                        是在修改密码的时候,x=1的时候是输
                                        入旧密码,x=2的时候输入新密码,首先
                                        是输入旧密码,然后才是输入新密码;
                                        ⑤num是定时器中用于自加进行计时的
                                        一个变量;⑥ysgs这个变量是用作在输
                                        入正确密码之后,如果长时间没有操作,
                                        就会自动关门;⑦ t1、t2为继电器线圈得
                                        电10s(模拟开门)计时变量 */
   bit xg,qr;     /*这三个bit型的变量默认值为0。在按键中使用的,按下修改密码
                    键,xg就会等于1,按下确认键,qr就会等于1*/
   void delay(uint z)//延时函数
   {
     uint x,y;
```

```
  for(x=z;x>0;x--)
    for(y=110;y>0;y--);
}
void write_com(uchar com)              //LCD12864写指令函数
{
  rs=0;P0=com;en=1;en=0;
}
void write_dat(uchar com)              //LCD12864写数据函数
{
  rs=1;P0=com;en=1;en=0;
}
void qp_lcd()                          //LCD12864清屏
{
    uchar i,j;cs1=cs2=1;
    for(i=0;i<8;i++)
    {
        write_com(0xb8+i);write_com(0x40);
        for(j=0;j<64;j++){write_dat(0);}
    }
  }
102行 void init_lcd()                     //LCD12864的初始化(开启显示)
{
    write_com(0x3f);write_com(0xc0);qp_lcd();
}
void hz16(uchar y,uchar l,uchar dat)   /*LCD12864 16×16汉字显示函数。
                                         参数为:y表示页,l表示列,dat表
                                         示数字数组里的第几个字*/
{
    uchar i;
    if(l<64){cs1=1;cs2=0;}
    else{cs1=0;cs2=1;l-=64;}
    write_com(0xb8+y);write_com(0x40+l);
    for(i=0;i<16;i++)
    {
        write_dat(hz[i+32*dat]);
    }
    write_com(0xb8+y+1);write_com(0x40+l);
    for(i=16;i<32;i++)
    {
```

```
        write_dat(hz[i+32*dat]);
    }
}
void asc8(uchar y,l,dat)  //LCD12864 显示 8x16ASCII 码显示函数
{
    uchar i;
    if(l<64){cs1=1;cs2=0;}
    else {cs1=0;cs2=1;l-=64;}
    write_com(0xb8+y);write_com(0x40+l);
    for(i=0;i<8;i++)
    {
        write_dat(asc[i+16*dat]);
    }
    write_com(0xb8+y+1);write_com(0x40+l);
    for(i=8;i<16;i++)
    {
        write_dat(asc[i+16*dat]);
    }
    }
    void init()
    {
      TMOD=0X01;                      //设置定时器 T0 工作方式为方式一
146 行 TH0=(65536-45872)/256;       //给 T0 装入 50ms 产生一次中断的初值
      TL0=(65536-45872)%256;        //给 T0 装入 50ms 产生一次中断的初值
      TH1=(65536-45872)/256;        //给 T1 装入 50ms 产生一次中断的初值
      TL1=(65536-45872)%256;
      EA=ET0=ET1=1;                 //开启总中断,开启定时器 T0、T1 中断
      fmq=0;                        //关掉蜂鸣器
      init_lcd();                   //LCD12864 的初始化(开显示)
}
void jzjp()                         //矩阵键盘扫描函数
{
    P2=0xf0;                        /*给矩阵键盘 4 行全部赋低电平也就是
                                      11110000(P2 口低四位是接的矩阵键盘
                                      的 4 行)*/
    if((P2&0xf0)!=0xf0)             //判断是否有按键被按下,若有则执行以下语句
    {
        delay(10);                  //延时消抖
        if((P2&0xf0)!=0xf0)//再次判断是否有键被按下,若有则执行以下的语句
```

```
{
  P2 =0xf0;P2 =0xfe;  //oxfe 即 1111 1110 扫描第1行是否有按键被按下
  if(col0 = =0&&abc < =6){v =1;abc ++;}/*若第1行第1列为低电
                                          平,则按键的键值为1,
                                          由于按下的是数字键,
                                          所以abc的值也会自加
                                          1。只有当abc小于7
                                          (也就是数字键在被第7
                                          次按下以后)就不响应
                                          数字键了*/
  if(col1 = =0&&abc < =6){v =2;abc ++;}  /*若第1行第2列为低电
                                          平,则按键的键值为2,
                                          所以abc的值也会自加
                                          1,下同*/
  if(col2 = =0&&abc < =6){v =3;abc ++;}
164行
  if(col3 = =0){xg =1;}/*若第1行的第3列为低电平,则"修改"键被按
                           下(xg =1为"修改"键按下的状态标志),不是
                           数字键,abc不自加*/
  P2 =0xf0;P2 =0xfd;     //oxfd 即 11111101,扫描第2行是否有键被按下
  if(col0 = =0&&abc < =6){v =4;abc ++;}  /*若第2行第1列为低电
                                          平,则按键的键值就是
                                          4,并且按下的数字键,
                                          所以abc的值自加1*/
  if(col1 = =0&&abc < =6){v =5;abc ++;}  //键值为5,abc自加1
  if(col2 = =0&&abc < =6){v =6;abc ++;}  //键值为6
169行
  if(col3 = =0){qr =1;}/*若第2行第3列为低电平,则"确认"键被按下
                          (qr =1为确认键按下的状态标志),不是数字
                          键,所以abc的值不自加*/
  P2 =0xf0;P2 =0xfb;             //扫描第3行是否有按键被按下
  if(col0 = =0&&abc < =6){v =7;abc ++;}//键值为7, abc的值自加1
  if(col1 = =0&&abc < =6){v =8;abc ++;}//键值为8,abc的值自加1
  if(col2 = =0&&abc < =6){v =9;abc ++;}//键值为9,abc的值自加1
  if(col3 = =0&&n =3){ abc =0; qr =0; xg =0; x =0; n =2;
  mm[0] =mm[1] =mm[2] =mm[3] =mm[4] =mm[5] =11;qp_lcd();}
  /*n =3即步骤3(见327行和347行),也就是修改原始密码的过程。在该过
    程若第3行第3列为低电平,则是返回键按下,返回n =2即输入密码开锁
    的状态(输入的数字不被保存,即数组各元素还原为初值11)。返回键用
    于在修改密码过程,输入原始密码错误后,若不想开锁了,可按返回键返
```

```
          回*/
        P2 =0xf0;P2 =0xf7;            //扫描第4行是否有按键被按下
        if(col1 = =0&&abc < =6){v =0;abc ++;}/*若第4行的第2列为低电
                                                   平,键值为0,abc自加1*/
        P2 =0xf0;       //这里最后写一句就是为了方便下一行的按键释放判断
      }
      while((P2&0xf0)! =0xf0);          //判断按键是否释放
  }
}
/*各个汉字在数组的编号为:请——0;输——1;入——2;密——3;码——4;设——
  5;置——6;成——7;功——8;正——9;确——10;错——11;误——12;状——13;态——
  14;无——15;操——16;作——17;修——18;改——19;密——20;码——21;新——
  22;旧——23 。调用时,注意编号不要搞错*/
181行 void xs_qszmm()          //显示"请设置密码:"的子函数
{
  hz16(0,0,0);                //显示"请"
  hz16(0,16,5);               //显示"设"
  hz16(0,32,6);               //显示"置"
  hz16(0,48,3);               //显示"密"
  hz16(0,64,4);               //显示"码"
  asc8(0,80,10);              //显示":"
  /*以下是判断是否按下数字键,如果按下一个数字键,数组mm[](用于记录输入的密
    码)中就会相应的存入一个数字,此时在液晶屏上显示一个"*"号,而不能把输入
    的键值显示出来*/
  if(mm[0]! =11){asc8(2,8,11);}
  if(mm[1]! =11){asc8(2,24,11);}
  if(mm[2]! =11){asc8(2,40,11);}
  if(mm[3]! =11){asc8(2,56,11);}
  if(mm[4]! =11){asc8(2,72,11);}
  if(mm[5]! =11){asc8(2,88,11);}        //显示" - "
}
void xs_mmszcg()                          //显示"密码设置成功"的子函数
{
  hz16(2,16,3);hz16(2,32,4);
  hz16(2,48,5);hz16(2,64,6);
  hz16(2,80,7);hz16(2,96,8);
}
void xs_qsrmm()                           //显示"请输入密码:"的子函数
{
```

```
  hz16(0,0,0);
  hz16(0,16,1);
  hz16(0,32,2);
  hz16(0,48,3);
  hz16(0,64,4);
  asc8(0,80,10);
  if(mm[0]!=11){asc8(2,8,11);}//当有密码的数字输入时,在液晶屏显示"*"
  if(mm[1]!=11){asc8(2,24,11);}
  if(mm[2]!=11){asc8(2,40,11);}
  if(mm[3]!=11){asc8(2,56,11);}
  if(mm[4]!=11){asc8(2,72,11);}
  if(mm[5]!=11){asc8(2,88,11);}
}
void xs_mmzq()        //显示"密码输入正确"
{
  hz16(2,32,3);
220行 hz16(2,48,4);
  hz16(2,64,9);
  hz16(2,80,10);
}
void xs_mmcw()        //显示"密码输入错误"
{
  hz16(2,32,3);
  hz16(2,48,4);
  hz16(2,64,11);
  hz16(2,80,12);
}
void xs_zt()        //显示在密码输入正确之后的相关状态的子函数
{
  hz16(0,0,13);        //显示"状"
  hz16(0,16,14);       //显示"态"
  asc8(0,32,10);       //显示":"
  if(xg==0)     /* xg=0为修改键未被按下(详见164行),就显示"无操作"*/
  {
    hz16(0,48,15);       //显示"无"
    hz16(0,64,16);       //显示"操"
    hz16(0,80,17);       //显示"作"
  }
  else if(xg==1)//否则(如果按下密码修改键即xg=1)就显示"修改密码请输入"
```

```
    {
      hz16(0,48,18);        //修
      hz16(0,64,19);        //改
      hz16(0,80,20);        //密
      hz16(0,96,21);        //码
      hz16(2,0,0);          //请
      hz16(2,16,1);         //输
      hz16(2,32,2);         //入
      if(x = =1){hz16(2,48,23);}  /*"x =1"为在修改原始密码时需要首先输入原
                                    始密码的标志(详见 328 行)。若 x =1,则在
                                    该位置显示"旧"*/
      if(x = =2){hz16(2,48,22);}  /*"x =2"为在修改原始密码时输入原始密码 正确
                                    后请输入新密码的标志,若 x =2,则在该位置显
                                    示"新"
      hz16(2,64,3);          //密
      hz16(2,80,4);          //码
      asc8(2,96,10);         //显示":"
      if(mm[0]! =11){asc8(4,8,11);}     //显示输入密码的第 1 位
      if(mm[1]! =11){asc8(4,24,11);}    //显示输入密码的第 2 位
      if(mm[2]! =11){asc8(4,40,11);}    //显示输入密码的第 3 位
      if(mm[3]! =11){asc8(4,56,11);}    //显示输入密码的第 4 位
      if(mm[4]! =11){asc8(4,72,11);}    //显示输入密码的第 5 位
      if(mm[5]! =11){asc8(4,88,11);}    //显示输入密码的第 6 位
    }
  }
264 行 void work()          //对按键键值的处理函数
  {
    uchar i;               //定义一个 uchar 型局部变量 i;
    if(n = =0)             //n 为表示执行步骤的标志变量,初值为 0。每 1 个值对应着一个
    {                      //步骤,n =0 为步骤 0
        jzjp();            //调用矩阵键盘扫描函数
        xs_qszmm();        //调用显示"请设置密码:"子函数
271 行  if(qr = =1)        //"qr =1"为"确认"键被按下的状态标志,详见 169 行
        {
            qr =0;         //然后就把标志 qr 清 0,以便能检测到再一次按下"确认"键
274 行      n =1;          //是执行步骤 1(入口在 278 行)的条件
275 行      v =11;       /*这里的 11 表示没有键按下(也可以用其他的不等于键值的数),
                           这一行的作用是:在按"确认"键之前若有其他数字键按下,在这
                           里键值均变为 11,即为无效*/
```

```
        }
        }
```

/*271~275行:确认键被按下的作用是产生了“n=1;”,这是持续执行其他语句的条件(入口),“qr=0; v=11”是变量的清0(还原)*/

```
278行  if(n==1)           //如果n=1则执行{}内语句,实施步骤1(设置原始密码)
       {                  //n=1的来源见274行
          jzjp();         //再调用矩阵键盘扫描函数
          xs_qszmm();     //显示“请设置密码”
```

/*下面判断是否有数字键被按下(若按下了数字键,abc的值就会自加,就不会为0)*/

```
          if(abc==1&&v!=11){mm[0]=v;v=11;}/*若第1次数字键被按下且键
                                            值不等于11,则将按键的值
                                            赋给mm[0](存储在mm
                                            [0]),然后,再将11赋给v,
                                            为检测第2个键做准备
   if(abc==2&&v!=11){mm[1]=v;v=11;}  /*若第2次数字键被按下且按键的值
                                       不等于11,则将按键的值赋给mm
                                       [1],然后再把11赋给v,下同*/
          if(abc==3&&v!=11){mm[2]=v;v=11;}
          if(abc==4&&v!=11){mm[3]=v;v=11;}
          if(abc==5&&v!=11){mm[4]=v;v=11;}
          if(abc==6&&v!=11){mm[5]=v;v=11;}  //第6次数字键按下(密码
                                               输入完毕)
          if(qr==1&&mm[5]!=11)       //“mm[5]!=1”表示已输入了6位数字
          {
             qp_lcd();          //清屏
             for(i=0;i<6;i++){mima[i]=mm[i];}  /*用for循环把刚才输
                                                 入的6个数字的值
                                                 转存在mima[]这个
                                                 数组中,作为设置的
                                                 原始密码。该数组
                                                 用于以后验证输入
                                                 的密码是否正确*/
             fmq=1;  //开蜂鸣器
             for(i=0;i<250;i++){xs_mmszcg();}/*显示“密码输入正确”,
                                               并起延时作用*/
             fmq=0;  //关闭蜂鸣器。蜂鸣器鸣响一声表示设置密码成功
             abc=0;  /*把记录数字按键按下次数的值清0,以能再次响应矩阵按
                        键的按下,因为在矩阵键盘扫描函数中当abc>7以后就
                        不能响应数字键了*/
```

```
                qr =0;  //把确认键按下的状态标志清 0,以能下一次使用确认键标志
298 行          n =2;    //是执行步骤 2(入口在 303 行)的条件(之前 n =1)
                mm[0] =mm[1] =mm[2] =mm[3] =mm[4] =mm[5] =11;/* 把输入数字
                                                                的数组还原
                                                                为 11,以再
                                                                一次接收密
                                                                码(数字键)
                                                                的输入 */
                qp_lcd();                 //清屏
            }
        }                                 //设置原始密码到此结束
303 行  if(n = =2)  //如果 n =2 则执行{}内语句,实施步骤 2(为输入密码欲开锁的部分)
        {          //n =2 的来源见 298 行
            xs_qsrmm();     //到这里就显示输入密码
            jzjp();         //调用矩阵键盘
            /* 这里输入密码的方法和上面的是一样的 */
            if(abc = =1&&v! =11){mm[0] =v;v =11;}
            if(abc = =2&&v! =11){mm[1] =v;v =11;}
            if(abc = =3&&v! =11){mm[2] =v;v =11;}
            if(abc = =4&&v! =11){mm[3] =v;v =11;}
            if(abc = =5&&v! =11){mm[4] =v;v =11;}
            if(abc = =6&&v! =11){mm[5] =v;v =11;}
            if(qr = =1&&mm[5]! =11)  //如果按到第 6 个数字之后并且按下确认键
            {
316 行          if(mm[0] = =mima[0]&&mm[1] = =mima[1]&&mm[2] = =mima[2]
                &&mm[3] = =mima[3]&&mm[4] = =mima[4]&&mm[5] = =mima[5])
                                  /* 这一句是判断输入密码与设置的密码是否相符
                                     合,若符合则执行下面{}内的语句,进行开锁等
                                     处理 */
                {
                    qp_lcd();     //清屏
                    jdq =0;       //继电器线圈得电、吸合,模拟开门
                    TR1 =1;       //启动 T1 计时,为继电器线圈吸合 10s 开始计时
                    fmq =1;       //蜂鸣器响
                    for(i =0;i <50;i ++){xs_mmzq();}//延时并显示“密码正确”
                    fmq =0;     //关掉蜂鸣器
```

```
                  for(i=0;i<200;i++){xs_mmzq();}//延时并显示密码正确
                  abc=0;  //把记录按下按键次数的变量清0
                  mm[0]=mm[1]=mm[2]=mm[3]=mm[4]=mm[5]=11;/*存储输入密
                                                          码的数组还
                                                          原,以便下
                                                          一次接收
                                                          输入的密
                                                          码*/
                  qr=0;        //“确认”键按下的标志变量清0
                  qp_lcd();    //清屏
327行             n=3;         //为步骤3(入口为347行)的状态标志
328行             x=1;         //为修改密码时需输入原始密码的状态标志
              }
              else             //否则(如果密码输入错误)
              {
                  qp_lcd();    //清屏
                  fmq=1;       //开蜂鸣器
                  for(i=0;i<83;i++){xs_mmcw();}/*83次调用“密码错
                                                 误”显示函数做短暂
                                                 延时*/
                  fmq=0;                        //关蜂鸣器
                  for(i=0;i<83;i++){xs_mmcw();}
                  fmq=1;                        //开
                  for(i=0;i<83;i++){xs_mmcw();} //延时响一段时间
                  fmq=0;        //关蜂鸣器。蜂鸣器鸣响两次,提示密码错误
                  abc=0;        //把变量清0
                  mm[0]=mm[1]=mm[2]=mm[3]=mm[4]=mm[5]=11; //数组还原
                  qr=0;         //“确认”键按下的标志清0
                  qp_lcd();     //清屏
   /*若密码与原始密码不符,则316~327行之间的语句不会被执行,n仍为2,所以程序在
     下一次循环中,仍进入步骤2,不会进入步骤3。只有输入的密码与原始密码相符,开
     锁后,才能进入步骤3 */
              }
          }
      }
347行  if(n==3)            //实施步骤3(修改原先设置的密码部分。注:需首先输入原密码,
348行  {                   //正确后,才能进行新密码的设置),n=3的来源见327行
          xs_zt(); //显示状态
```

```
    jzjp();   //矩阵键盘
    TR0 =1;    /*开启定时器T0,为无操作持续1min就自动返回步骤2开始计时*/
    if(xg = =1)          //如果按下“修改”密码键
    {
      TR0 =0;//在修改密码的状态,不需要定时器进行1min倒计时,关闭T0
      ysgs =0;        //定时器T0的计时变量清0
      qp_lcd();
      if(x = =1)     // 以下进入原始密码输入状态
      {
      jzjp();
      if(abc = =1&&v! =11){mm[0] =v;v =11;}
      if(abc = =2&&v! =11){mm[1] =v;v =11;}
      if(abc = =3&&v! =11){mm[2] =v;v =11;}
      if(abc = =4&&v! =11){mm[3] =v;v =11;}
      if(abc = =5&&v! =11){mm[4] =v;v =11;}
      if(abc = =6&&v! =11){mm[5] =v;v =11;}
      if(qr = =1&&mm[5]! =11)      //如果输入6位数字且按下确认键后
      {
   if(mm[0] = =mima[0]&&mm[1] = =mima[1]&&mm[2] = =mima[2]&&mm
[3] = =mima[3]&&mm[4] = =mima[4]&&mm[5] = =mima[5])//判断输入的原始密码是
                                                      否正确
371行                {
                          abc =0;                     //记录次数的变量清0
                          mm[0] =mm[1] =mm[2] =mm[3] =mm[4] =mm[5] =11;
                                                      //数组清11
                          qr =0;                      //确认键清0
                          v =11;        //把按键的键值还原为11
                          x =2;         //为“输入新密码的地方”的状态标志
377行                     qp_lcd();  //清屏
                     }
                     else  //如果在输入原始密码的时候输入错误,则371
                     {       // ~377行不会被执行,n仍为3,x仍为1
                        abc =0;
                        mm[0] =mm[1] =mm[2] =mm[3] =mm[4] =mm[5] =11;//数组清11
                        qr =0;
                        v =11;
                        qp_lcd();//清屏
                     }
      }
```

```
        }

        if(x==2)          //输入欲设置的新密码
        {
          jzjp();
          if(abc==1&&v!=11){mm[0]=v;v=11;}
          if(abc==2&&v!=11){mm[1]=v;v=11;}
          if(abc==3&&v!=11){mm[2]=v;v=11;}
          if(abc==4&&v!=11){mm[3]=v;v=11;}
          if(abc==5&&v!=11){mm[4]=v;v=11;}
          if(abc==6&&v!=11){mm[5]=v;v=11;}
          if(qr==1&&mm[5]!=11)  //输入6位数字后,设置的新密码生效
          {
              qp_lcd(); //清屏
            for(i=0;i<6;i++){mima[i]=mm[i];}  /*把输入的数字转存到
                                                 mima 这个数组中
              fmq=1;      //蜂鸣器响(其实密码修改成功)
              for(i=0;i<250;i++){xs_mmszcg();}     //延时
               fmq=0;     //关掉蜂鸣器
               abc=0;     //数字键按下的次数清0
               qr=0;      //确认键清0
               xg=0;      //修改键清0
               x=0;       //输入旧密码和新密码的标志 x 清0
               n=2;       //跳转到输入密码的地方(步骤2)
               mm[0]=mm[1]=mm[2]=mm[3]=mm[4]=mm[5]=11;
               qp_lcd();              }
          }
      }
   }
}
void main()
{
  init();
  while(1)
  {
     work();
  }
}
void time() interrupt 1
```

```
{
  TH0 = (65536-45872)/256;       //50ms产生1次中断的初值
  TL0 = (65536-45872)%256;
  if(xg = =0){num ++;}           //修改键未按下,如果无操作,就开始计时
  if(num = =20)                  //1s
  {
    num =0;
    ysgs ++;                     //1s加一次
    if(ysgs = =60&&xg = =0)      //加到60s
    {
        ysgs =0;
        n =2;                    //返回到请输入密码(步骤2)
        TR0 =0;
        qp_lcd();
    }
  }
}
void time() interrupt 3
{
    TH1 = (65536-45872)/256;     //50ms产生1次中断的初值
    TL1 = (65536-45872)%256;
    t ++;
            if(t = =200)     //10s时间到(见程序尾的定时器T1中断函数)
            {
                TR1 =0;jdq =1;  //T1停止,继电器线圈失电,自动关上门
            }
  }
```

8.5 拓展

8.5.1 LCD12864的跨屏显示

（1）任务书：将“机电”、“A”显示在图8-18所示的LCD12864的字符位置。

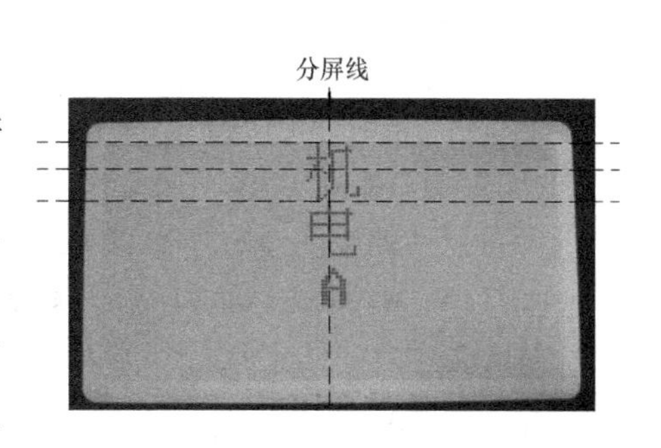

图8-18 LCD12864的跨屏显示

（2）分析：以16×16的“机”的跨屏显示为例，它分为4个部分，在左屏分布在第0页和第1页的第56~63列，在右屏分布在第0页和第1页的第0~7列。所以编程时可分为4个部分进行显示。我们用取模软件取出来的各字节的排列顺序

是：左屏第0页的56~63列、右屏第0页的0~7列、左屏第1页的56~63列、右屏第1页的0~7列。我们在调取字模时要注意这个排列顺序。我们现在按首先写左屏的两页、再写右屏的两页的方式来编程*/

(3) 程序代码示例：

```
#include <reg52.h>
#define uint unsigned int
#define uchar unsigned char
sbit cs2 = P2^0; //  片选信号,控制右半屏,高电平有效
sbit cs1 = P2^1; //  片选信号,控制左半屏,高电平有效
sbit en = P2^2;  //  读写使能信号,由高电平变为低电平的时候信号锁存
sbit rw = P2^3;  /*读写控制信号,为高电平时,从显示静态寄存器中读取数据到数
                   据总线上,为低电平时写数据到数据静态寄存器,在写指令后列
                   地址自动加1*/
sbit rs = P2^4; //高电平时对指令进行操作,低电平时对数据进行操作
uchar code hz[] = {  //字模数据各字节的排列顺序决定显示函数里调用字模的顺序,详见7.3.6
0x10,0x10,0xD0,0xFF,0x90,0x10,0x00,0xFC,0x04,0x04,0x04,0xFE,0x04,0x00,0x00,0x00,
0x04,0x03,0x00,0xFF,0x80,0x41,0x20,0x1F,0x00,0x00,0x00,0x3F,0x40,0x40,0x70,0x00,/*机 */
0x00,0xF8,0x48,0x48,0x48,0x48,0xFF,0x48,0x48,0x48,0x48,0xFC,0x08,0x00,0x00,0x00,
0x00,0x07,0x02,0x02,0x02,0x02,0x3F,0x42,0x42,0x42,0x42,0x47,0x40,0x70,0x00,0x00  /*电 */
};
uchar code asc[] = {
0xE0,0xF0,0x98,0x8C,0x98,0xF0,0xE0,0x00,
0x0F,0x0F,0x00,0x00,0x00,0x0F,0x0F,0x00};                    // A
/*LCD12864的忙检测、写命令、写数据等基础函数在前面已介绍,这里略去*/
void hz16(uchar d,uchar e,uchar dat)        /*16×16点阵显示。参数:d为页,e
为列数,dat为字模号数。本项目中只有两个字,对应的dat的值为0、1*/
{
    uchar i,a;
    for(a =0;a <4;a ++)       /*16×16汉字分成4部分写的,所以就要循环4次*/
    {
      if(a = =0 ||a = =1)
      {
         cs1 =1;cs2 =0;          //选择左屏
         if(a = =0){write_com(0xb8 +d);}      //如果a=0,就写到上页
         if(a = =1){write_com(0xb8 +d +1);}  //如果a=1,就写到下页
         write_com(0x40 +e); //不管写到上页还是下页,起始列都是相同的
         for(i =0;i <8;i ++)   //写一页共有8个字节
         {
          if(a = =0){write_dat(hz[i +32 * dat]);}/*写左屏上页的8个字节。
```

```
                                                          例如,对于“机”来说,
                                                          dat =0,就是数组内的第
                                                          0~7个元素*/
            if(a==1){write_dat(hz[i+32*dat+16]);} /*写左屏的下页,例
                                                          如,对于“机”来
                                                          说,调用的就是数
                                                          组内的第16~23
                                                          个元素)*/
        }
    }
  }
    if(a==2||a==3)
    {
      cs1=0;cs2=1;                          //选择右屏
      if(a==2){write_com(0xb8+d);}          //写上页
      if(a==3){write_com(0xb8+d+1);}        //写下页
      write_com(0x40);  //这里它们的起始列是相同的,都是64
      for(i=0;i<8;i++)
      {
        if(a==2){write_dat(hz[i+32*dat+8]);}  /*写右屏的上页,例
                                                          如,对于“机”来
                                                          说,就是调用数组
                                                          中的8~15个元
                                                          素*/
        if(a==3){write_dat(hz[i+32*dat+24]);}  /*写右屏的下页,
                                                          例如,对于“机”
                                                          来说,就是调用
                                                          数组中的24~
                                                          31个元素*/
      }
    }
  }
void main()
{
    init_12864();
    hz16(0,56,0);     //显示“机”
    hz16(2,56,1);     //显示“电”
    while(1);
}
```

8.5.2 带字库的LCD12864的显示编程

1. 带字库的LCD12864简介

带字库的LCD12864与不带字库的LCD12864的不同之处主要是：带字库的液晶不需取模，但显示的内容和格式是固定的，可选择串行或并行传送数据的方式，价格相对较高。而不带字库的液晶需要取模，程序的容量大一些，但显示内容和格式可随意，只能并行传送数据。

带字库的LCD12864有多种型号，其引脚功能和使用方法基本相同，内置8192个16×16点汉字，和128个16×8点ASCII字符集。

带字库液晶（FYD12864-0402B）的引脚功能见表8-3。

表8-3 带字库液晶的引脚功能

引脚号	引脚名称	电平	引脚功能描述
1	VSS	0V	电源地
2	VDD	3.0+5V	电源正
3	V0	—	对比度（亮度）调整
4	RS（CS）	H/L	RS=“H”，表示DB7~DB0为显示数据；RS=“L”，表示DB7~DB0为显示指令数据（串片选）
5	R/W（SID）	H/L	R/W=“H”，E=“H”，数据被读到DB7~DB0；R/W=“L”，E=“H→L”，DB7~DB0的数据被写入（串数据口）
6	E（SCLK）	H/L	使能信号（串行同步脉冲）
7	DB0	H/L	三态数据线
8	DB1	H/L	三态数据线
9	DB2	H/L	三态数据线
10	DB3	H/L	三态数据线
11	DB4	H/L	三态数据线
12	DB5	H/L	三态数据线
13	DB6	H/L	三态数据线
14	DB7	H/L	三态数据线
15	PSB	H/L	H：8位或4位并口方式，L：串口方式
16	NC	—	空脚
17	/RESET	H/L	复位端，低电平有效
18	VOUT	—	LCD驱动电压输出端
19	A		背光源正端（+5V）
20	K		背光源负端

注：将表8-3与表8-1对比可以发现，带离库和不带字库的只有15、16脚功能不同，另外带字库的液晶的4、5、6脚有第二功能。

2. 带字库的LCD12864的基本指令（见表8-4）

另外，当RE=1时还有一些扩充指令可设置液晶的功能，如待机模式、反白显示、睡眠、控制功能设置、绘图模式、设定绘图RAM地址等，读者根据需要可查阅相关资料。

表8-4　带字库的LCD12864的基本指令（常用的指令被加粗）

功　能	指　令　码										说　　明
	RS	R/W	D7	D6	D5	D4	D3	D2	D1	D0	
清除显示	0	0	0	0	0	0	0	0	0	1	将DDRAM填满“20H”，即空格，并且设定DDRAM的地址计数器（AC）到“00H”，指令为0x01
地址归位	0	0	0	0	0	0	0	0	1	X	设定DDRAM的地址计数器（AC）到“00H”，并且将游标移到开头原点位置。这个指令不改变DDRAM的内容
	0x02或0x03，x可为0或1										
显示状态开/关	0	0	0	0	0	0	1	D	C	B	D=1：整体显示ON；C=1：游标ON；B=1：游标位置反白允许，所以显示开光标关指令为0x0c
进入点设定	0	0	0	0	0	0	0	1	I/D	S	指定在数据的读取与写入时，设定游标的移动方向及指定显示的移位
游标或显示移位控制	0	0	0	0	0	1	S/C	R/L	X	X	设定游标的移动与显示的移位控制位；这个指令不改变DDRAM的内容
功能设定	0	0	0	0	1	DL	X	RE	X	X	DL=0/1：4/8位数据；RE=1：扩充指令操作 RE=0：基本指令操作 所以基本指令操作为0x30
设定CGRAM地址	0	0	0	1	AC5	AC4	AC3	AC2	AC1	AC0	设定CGRAM地址
设定DDRAM地址	0	0	1	0	AC5	AC4	AC3	AC2	AC1	AC0	设定DDRAM地址（显示位址） 第一行：80H~87H 第二行：90H~97H
读取忙标志和地址	0	1	BF	AC6	AC5	AC4	AC3	AC2	AC1	AC0	读取忙标志（BF）可以确认内部动作是否完成，同时可以读出地址计数器（AC）的值。BF=1表示正在进行内部操作，此时模块不接受外部指令。BF=0时，模块为准备状态，随时可接受外部指令和数据

3. 汉字显示坐标

LCD12864每屏最多可实现32个中文字符或64个ASCII码字符。FYD12864-0402B液晶内部提供128×2字节的字符显示RAM缓冲区（DDRAM）。字符显示是通过将字符显示编码写入该字符显示RAM实现的。根据写入内容的不同，可分别在液晶屏上显示CGROM（中文字库）、HCGROM（ASCII码字库）及CGRAM（自定义字形）的内容。字符显示RAM在液晶模块中的地址80H~9FH。字符显示的RAM的地址与32个字符显示区域（位置）有着一一对应的关系，其对应关系见表8-5。

表8-5 汉字显示坐标

Y坐标	X坐标							
Line0	80H	81H	82H	83H	84H	85H	86H	87H
Line1	90H	91H	92H	93H	94H	95H	96H	97H
Line2	88H	89H	8AH	8BH	8CH	8DH	8EH	8FH
Line3	98H	99H	9AH	9BH	9CH	9DH	9EH	9FH

应用说明：

（1）欲在某一个位置显示中文字符时，应先设定显示字符位置，即先设定显示地址，再写入中文字符编码。

（2）显示ASCII字符过程与显示中文字符过程相同。不过在显示连续字符时，只需设定一次显示地址，由模块自动对地址加1指向下一个字符位置，否则，显示的字符中将会有一个空ASCII字符位置。

（3）当字符编码为2字节时，应先写入高位字节，再写入低位字节。

（4）给模块传送指令前，处理器必须先确认模块内部处于非忙状态，即读取BF标志时BF需为“0”，模块方可接受新的指令。

（5）“RE”为基本指令集与扩充指令集的选择控制位。当变更“RE”后，以后的指令集将维持在最后的状态，除非再次变更“RE”位，否则使用相同指令集时，无需每次均重设“RE”位。

4. 带字库的LCD12864显示示例

（1）任务书：在带字库的LCD12864液晶屏上第一行显示“长阳职教中心”，第二行显示“欢迎您!!!”。

（2）程序代码示例

```
#include<reg52.h>
#define uint unsigned int
#define uchar unsigned char
sbit lcden=P1^0;                    //使能信号控制端子
sbit lcdrs=P1^1;                    //数据/命令选择端子
sbit lcdpsb=P1^2;                   //串并行传送数据的控制端子
        /*P2与液晶屏的DB0~DB7相连接*/
uchar tab[]={"长阳职教中心"};       //将需显示汉字(或字符)存入数组
uchar tab1[]={"欢迎您!!!"};        //将需显示汉字(或字符)存入数组
void init();                        //子函数写在主函数之后,需在前面声明
void delay(uint);
void write_com(uchar);  //声明"写命令"的子函数
void write_data(uchar);//声明"写数据"的子函数
void pos(uchar,uchar);  //此子函数用于确定显示字符的位置
void main(void)
{
```

```
    uchar i;
    init();
    while(1)
    {
        pos(1,1);                  //初始显示在屏的第一行第一列
        i=0;
        while(tab[i]!='\0')        //该循环可将数组 tab[]内的字写完。'\0'表
        {                          //示“空”,即数组的末尾
            write_data(tab[i]);//将数组 tab[]内的字符写完
            i++;
        }
        pos(2,1);                  //初始位置显示在第二行的第一列
        i=0;
        while(tab1[i]!='\0')
        {
            write_data(tab1[i]);//将数组 tab1[]内的字写完
            i++;
            delay(1000);
        }
    }
}
void delay(uint z)
{
    uint x,y;
    for(x=z;x>0;x--)
        for(y=110;y>0;y--);
}
void init()
{
    lcden=0;                  //使能端,低电平有效
    lcdpsb=1;                 //选择并行方式
    write_com(0x30);          //写“基本指令操作”的命令
    delay(5);
    write_com(0x0c);          //显示开、光标关
    delay(5);
    write_com(0x01);          //写清除显示的命令
    delay(5);
}
void write_com(uchar com)     //写命令的子函数
```

```
{
    lcden =0;                   //使能端,低电平有效
    lcdrs =0;                   //LCD12864 的 RS 端为低电平时选择"命令"
    P2 =com;                    //将命令的内容即"com"由 P2 输出到 D0 ~ D7
    delay(5);
    lcden =1;
    delay(5);
    lcden =0;
}
void write_data(uchar date)
{
    lcden =0;lcdrs =1;
    P2 =date;
    delay(5);
    lcden =1;delay(5);lcden =0;
}
void pos(uchar x,uchar y)   //带参数的子函数来决定显示的位置
{
    uchar pos;
    switch(x)
    {
        case 0:x =0x80;break;
        case 1:x =0x90;break;
        case 2:x =0x88;break;
        case 3:x =0x98;break;
  }
  pos =x +y;
  write_com(pos);
}
```

8.6 典型训练任务

任务一：将本章的电子密码锁增设一个关门控制键。当开门（开锁）后，门（锁）就处于打开状态，直到点按控制键后，门就关闭（指继电器的线圈失电）。这样该密码锁更人性化。

任务二：自动点焊机控制系统的实现

自动点焊机控制系统描述及控制要求说明如下：

1. 动点焊机的人机交互部分

自动点焊机的人机交互部分如图 8-19 所示，该交互界面含有一个液晶显示屏和两个操

作按钮。功能说明如下：

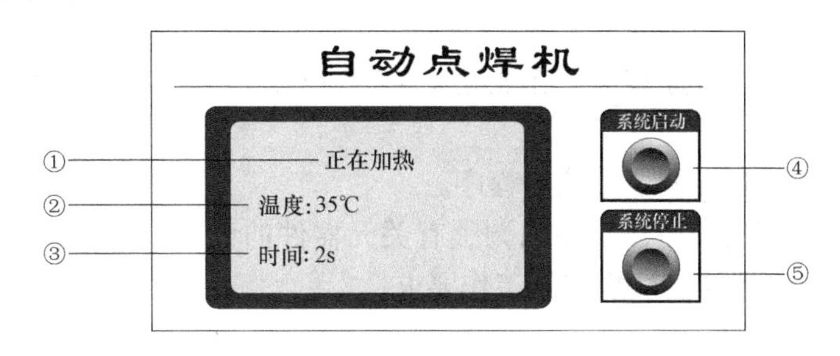

图 8-19　自动点焊机的人机交互界面

（1）为状态指示。共有 3 种状态："正在加热"、"正在工作"、"等待关机"。开机后，系统立即加热点焊枪，等待温度上升到 50℃，这个状态为"正在加热"；当温度达到 50℃后，系统保持温度在 50 ±1℃范围内，点焊机才能工作，此时状态为"正在工作"。

（2）为当前温度。实时显示点焊枪的温度。

（3）为点焊时间。当点焊枪开始点焊时计时，计到 3s 后结束点焊并归零，计时时间在此显示。

（4）为系统启动按钮。此按钮是一个点动按钮，按下启动按钮后主机模块得电，开始一系列动作。**注意**：当没有按下此按钮时，电源模块上的 +5V 电源不得引入到系统内，主机模块也不能得电。

（5）为系统停止按钮。此按钮是一个点动按钮，按下停止按钮后系统停止工作，系统状态变为"等待关机"，并且等待温度下降到 40℃时，系统 +5V 电源失电。

2. 自动点焊机的温度测控部分

温度测控用温度传感器模块中任一传感器部分模拟。

3. 自动点焊机的焊件处理部分

工位 1 ~ 工位 8 处于 1 条直线上，且间距相等。用显示模块中的 LED0 ~ LED7 某个亮模拟点焊枪到达某工位，其中 LED0 对应工位 1，LED1 对应工位 2，以此类推，LED7 对应工位 8。点焊枪可在工位 1 ~ 工位 8 间正向、反向依次移动，上电时默认点焊枪位置在工位 1，点焊枪在相邻工位间移动花费时间均为 2s，到达新工位后，该工位对应的 LED 亮，原工位对应的 LED 灭。

用钮子开关 SA1 ~ SA8 分别模拟工位 1 ~ 工位 8 处焊件有无，当某钮子开关打到下面时为该工位有焊件，打到上面时为该工位无焊件，不会出现多个工位同时有焊件的情况。

（1）系统启动后，如果检测到焊件位有焊件且温度达到要求时，点焊枪移动到该工位，继电器模块中 K1 继电器吸合，开始点焊并计时，计到 3s 后，K1 继电器失电，停止焊接。

（2）当某工位焊件处理完毕，在该焊件离开工位（钮子开关打到上面）前，系统不再处理该工位。

任务三：微波炉控制器

1. 要求

（1）请你仔细阅读并理解微波炉控制器的工作要求和有关说明，根据你的理解，在亚龙 YL-236 单片机控制功能实训考核装置的有关模块上选择你所需要的元器件。

（2）在赛场提供的图纸上，画出微波炉控制器的电气原理图，并在标题栏的设计栏填写你的工位号。

（3）根据你所画的电气原理图，在亚龙 YL-236 单片机控制功能实训考核装置上连接微波炉控制器的电路。

（4）请你编写微波炉控制器的控制程序。

（5）请调试你编写的程序，检测和调整有关元器件的设置，完成微波炉控制器的整体调试，使该微波炉控制器能实现规定的工作要求。

2. 微波炉控制器说明

图 8-20 所示是一个微波炉的示意图，左侧部分的门控开关、温度传感器、物品检测传感器、微波继电器、物品转盘及转盘电动机等安装在微波炉内部；右侧部分的“显示 1”、“显示 2”及 4×4 个按键为微波炉的操作显示面板。其中：

（1）显示 1 是 8 位数码管显示。

（2）显示 2 是 32×16 点阵显示（LCD1602）。

（3）⓪~⑨是十个数字按键，Ⓜ和Ⓢ是时间分和秒的设置按键，/是设置数值的个位与十位的选择按键，R、P、T 分别是微波炉的运行按键、暂停按键和停止按键。这 4×4 个按键用 YL-236 装置上的 4×4 行列键盘代替。

（4）转盘电动机用亚龙 YL-236 单片机控制功能实训装置上电动机模块的单相交流电动机代替，门控开关用指令元件模块的开关 K1 代替，物品检测传感器用指令元件模块的按钮 SB1 代替，温度传感器用指令元件模块的按钮 SB2 代替。

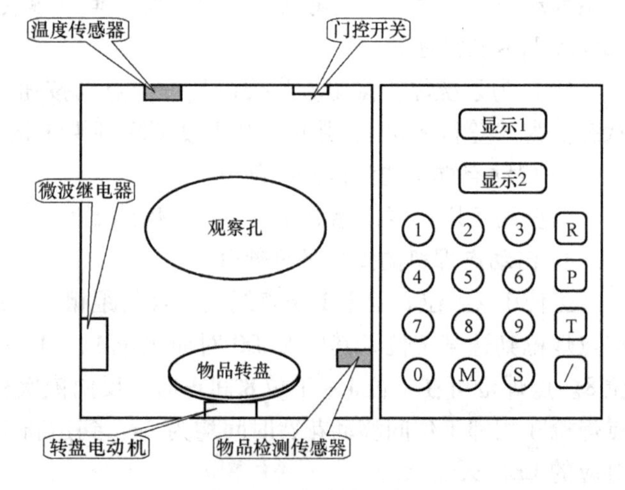

图 8-20 微波炉示意图

微波炉控制器是通过操作 16 个按键来控制微波炉工作的。

微波炉控制器的控制要求是：

1）初始状态。控制器接通电源后，显示 1 的 DS7、DS6 和 DS5 显示“000”，表示当前微波炉内的起始温度为“000”。

门控开关检测微波炉门是否被打开，“K1”置“开”的位置时，表示微波炉门被打开。此时对应的 LED 灯点亮，显示 2 从左到右显示汉字“门开”；“K1”置“关”的位置时，表示微波炉门被关闭，对应的 LED 灯熄灭。

物品检测传感器检测物品转盘上是否有需要加热的物品。当微波炉门关闭，若物品转盘上没有需要加热的物品（按下按钮 SB1，触点断开），则显示 2 从左到右显示汉字“等待”；若物品转盘上有需要加热的物品（按下按钮 SB1，触点闭合），则显示 2 从左到右显示汉字“时间”，显示 1 的 DS4、DS3、DS2 和 DS1 显示数字“00.00”，表示设置时间的“分钟．秒”。

微波炉转盘电动机处于停止状态。

2）工作过程

① 设定加热时间。时间“分钟”的设定：按下按键Ⓜ后，再按下数字键⓪～⑨则可设定分钟的十位；十位确定后，先按下/按键切换到分钟的个位设定，再按下数字键⓪～⑨则可设定分钟的个位并且显示 1 的 DS4、DS3、DS2 和 DS1 显示设定的数值，数值的范围是0～99。

时间“秒”的设定：按下按键Ⓢ后，再按下数字键⓪～⑨则可设定时间秒的十位；十位确定后，先按下/按键切换到秒的个位设定，再按下数字键⓪～⑨则可设定分钟的个位并且显示 1 的 DS4、DS3、DS2 和 DS1 显示设定的数值，数值的范围是 0～59。

注意：按键Ⓜ和按键Ⓢ没有先后顺序，即哪一个先按下，哪一个就先设定，并且可以反复交替按下。即先按下按键Ⓜ后按下按键Ⓢ之后，还可再次按下按键Ⓜ重新设定时间的分钟。

② 微波炉工作。当设定加热时间后，在微波炉门关闭、物品转盘中有需要加热的物品的情况下，按下运行按键R，微波炉转盘电动机开始转动，微波继电器得电，对转盘中的物品加热。显示 1 上设定的时间开始进行累计减“1”的倒计时，显示 2 上从左到右显示汉字“加热”。

微波炉开始工作后，温度传感器每检测到一次信号（按一次按钮 SB2），表示微波炉内温度增加 30℃。当微波炉内温度上升到 90℃时，微波继电器失电，停止对物品加热且显示 1 的 DS7、DS6 和 DS5 显示“090”。在停止加热后温度传感器每检测到一次信号，表示微波炉内温度降低 30℃。当微波炉内温度降低到 30℃时，微波继电器得电，又对转盘上的物品加热，此时显示 1 的 DS7、DS6 和 DS5 显示“030”。

当时间累计减到“00.00”时，微波炉停止工作，显示 2 上从左到右显示汉字“停止”，并且报警电路的蜂鸣器发出提示声音。

按下按键T，蜂鸣器提示声音停止并回到初始状态。

在设定时间内打开微波炉门或按下按键P，则微波炉暂停工作。此时转盘电动机停止转动、微波继电器失电、定时时间暂停倒计时，显示 2 上从左到右显示汉字“暂停”。若关上微波炉门或再次按下按键R，则转盘电动机恢复转动、微波继电器得电继续对物品加热、显示 2 上从左到右显示汉字“加热”，显示 1 从暂停时刻继续倒计时，完成加热过程，回到时间累计减到“00.00”的状态。

第9章 步进电动机的控制

本章介绍了步进电动机的特点、参数以及驱动方法。通过本章的学习，可以掌握步进电动机的归零、定位等基本方法，并应用步进电动机解决综合性实际问题。

9.1 步进电动机简介

步进电动机是一种将电脉冲转化为角位移的执行机构，即当步进电动机的驱动器接受一个脉冲信号时，它就驱动步进电动机按设定的方向转动一个固定的角度（称为步距角）。步进电动机的旋转是以固定的角度一步一步运行的（所以称为步进电动机）。我们可以通过控制脉冲的个数来控制电动机转过的角度，从而达到精确定位的目的，还可以通过控制脉冲的频率来控制步进电动机的转速或加速度，从而达到柔和调速的目的。

步进电动机没有积累误差。一般步进电动机步距角的误差为的3% ~5%，且不积累。

步进电动机外表允许的最高温度：步进电动机温度过高会使电动机的磁性材料退磁，从而导致力矩下降乃至于失步，因此电动机外表允许的最高温度应取决于不同电动机磁性材料的退磁点。一般来讲，磁性材料的退磁点都在130℃以上，有的甚至高达200℃以上，所以步进电动机外表温度在80 ~90℃是正常的。

步进电动机的力矩会随转速的升高而下降：当步进电动机转动时，电动机各相绕组的电感将产生一个反向电动势；频率越高，反向电动势越大。在它的作用下，电动机随频率（或速度）的增大而相电流减小，从而导致力矩下降。

步进电动机低速时可以正常运转，但若速度高于一定的值就无法起动，并伴有啸叫声。

步进电动机有一个技术参数：空载起动频率，即步进电动机在空载情况下能够正常起动的脉冲频率，如果脉冲频率高于该值，电动机不能正常起动，可能发生失步或堵转。在有负载的情况下，起动频率应更低。如果要使电动机达到高速转动，脉冲频率应该有加速过程，即起动频率较低，然后按一定加速度升到所希望的高频（电动机转速从低速升到高速）。

步进电动机是一种控制用的特种电动机，广泛用于各种开环控制。目前常用的步进电动机种类见表9-1。

表9-1　常用的步进电动机

<table>
<tr><th>名　　称</th><th>特　　点</th><th>应用领域</th></tr>
<tr><td>反应式步进电动机（VR）</td><td>反应式步进电动机是一种传统的步进电动机，由磁性转子铁心通过与由定子产生的脉冲电磁场相互作用而产生转动
反应式步进电动机工作原理比较简单，转子上均匀分布着很多小齿，定子齿有三个励磁绕组，其几何轴线依次分别与转子齿轴线错开。电动机的位置和速度由导电次数（脉冲数）和频率成一一对应关系。而方向由导电顺序决定。市场上一般以二、三、四、五相的反应式步进电动机居多
可实现大转矩输出，步距角一般为1.5°，但噪声和振动较大</td><td rowspan="3">永磁式步进电动机主要应用于计算机外部设备、摄影系统、光电组合装置、阀门控制、银行终端、数控机床、自动绕线机、电子钟表及医疗设备等领域中</td></tr>
<tr><td>永磁式步进电动机（PM）</td><td>电动机有转子和定子两部分：可以是定子是线圈，转子是永磁铁；也可以是定子是永磁铁，转子是线圈。一般为两相，体积和转矩都较小，步距角一般为7.5°或15°</td></tr>
<tr><td>混合式步进电动机（HB）</td><td>混合了永磁式和反应式的优点。分为两相、三相和五相：两相步距角一般为1.8°，五相步距角一般为0.72°，混合式步进电动机随着相数（通电绕组数）的增加，步距角减小，准确度提高，这种步进电动机应用最为广泛</td></tr>
</table>

9.2　步进电动机的参数

1. 步进电动机固有步距角

控制系统每发出一个脉冲信号时，它就驱动步进电动机按设定的方向转动一个固定的角度，叫步距角。电动机出厂时给出了一个步距角的值，如86BYG250A型电动机给出的值为0.9°/1.8°（表示半步工作时为0.9°，即半步角为0.9°；整步工作时为1.8°即整步角为1.8°），这个步距角可以称为“步进电动机固有步距角”，它不一定是电动机实际工作时的真正步距角，真正的步距角和驱动器有关。

2. 相数

相数是指电动机内部的线圈组数，目前常用的有二相、三相、四相、五相步进电动机。电动机相数不同，其步距角也不同，一般二相电动机的步距角为0.9°/1.8°、三相的为0.75°/1.5°、五相的为0.36°/0.72°。在没有细分驱动器（即专用于步进电动机的驱动器）时，用户主要靠选择不同相数的步进电动机来满足自己对步距角的要求。如果使用细分驱动器，则“相数”将变得没有意义，用户只需在驱动器上改变细分数，就可以改变步距角。

注：所谓半步工作和整步工作，我们以四相步进电动机为例进行说明，设四相为A、B、C、D。电动机的运行方式有：

（1）四相4拍：当按“A→B→C→D→A……”的顺序循环给每一相加电时，步进电动机一步一步地正转（正转、反转是相对的）；若按“D→C→B→A→D……”的顺序循环给每一相加电，则步进电动机一步一下地反转。四相4拍的运行方式下，每一个脉冲使步进电动机转过一个整步角，这就是整步运行方式。四相4拍还可以按“AB→BC→CD→DA→AB……”的方式加电。

（2）四相8拍：当按“A→AB→B→BC→C→CD→D→DA→A……”的方式循环给步进电动机加电时，即在四相4拍运行方式，每一个脉冲使步进电动机转过半个步距角，这就是半步运行方式。

3. 保持转矩（HOLDING TORQUE）

保持转矩是指步进电动机通电但没有转动时，定子锁住转子的力矩。它是步进电动机最重要的参数之一，通常步进电动机在低速时的力矩接近保持转矩。由于步进电动机的输出力矩随速度的增大而不断衰减，输出功率也随速度的增大而变化，所以保持转矩就成为了衡量步进电动机最重要的参数之一。比如，当人们说2N·m的步进电动机，在没有特殊说明的情况下是指保持转矩为2N·m的步进电动机。

4. 定位转矩（DETENT TORQUE）

定位转矩是指步进电动机没有通电的情况下，定子锁住转子的力矩。由于反应式步进电动机的转子不是永磁材料，所以它没有定位转矩。

9.3 YL-236实训台的步进电动机模块介绍

9.3.1 步进电动机及驱动器

1. 步进电动机

采用两相永磁感应式步进电动机，步距角为1.8°，工作电流1.5A，电阻1.1Ω，电感2.2mH。

2. 步进电动机驱动器

驱动器为SJ-23M2，具有高频斩波、恒流驱动、抗干扰性高、5级步距角细分、输出电流可调的优点。供电电压为24～40V，如图9-1所示。

驱动器可通过拔码开关来调节细分数和相电流。拔码开关拔向上为0，拔向下为1。拔码开关的1、2、3位用于调节步距角，拔码开关设定的每一个值对应着一个步距角（共有0.9°、0.45°、0.225°、0.1125°、0.0625°五种）。在允许的情况下，应尽量选高的细分数即小的步距角，以获得更精、更准的定位。拔码开关的4、5固定为1，6、7、8用于调节驱动电流。做实验时可设为最小的驱动电流（1.7A），因为负载较小。

步进电动机驱动器的端子说明：

（1）CP：由单片机输出步进脉冲传到CP，用于驱动步进电动机的运行和速度。每一个步进脉冲使步进电动机转动一个步距角。该驱动器要求CP脉冲是负脉冲，即低电平有效，脉冲宽度（即低电平的持续时间）不小于5μs。

（2）DIR：方向控制。DIR取高电平或低电平，改变电平就改变了步进电动机的旋转方向。注意：改变DIR电平，需在步进电动机停止后且在两个CP脉冲之间进行。

（3）FREE：脱机电平。若FREE=1或悬空则步进电动机处于锁定或运行状态；若FREE=0，则步进电动机处于脱机无力状态（此时用手能够转轴）。

（4）A、$\overline{A}$、B、$\overline{B}$为驱动器输出的用于驱动步进电动机运行的电压。

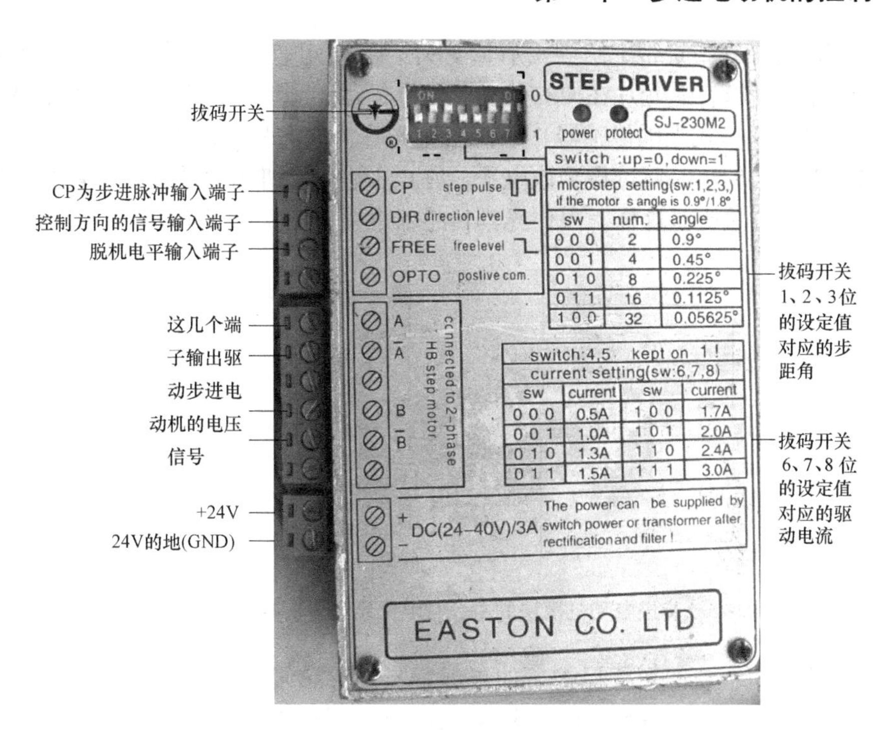

图9-1　步进电动机驱动器

9.3.2　步进电动机位移装置与保护装置

步进电动机位移装置与保护装置如图9-5所示。

1. 位移机构

步进电动机转轴上设有皮带轮，步进电动机转动时，皮带轮转动，拖动传送带（皮带）运动。有游标固定在传送带上。另设有150mm的标尺，所以电动机运行时，游标会在标尺上移动。通过编程控制步进电动机的运行，可以实现标尺的精确定位，这一特点可以模拟很多动作机构的运行。

2. 左右限位、超程保护装置

左右限位、超程保护装置采用了槽式光耦传感器（又称光遮断器），如图9-2所示。其工作原理是，当没有物体进入槽内，传感器内的红外发光管发出的红外光没有被挡住，光敏晶体管饱和导通，传感器输出低电平；当有物体进入槽内，传感器内的红外发光管发出的红外光被挡住，光敏晶体管截止，传感器输出高电平。

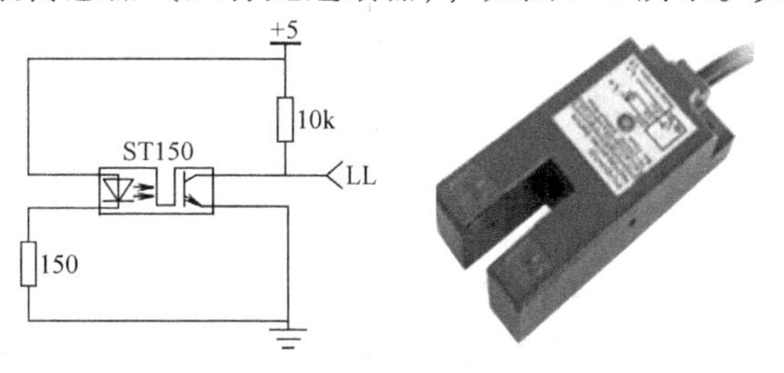

图9-2　槽式光耦传感器

在位移机构的左限位处设有两个槽式光耦传感器。一个用于通过编程的方式来限位（限制不能再向左移动）；另一个用于超程保护（即限位失败后，可通过硬件切断供电来进行保护）。在右限位处也是这样。

（1）编程限位。在传送带上除固定有游标外，还固定有一个遮光块。从图9-5可以看出，当游标向左移动时，遮光片在向右运动。当游标运动到标尺0刻度时，遮光块就已接近右限位保护装置（即槽式光耦传感器）了。当遮光片再向右移动进入右限位光耦传感器时，传感器输出高电平。编程时通过检测该电平，终止步进电动机的驱动脉冲，就能使步进电动机停止。左限位的方法也是这样。限位光耦传感器电路如图9-3所示。

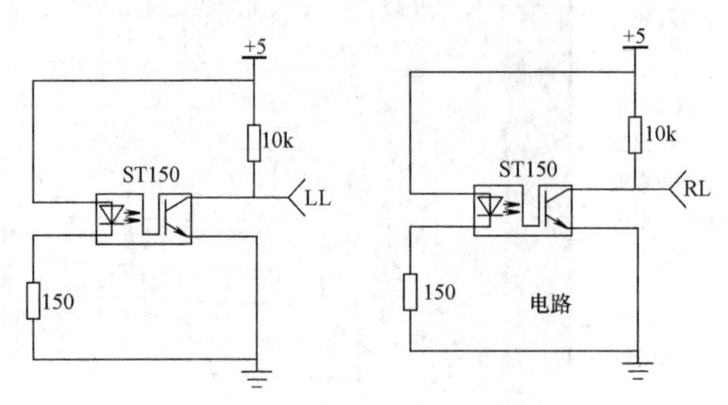

图9-3　步进电动机模块的左、右限位光耦传感器（是一样的）

（2）步进电动机模块的超程保护。如果编程不当导致限位失败后，遮光片会继续沿原来的方向移动，会进入用于超程保护光耦传感器，传感器会输出高电平，通过晶体管驱动继电器动作，切断给步进电机驱动器的+24伏供电，从硬件上保证电机能立即停止，以实现超程保护，原理如图9-4所示。

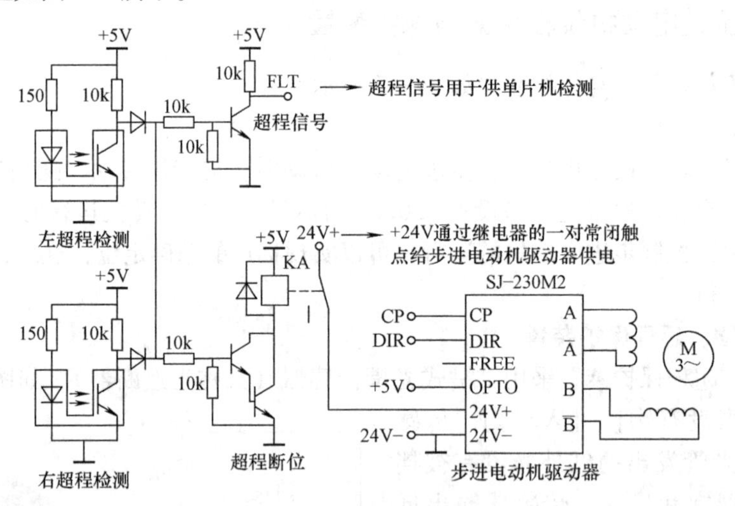

图9-4　超程保护的原理图

3. 多圈电位器

步进电动机转动时，会带动多圈电位器也随着转动。当给多圈电位器加上电压时，多圈电位器的输出端会输出变化的电压，该电压与游标移动的距离有近似线性的关系。

4. YL-236实训台的步进电动机模块

YL-236实训台的步进电动机模块如图9-5所示。

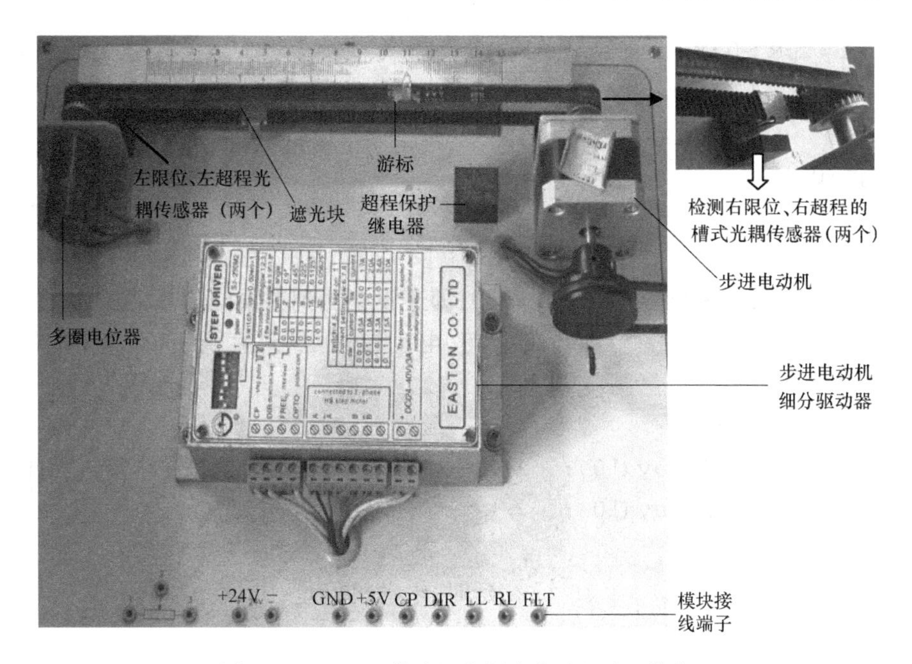

图9-5　YL-236单片机实训台步进电动机模块

9.4　步进电动机的控制示例

9.4.1　步进电动机模块游标的归零

1. 思路

上电后游标向左运动，遮光片向右运动，当右限位检测到遮挡物时（即RL为高电平时），游标肯定已移动到0刻度的左边了。这时使步进电动机短时停止，再给步进电动机838个脉冲，改变步进电动机的旋转方向，游标向右运动，当步进电动机走完838步时，即可到达0刻度。

注意： 步进电动机驱动器采用不同的细分，步距角是不一样的。该示例采用的细分是011，对应的步距角为0.1125°，在此条件下试验，得出当遮光片到达右限位后，游标归0需要的脉冲是838个。不同的设备该值有所差异，可酌情修正。

2. 程序代码示例

```
#include <reg52.h>
#define uint unsigned int
#define uchar unsigned char
sbit mc = P2^0;          //单片机输出脉冲的端口
sbit fx = P2^1;          //单片机输出控制电动机方向的端口
sbit you = P2^3;         //右限位信号由该端口输入单片机
void delay(uint z){
  uint x,y;
```

```
  for(x=z;x>0;x--)
      for(y=110;y>0;y--);
}
void gui0()
{
    uint i;
    while(you==0)        // you==0,即还没检测到右限位信号,循环执行18~20
17行  {                   //行的语句,电动机在运行,直到you==1时跳出,执行
                            22行
18行      fx=1;
19行      mc=0;delay(10);    //给一个低电平,延时。这是一个步进脉冲
20行      mc=1;delay(10);    //给一个高电平,延时
     }
     delay(100);             //延时,电动机停止
22行  fx=0;                  //改变方向
     for(i=0;i<838;i++)      //循环执行838次,即给步进电动机驱动器838个
                                脉冲,
     {                       //使游标运动到0刻度处
         mc=0;mc=0;delay(10);
         mc=1;delay(10);}
     }
  }
  void main(){gui0();}
```

说明：这种用延时函数产生脉冲的方式，在综合项目里，步进电动机可能干扰其他模块。最好是用定时器来控制脉冲的产生，在下面的任务中就采用定时器来产生脉冲。

9.4.2 步进电动机的定位

1. 任务书

利用YL-236实训台的步进电动机模块，实现游标从任意位置归0并在0刻度停5s，再移动到5cm处并停3s，再移动到10cm处。

2. 思路

首先要测量不同细分数时游标移动1mm所需的脉冲。其方法如下：

我们可以在没上电时（步进电动机处于脱机状态），手动旋转转轴使游标归0，再编程，随意地给步进电动机加1000个、2000个、5000个或10000个脉冲，观察步进电动机停止的位置（设为X毫米处）。再用X除以加的脉冲的个数，就可得每毫米所需的脉冲个数。经实验得出，当设置驱动器采用最小步距角时每毫米所需的脉冲个数为137~138个。不同的设备有所差异，可自行修正。

3. 程序示例

```
#include<reg52.h>
```

```
#define uint unsigned int
#define uchar unsigned char
sbit cp = P1^0;            //单片机输出步进脉冲的端口
sbit dir = P1^1;           //输出方向信号端口
sbit you = P1^2;           //单片机检测右限位信号的端口
uint mbmc;                 //要使游标到达某刻度处(目的地),需加的脉冲个数的2倍
void delayms(uint z);//1ms 延时函数
void T0 - init()           //定时器0初始化
{
  TMOD = 0x01;
  TH0 = (65536-111)/256;      //每计111个数产生一次定时中断(控制脉冲)的初值
  TL0 = (65536-111)% 256;
  EA = ET0 = 1;
}
void gui0()                        // 归零函数。采用定时器控制脉冲
{
17行    do      //本行与22行构成 do{}while()语句。也可以用 while(){}语句
        {
          mbmc = 30000;  /* 由于游标从最大刻度移到0需要2070(168×150 = 2070)个
                            脉冲,所以将目标脉冲赋为30000,定能使游标从任意位置移
                            到右限位处,也可以赋其他值 */
20行      dir = 1;            //单片机输出控制方向的电平
          TR0 = 1;  //启动T0,T0每产生一次中断使CP取反一次,这样产生驱动脉冲
     }
22行  while(you = = 0);  /* you = 0 说明遮光片还没有到达右限位处,程序停在这里。
                            这一行与17行构成 do{}while()语句,意思是先执行 do{}
                            内语句,再判断 while()内的条件。若条件成立,程序就停
                            在 while()这里(循环)。但定时器T0仍在后台工作(使
                            CP定时取反),有脉冲送给步进电动机,所以电动机在不断
                            运行。当条件不成立即 you = = 1(到达右限位)时则退出,
                            执行后续语句 */
     TR0 = 0;  //关定时器,不产生脉冲,使电动机停止。注:电动机反转之前需停止一下
     mbmc = 3630;  /* 游标从限位处到0刻度所需的脉冲。本示例采用0.05625°步距
                      角的细分。试验得出从检测到右限位到游标归0需1815个脉
                      冲(指低电平),高、低电平的总数为3630 */
     dir = 0;        //改变电动机运行方向,以实现归0
     TR0 = 1;        //开启定时器T0
     while(mbmc! = 0); // T0中断函数内,CP每一次取反(产生一个高电平或低电平)
}              // mbmc 自减一次,当 mbmc 减为0时,游标已到达0刻度,退出 while
```

```
delayms(5000);  //延时5s,游标在0刻度停5s
void gui5()        //游标从0刻度移动到5mm处的函数
{
  do
  {
        mbmc=13800;//游标从0刻度移到5mm处所需的脉冲(低电平)个数的2倍
        dir=0;
        TR0=1;
  }
  while(mbmc!=0);//当mbmc=0即到达5mm刻度处,退出while(),执行后续语句
  TR0=0;         //关T0,无脉冲发出,电动机不转
  delayms(3000); //停3s
}
void gui10()       //到达10mm刻度处。换用while语句来写
{
  mbmc=13800;//游标从5mm刻度移动到10mm刻度所需脉冲(低电平)个数的2倍
  while(mbmc!=0);  //当mbmc减小到0时,游标到达10mm处,退出while(){}
  {
      TR0=1;    启动T0
      dir=0;
  }
  TR0=0;
}
void main()
{
  T0_init();gui0();gui5();gui10();
}
void timeT0_interrupt 1      //定时器T0中断服务函数,用于产生脉冲,并对已
{                            //经产生(施加)到电动机的脉冲个数计数
  TH0=(65536-111)/256;
  TL0=(65536-111)%256;
  if(mbmc!=0){cp=~cp;mbmc--;}
  if(mbmc==0){TR0=0;}        //当mbmc减为0时,关T0
}
```

4. 总结

驱动步进电动机的关键是掌握归0和精确定位的方法。脉冲的个数需根据示例中的数据结合具体的设备进行修正。

步进电动机可结合按键、显示、直流电动机等进行综合应用，可以作为本章及后续章节的训练任务。

9.5　典型训练任务

任务一：自动流水线控制系统

1. 任务要求

(1) 请仔细阅读并理解模拟自动流水线系统的控制要求和有关说明，根据理解，选择所需要的控制模块和元器件。

(2) 请合理摆放模块，并连接模拟自动流水线系统的电路。

(3) 请编写模拟自动流水线系统的控制程序，存放在"D"盘中以工位号命名的文件夹内。

(4) 请调试编写的程序，检测和调整有关元器件设置，完成模拟自动流水线系统的整体调试，使该模拟自动流水线系统能实现规定的控制要求，并将相关程序"烧入"单片机中。

2. 模拟自动流水线系统描述及有关说明

(1) 模拟自动流水线。使用 MCU09 步进电动机控制模块中的步进电动机作为模拟自动流水线的动力，MCU09 步进电动机控制模块中的标尺机构作为控制对象，模拟自动流水线，当步进电动机转动时，标尺指针可以连动。

步进电动机可以高速转动（32 细分，3cm/s），也可以低速转动（32 细分，1cm/s），可以实现正反转。

标尺刻度数字 1 的位置为工位 1，刻度数字 3 的位置为工位 2，刻度数字 12 的位置为工位 3，刻度数字 14 的位置为工位 4。标尺指针停在工位的误差在 ±2mm 以内。

在模拟自动流水线中，标尺指针模拟待加工工件的运载器，可以与工件一起从工位 1 逐步移到工位 4，并且可以在某工位停留，此时系统加工工件。

标尺机构必须通过硬件进行保护：当标尺指针移动到左右限位时，电路自动切断 MCU09 步进电动机控制模块的 24V 电源回路，不依赖系统软件。

(2) 操作面板

1) 键盘和输入开关

① 键盘：4 个独立按键分别为："设置"键、"+"键、"切换"键、"确认"键。

② 钮子开关：SA1 为电源开关，打到上面为"开电源"，打到下面为"关电源"；SA2 打到上面为"启动"自动流水线，打到下面为"暂停"自动流水线。

2) 显示。系统采用 LCD12864 显示有关信息，显示字体为宋体 12（宋体小四号），此字体下对应的汉字点阵为：宽×高=16×16；数字、字符的点阵为：宽×高=8×16。

LED0 亮表示电源已打开。LED1 指示自动流水线工作状态：若自动流水线未启动，LED1 熄灭；若自动流水线暂停，LED1 半亮（驱动信号 1kHz，占空比 90%）；若自动流水线正在工作中，LED1 为最大亮度。

① 开机界面。系统上电后，LED0、LED1 熄灭，LCD12864 清屏，"开电源"后，LED0 亮，"请等待!"左滚入液晶显示器最上一行：开始"!"出现在最左边，以后每 0.2s 向右滚入（或滚动）一个字，直至居中显示"请等待!"。蜂鸣器响 1s 后，液晶显示器在最上一行居中显示"请按设置键!"，等待按下设置键，系统进入设置界面。

② 设置界面。在LCD12864的第二行显示“预置工件数：XX个”，XX为阴文（黑底白字）显示；在第三行显示“预置时间：TT秒”。其中XX为预置工件数，TT为预置工件在工位1、2、3、4的加工（停留）时间（秒）。LCD12864的第一、四行无显示。

XX的范围为01~99，默认值为01；TT的范围为01~19，默认值为01。当输入数据大于最大值，自动变为最小值。

若按下“+”短于1s就弹起，该参数加1；若连按“+”键达1s，该参数加10，以后每0.5s加10，直至按键弹起。

按下“切换”键，可以切换被修改的参数，某参数处于被修改状态时，该参数阴文显示。

按下“确认”键后，XX、TT均阳文（白底黑字）显示，数据确认，“+”键无效；若再次按下“设置”键，某参数又阴文显示，可以修改数据。

数据确认后，若SA2打到上面，启动自动流水线。

③ 运行界面。当启动流水线后，LED1亮，在LCD12864的第二行显示“剩余工件数：XX个”，在第三行显示“加工倒计时：TT秒”。其中XX为剩余工件数，TT为工件在某工位加工倒计时值，若工件离开该工位，TT不显示。

XX、TT均要求隐去首位零。

3. 系统控制要求

（1）初始设置

初始状态设置。系统上电前，请手动将标尺指针调整到刻度数字1处（工位1）；将钮子开关SA2打到下面。系统上电后，“开电源”，显示开机界面后，按下设置键，进入设置界面，请先设置XX为02，TT为03，再启动自动流水线，显示运行界面。

（2）系统运行

1）标尺指针在工位1，开始倒计时，直到倒计时完成；

2）标尺指针低速移到工位2，开始倒计时，直到倒计时完成；

3）标尺指针高速移到工位3，开始倒计时，直到倒计时完成；

4）标尺指针低速移到工位4，开始倒计时，直到倒计时完成，该工件全部加工工序完成，自动进入仓库，剩余工件数减1；

5）标尺指针高速移到工位1，恢复初始化位置，准备下一工件的加工；

6）重复1）~5），标尺指针在工位1停止后，若剩余工件数已经为0，则蜂鸣器响1s，系统等待按下“设置”键后，进入设置界面。

（3）暂停。在自动流水线运行中，将钮子开关SA2打到下面，自动流水线立即暂停，LED1半亮，标尺暂停移动，倒计时暂停，等待再次启动自动流水线后，按照原速度移动，倒计时恢复，LED1亮度最大。

任务二：热工件处理控制系统

1. 智能工件热处理控制系统描述及有关说明

智能工件热处理控制系统的主要功能是：工件运输装置从原料仓库取出待加热工件，送往加热炉加热一定时间后，又将工件运输到冷却区并放下；然后继续到原料仓库取下一个待加热工件，再同样处理。

（1）工件运输装置、加热炉的说明

1）“MCU09 步进电动机控制模块”中的位移机构、标尺和“MCU08 交直流电动机控制模块”中的直流电动机，一起构成工件运输装置。在直流电动机的驱动下，标尺移到数字“2”时，表示工件运输部件在“原料仓库”位置，标尺移到数字“13”时，表示在“加热炉”位置，标尺移到数字“7”时，表示在“冷却区”位置。定位要求：标尺停在指定位置时误差不超过2mm。

“MCU09 步进电动机控制模块”中的位移机构、标尺等在运动时，要有硬件保护，即程序失常、失去控制时，电路可以保护标尺不移到左、右断位开关以外。

2）用“MCU13 温度传感器模块”构成加热炉，测温传感器可在 DS18B20 与 LM35 中任选，加热炉温度控制为 55 ±2 ℃。

（2）操作面板说明

1）显示。用“MCU04 显示模块”中 8 位数码管显示有关信息。开始工作后，数码管最左边 3 位显示“加热炉”当前温度（要求显示到小数点后 1 位），最右边 3 位显示已处理的工件数，中间 2 位显示为“－－”。

用“MCU04 显示模块”中的 LED0 表示“正在工作”；用 LED1 表示“停止”；用 LED2 表示加热炉“正在加热”，即“MCU13 温度传感器模块”中加热用功率电阻中有电流通过。当温度上升到符合要求时，程序控制停止加热，功率电阻中无电流通过，LED2 就熄灭。

2）键盘。用“MCU06 指令模块”中的独立按键 SB1、SB3 分别表示“开始”、“停止”。

3）电源控制总开关。用作控制系统电源通断，用一个钮子开关实现。钮子开关手柄向上为“打开”，向下为“关断”。

（3）其他说明。为完成工作任务，除以上指定模块外，选手还可以再选择一些赛场提供的其他模块。

2. 系统控制要求

（1）初始化

1）打开电源控制总开关（开机）后，工件运输部件初始化，标尺必须移到“原料仓库”位置，此过程中显示为“－－－－－－－－”（最少显示 3s）。开机后，LED0 ~ LED2 全部熄灭。

2）然后，再显示“加热炉”当前温度，显示已处理工件数为“0”。两个参数的显示要有“隐 0”功能：即除小数点前一位和后一位，若某位数值为 0，同时其左边数字也都为 0，则该位熄灭，不显示。

（2）系统运行。按“开始”键启动系统运行，运行过程为：

1）“正在工作”指示灯亮。“正在加热”指示灯亮，同时加热炉开始加热；当温度达到 55 ±2 ℃时，可以停止加热，同时“正在加热”指示灯灭，以后系统要控制炉温保持在 55 ±2 ℃。

2）工件运输部件在“原料仓库”位置等待 5s 即可完成待加热工件的加载；若此时“加热炉”温度符合要求，工件运输部件将工件运往“加热炉”，否则，在原位继续等待，等到“加热炉”温度升到规定值后，再前往“加热炉”。

3）然后，工件运输部件和工件在“加热炉”停留 10s，即可完成加热处理，工件运输部件再将工件运到“冷却区”。

4）工件运输部件在“冷却区”位置等待5s，即可完成工件卸载。然后，已处理工件数加一。

5）工件运输部件在“冷却区”位置完成工件卸载后，又移到“原料仓库”位置。以后重复2）~5）步。

（3）停止。在“系统运行”时，按下“停止”键，停止所有工作，“停止”指示灯亮，其他指示灯熄灭，“加热炉”当前温度和已处理工件数继续显示；再次按下“开始”键，先“初始化”，再启动“系统运行”。

（4）关电源。任何时候（“初始化”、“系统运行”、“停止”），钮子开关手柄向下（关机）后，停止一切工作，熄灭所有显示，不响应键盘。若再次“打开”电源，再从“初始化”开始。

第 10 章

单片机 I/O 口的扩展

本章导读

当单片机在处理多任务、多过程的综合性项目时，有时会遇到 I/O 口不够用的情况，这就需扩展 I/O 口。通过学习本章，读者可掌握利用集成电路 8255 和 74L245 扩展单片机端口的方法、技巧以及端口复用的方法和经验，可以巩固、提高应用 LCD12864 的能力。在 10.1.2 节还介绍了单片机采用扩展地址的方式控制外设，可节省 I/O 口。

10.1　8255 芯片的认识及应用

10.1.1　8255 芯片的认识

1. 8255 实物和引脚名称

8255 是 Intel 公司生产的可编程并行 I/O 接口芯片。它有 3 个 8 位并行 I/O 口（即 PA、PB、PC）。其各端口功能可由软件选择，使用灵活，通用性强。8255 可作为单片机与多种外设连接时的中间接口电路。其引脚名称和实物如图 10-1 所示。

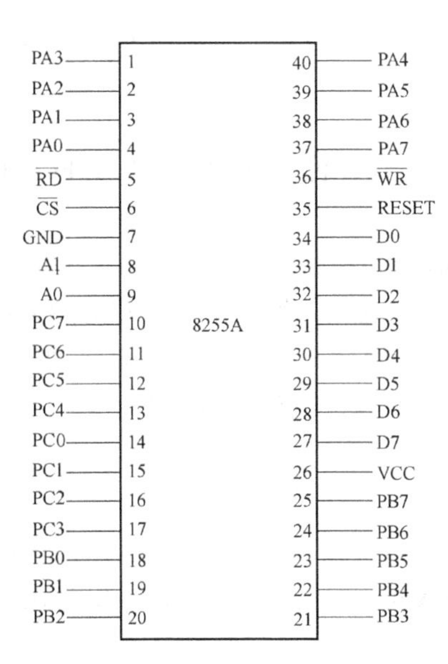

a) 8255引脚名称

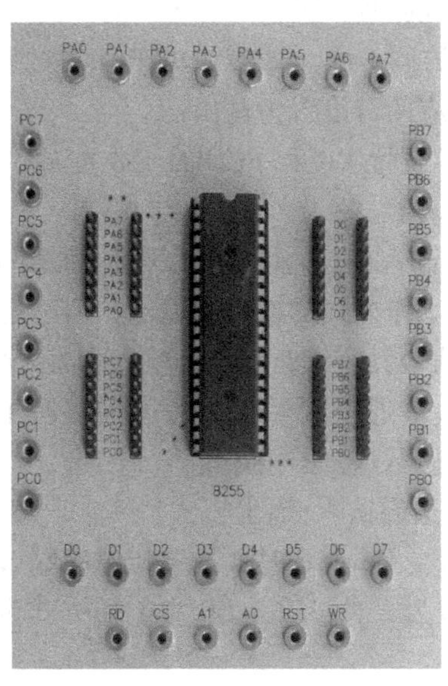

b) YL-236实验台上的8255模块

图 10-1　8255 的引脚名称及实物

2. 8255引脚功能说明

8255的各引脚功能详见表10-1。

表10-1 8255的各引脚功能

名称	功能	说明
D0~D7	双向数据总线	8255与单片机的接口
PA7~PA0	PA口输入/输出信号线	可编程将各组端口设为输入或输出功能
PB7~PB0	PB口输入/输出信号线	
PC7~PC0	PC口输入/输出信号线	
$\overline{CS}$	片选信号线，低电平有效	当$\overline{CS}$为低电平时芯片被选中（可用）
$\overline{RD}$	读出信号线，低电平有效	低电平时允许数据读出
$\overline{WR}$	写入信号线，低电平有效	低电平允许数据写入
RESET	复位信号线，高电平有效	高电平时将所有内部寄存器（包括控制寄存器）清0，各端口设置成输入方式。8255的复位时间比单片机长。所以上电时，应设有一个延时，等待8255复位结束
VCC、GND	+5V的供电脚、地	
A1、A0	A1、A0的电平组合用于选择PA、PB、PC或寄存器	A1A0=00时，选中PA端口；A1A0=01时，选中PB端口；A1A0=10时，选中PC端口；A1A0=11时，选中寄存器

3. 8255的控制寄存器

8255的控制字节详见表10-2。

表10-2 8255的控制字节

D7	D6	D5	D4	D3	D2	D1	D0
1	MOD1		PA	PCH	MOD2	PB	PCL

表10-2中的D4、D3、D1、D0位分别用于设置PA口、PC口高4位（即表中PCH）、PB口、PC口的低4位（即表中的PCL）的输入或输出。当置1时，对应的端口设置为输入，置0时对应的口设置为输出。

D2位用于设置PB和PCL的工作模式。D5、D6位用于设置PA及PCH的工作模式。8255有三种工作模式：

（1）基本输入/输出模式：无需应答联络信号和中断。PA、PB、PC三个通道均可通过编程设置为该工作方式的输入或输出，但不是双向的输入输出。其基本功能为：

1）输出信号具有锁存功能，输入信号PA是锁存的，而PB、PC是缓冲的。

2）三个I/O通道口可组成共16种各种不同的输入或输出的操作。

（2）选通输入/输出模式。

（3）双向选通输入/输出模式。

当D2、D5、D6为0时，设置相应的端口为基本输入/输出模式。该模式在一般场合应用最多。D7位为1时，D6~D0为工作方式设置位；D7位为0时，可以分别置位/清零PC口某位。

8255常用基本输入/输出模式设置见表10-3。

表10-3　8255常用的基本模式设置

PA	PB	PCH	PCL	指　令
出	入	入	入	0x8B（10001011）
出	出	入	入	0x89
入	出	入	出	0x98

注意：当将某端口设置为基本输出模式时，默认输出为0。设置为输出模式时仍能读出口线状态，当输出口置1时，仍能接受开关量的输入。

10.1.2　8255芯片的典型应用示例

1. 8255的字节操作应用示例

任务书：单片机通过8255芯片控制LCD12864显示“长阳职业教育中心”。使用的模块有LCD12864、8255模块、主机（单片机）。下面介绍两种方式实现该任务：

（1）单片机使用扩展地址方式控制8255。LCD12864的CS1、CS2、E、RS端口都接在单片机的I/O上，见程序代码中的端口声明。8255的$\overline{WR}$必须接P3^6（单片机的$\overline{WR}$），$\overline{RD}$必须接在P3^7（单片机的$\overline{RD}$）上，A0和A1分别接在单片机上的P2^0和P2^1上。8255的复位引脚接在单片机的复位引脚上，8255的$\overline{CS}$直接接地。PA接LCD12864的数据口DB0～DB7，P0接8255的D0～D7，如图10-2所示。

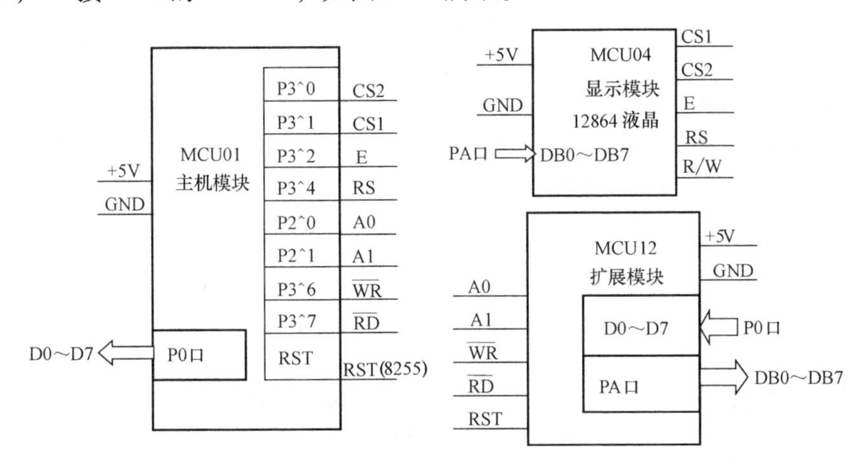

图10-2　字节操作下单片机、8255、液晶屏的连线（R/W已接地）

程序代码如下：

```
1行  #include <reg52.h>
2行  #include <absacc.h>
     #define uint unsigned int
     #define uchar unsigned char
     sbit cs2 = P3^0; sbit cs1 = P3^1;
6行  sbit en = P3^2;  sbit rs = P3^4;
7行  #define PA XBYTE[0x0000]  /*第2行包含了absacc.h文件,则就可以使用其中
                                  定义的宏(如XBYTE、PBYTE等)来访问绝对地
```

址。单片机扩展外部地址时,P2 和 P0 端口为地址、数据的高 8 位、低 8 位。根据图 10-2 的接线,由 A1(即 P2^1)和 A0(即 P2^0 脚决定 PA、PB、PC 的地址。要选择 PA 通道,P2^1 和 P2^0 都应为 0,P2、P0 的其余端口为高电平或低电平均可,所以 PA 的地址为 0x0000,同理,PB、PC、PE 的地址为 0x0100、0x0200、0x0300,经过这样的宏定义后,就可以在编程时使用 PA、PB、PC、PE 了*/

```
    #define PB XBYTE[0x0100]
    #define PC XBYTE[0x0200]
10行 #define PE XBYTE[0x0300]
    uchar a;
    uchar code table[] =                //16×16 字模数组
  {
  0x80,0x80,0x80,0x80,0xFF,0x80,0x80,0xA0,0x90,0x88,0x84,0x86,0x80,0xC0,0x80,0x00,
  0x00,0x00,0x00,0x00,0xFF,0x40,0x40,0x23,0x04,0x08,0x10,0x20,0x60,0x20,0x00,0x00,/*长*/
  0x00,0xFE,0x02,0x22,0xDA,0x06,0x00,0xFE,0x82,0x82,0x82,0x82,0x82,0xFF,0x02,0x00,
  0x00,0xFF,0x08,0x10,0x08,0x07,0x00,0xFF,0x40,0x40,0x40,0x40,0x40,0xFF,0x00,0x00,/*阳*/
  0x02,0x02,0xFE,0x92,0x92,0xFF,0x02,0x00,0xFC,0x04,0x04,0x04,0x04,0xFE,0x04,0x00,
  0x08,0x18,0x0F,0x08,0x08,0xFF,0x04,0x44,0x33,0x0D,0x01,0x01,0x0D,0x33,0x60,0x00,/*职*/
  0x00,0x10,0x60,0x80,0x00,0xFF,0x00,0x00,0x00,0xFF,0x00,0x00,0xC0,0x30,0x00,0x00,
  0x40,0x40,0x40,0x47,0x40,0x7F,0x40,0x40,0x40,0x7F,0x44,0x43,0x40,0x60,0x40,0x00,/*业*/
  0x20,0x24,0x24,0xA4,0xFF,0xA4,0xB4,0xAC,0x20,0x9F,0x10,0x10,0xF0,0x18,0x10,0x00,
  0x02,0x12,0x51,0x90,0x7E,0x0A,0x89,0x40,0x20,0x1B,0x04,0x1B,0x60,0xC0,0x40,0x00,/*教*/
  0x04,0x04,0x24,0xA4,0xB4,0xAC,0xA5,0xA6,0xA4,0xA4,0xA4,0xB4,0x64,0x06,0x04,0x00,
  0x00,0x00,0x00,0xFF,0x0A,0x0A,0x0A,0x0A,0x0A,0x4A,0x8A,0x7F,0x00,0x00,0x00,0x00,/*育*/
  0x00,0xF8,0x08,0x08,0x08,0x08,0x08,0xFF,0x08,0x08,0x08,0x08,0x08,0xFC,0x08,0x00,
  0x00,0x03,0x01,0x01,0x01,0x01,0x01,0xFF,0x01,0x01,0x01,0x01,0x01,0x03,0x00,0x00,/*中*/
  0x00,0x00,0xC0,0x00,0xF0,0x00,0x01,0x02,0x1C,0x08,0x00,0x00,0x40,0x80,0x00,0x00,
  0x04,0x02,0x01,0x00,0x3F,0x40,0x40,0x40,0x40,0x40,0x40,0x70,0x00,0x00,0x07,0x00 /*心*/
  };
      void delay(uint z) //延时函数
      {
        while(--z);
      }
      void write_com(uchar com)  //LCD12864 的写命令
      {
        rs=0;         //将 LCD12864 置为"命令"。采用扩展地址方式,"读/写"不需编
                      //程操作
        PA=com;       //将命令的内容赋给 PA
        en=1;en=0;              //LCD12864 的使能信号,高电平读出有效,下降沿写入
```

```
                                    有效
    }
void write_dat(uchar dat)
{
      rs =1;                   //将 LCD12864 置为"数据"
      PA = dat;                //数据的内容赋给 PA
      en =1;en =0;
  }
  void qp_lcd()              //LCD12864 的清屏,内容和第 8 章介绍的一样。这里略
  void init_lcd()            //初始化 LCD12864,内容和第 8 章介绍的一样。这里略
  void display(uchar y,uchar l,uchar dat) //LCD12864 显示函数,y、l、dat 分别
  {                                        //表示页、列、字模内的第几个字(字号)
    uchar i;
    if(l <64){cs1 =1;cs2 =0;}              //l 小于 64 选择左屏
    else {cs2 =1;cs1 =0;l- =64;}           //否则选择右屏
54 行  write_com(0xb8 +y);                  //一个字占两页。确定一个字的上页
55 行  write_com(0x40 +l);                  //确定列
56 行  for(i =0;i <16;i ++)write_dat(table [i +32 * dat]);/ * 写一个 16×16 汉字
                                              的上半部(共有 16 个字节,所以要写 16
                                              次) * /
57 行  write_com(0xb8 +y +1);write_com(0x40 +l);     //确定一个字的下页
58 行  for(i =0;i <16;i ++) write_dat(table[i +32 * dat +16]);
   / * 写一个字的过程:第 0 个字时(即"长",dat =0),54 行、55 行确定上页、列,第 56
      行的 table[i +32 * dat],就是数组的前 0 ~ 15 个字节即"长"的上半部。57 行确
      定下页、列,58 行的 write_dat(table[i +32 * dat +16]写"长"的下半部,即数组的
      第 16 ~31 个字节。写第 1 个字时,dat =1,其余的分析略 * /
  }
  void main()
  {
        uchar i;
        delay(3000);  //单片机做一个短暂延时,以等待 8255 完成复位
        PE =0x8b;      //设置 8255 为 PA 出、PB 入、PCH 入、PCL 入
        init_lcd();
        while(1)
        {
          for(i =0;i <7;i ++){display(0,16 * i,i);} //调用显示函数 8 次
        }//依次显示 8 个汉字。3 个参数是:页为 0;列为 16 * i(因为每个字占 16 列,
}        //第 0、1……个字从第 0 列、第 16……列开始,所以列为 16 * i,字号也用 i
        //表示。
```

（2）单片机以基本的I/O端口输入/输出来控制8255的示例。仍按图10-2的接线。与扩展地址方式的程序代码不同的是：扩展地址的程序的第2行的头文件不需要，7~10的宏定义也不要，另需多声明4个端口。

具体操作方法是：

1）写寄存器。也就是设置8255的工作模式、设置PA、PB、PC的输入或输出。将A1、A0均置为1，以选中寄存器，再由单片机的任一组I/O口（假设为P0口）将设置工作模式的指令传送到8255的D0~D7即可。

注意：在进行以下操作之前，需设置8255的工作模式：将表10-3所示的模式设置指令写入寄存器中。

2）输出命令。由PA、PB或PC通道输出命令（如LCD12864等外设有一些指令）。具体方法是通过设置A1、A0的电平选择PA、PB或PC，由单片机的I/O口（如P0）将命令的具体代码（数据）传输给8255的D0~D7即可。

3）输出数据。由PA、PB或PC通道输出数据（如驱动LCD12864、数码管、LED点阵的显示所需的数据等）。读者可结合下面的程序示例进行理解、归纳方法。

4）读取数据。就是单片机通过PA、PB或PC通道读取外设传来的数据。具体方法是通过设置A1、A0的电平选择PA、PB或PC，定义一个字符型变量（如temp，用于保持读取的数据）。将单片机的接收数据端口（如P0）全置为高电平（为接收数据做准备），启动读时序，这时经过PA、PB或PC通道读取的数据（从外设传来）就传到了P0端口，然后再将P0收到的数据赋给temp，保存下来供编程时使用。

程序示例如下：

```
#include <reg52.h>
#define uint unsigned int
#define uchar unsigned char
sbit cs2 = P3^0;   sbit cs1 = P3^1;  sbit en = P3^2;    sbit rs = P3^4;
sbit a0 = P2^0;  sbit a1 = P2^1;  //a0、a1用于选择I/O通道(PA、PB、PC)
sbit wr = P3^6;                   //定义WR端口
sbit rd = P3^7;                   // 定义RD端口
uchar code table[] = {}           //字模,与本书220页的12行相同。略
void wr_jcq (uchar com) {         //写命令到8255,即写到8255的寄存器
    a1 =1; a0 =1;                 //地址选中寄存器
    P0 = com;                     //将命令的数据赋给P0
    wr =0;                        //写脉冲,低电平写入有效,
    wr =1;                        //还原,为下一次写入做准备
  }
void wr_PA(uchar dat) {  //该函数为写PA,即单片机将数据传给PA(PA将数
                         //据传给外设)。写PB、PC用同样的方法
    a1 =0; a0 =0;         //选中PA。若是要写PB,则需设a1 =0; a0 =1
    P0 = dat;             //准备数据
```

```
    wr = 0; wr = 1;
}
void write_com(uchar com)  //该函数的作用是由PA将控制外部设
{                          //备(LCD12864)的命令输出给外设
    rs = 0;           //LCD12864置"命令",注:R/W已接地,为写模式
    wr_PA(com);       //调用写PA的函数,将命令的内容写到PA,由PA输出到外设
    en = 1;en = 0;    //使能信号。LCD12864高电平读出有效,下降沿写入有效
}
void write_dat(uchar dat) {  //该函数的作用是:由PA将数据传给外设
                             //(LCD12864)
    rs = 1;                  //LCD12864置"数据"
    wr_PA(dat);       //调用写PA的函数,将数据的内容写到PA,由PA输出到外设
                      //(LCD12864)
    en = 1;en = 0;
}
void qp_lcd()                  //LCD12864的清屏
{
    uchar i,j;
    cs1 = cs2 = 1;
    for(i = 0;i < 8;i ++){
        write_com(0xb8 + i);  write_com(0x40); for(j = 0;j < 64;j ++)
        {write_dat(0);}
    }
}
void init_lcd(){             //LCD12864的初始化
    write_com(0x3f); write_com(0xc0); qp_lcd();
}
void display(uchar y,uchar l,uchar dat); //和扩展地址程序中的一样,略
void main()
{
    uchar i;  delay(2000);
    wr_jcq(128);  //将128即0x80(10000000)写到8255的寄存器,设置PA为输出
    init_lcd();   //PB、PC为输出
    while(1) {
      for(i = 0;i < 8;i ++)display(0,16 * i,i);
    }
}
```

补充示例：仍然采用 P0 接 D0～D7。假设需要将 PC 通道接收到的数据由 PB 口传送到外设。程序代码（主要的部分）如下：

```
sbit A0 = P2^0;  sbit A1 = P2^1;
sbit RD = P2^2;
unsigned char rd_PC()          //单片机读 PC
{
        unsigned char temp;
        A1 =1;A0 =0;           //选择通道 C
        P0 =0xff;              //准备接收数据
        RD =0;                 //启动读,读到 P0
        temp = P0;             //将 P0 的值赋给 temp
        return temp;           //函数返回 temp 的值
}
main()
{
    delay(3000);
    while(1){
    wr_jcq(0x8b);              //将 0x8 写入寄存器,设置 8255 为 PA 输出,PB、PC 入
    rd_PC();
    wr_PA(rd_PC());}           //将 rd_PC()的值由 PA 传送出去(传给外设)
}
```

2. 8255 的位操作

位操作的应用很广泛。8255 的端口不能直接进行位操作，但可以用位寻址的变量来缓冲数据，实现位操作。下面举例介绍 8255 的位操作。

任务书：编程实现开关 S0 闭合则使 D0 点亮否则 D0 熄灭；开关 S1 闭合则使 D1 点亮否则 D1 熄灭。接线如示意图 10-3 所示。

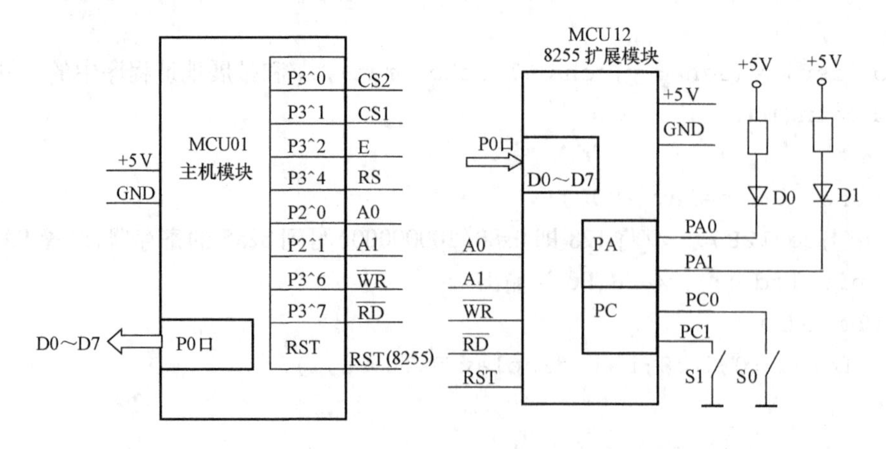

图 10-3 位操作下单片机、8255、液晶屏的连接（R/W 已接地）

程序示例如下：

```
#include <reg52.h>
#include <absacc.h>
#define PA XBYTE[0x0000]
#define PB XBYTE[0x0100]
#define PC XBYTE[0x0200]
#define PE XBYTE[0x0300]
unsigned char bdata PA8255、PC8255;/*声明两个可位寻址的变量,这两个变量
                                    用来做 8255 端口 PA、PC 的缓存变量
                                    (即将 PA、PC 口的数据暂存于 PA8255、
                                    PC8255*/
sbit s0 = PC8255^0;     //定义 s0 表示 PC8255 的第 0 位
sbit s1 = PC8255^1;     //定义 s1 表示 PC8255 的第 1 位
sbit D0 = PA8255^0;     //定义 D0 表示 PA8255 的第 0 位
sbit D1 = PA8255^1;     //定义 D1 表示 PA8255 的第 1 位。根据需要可定义缓存变
                          量的各个位
delay(unsigned i){while(--i)};
main()
{
  unsigned char i;
  delay(3000);
  PE = 0x8b;             //置 PA 出,PB、PC 入
  while(1)
{
    PC8255 = PC;/*将 8255 的 PC 端口的数据(接收到的数据)暂存到变量 PC8255,然
                  后就可使用 PC8255 的各个位*/
    if(s0 == 0)D0 = 0;  /*若开关 S0 闭合,则将点亮 D0 的数据暂存于 D0(即
                          PA8255 的第 0 位)*/
    else D0 =1;          //否则(断开),将熄灭 D0 的数据暂存于 D0
    if(s1 == 0)D1 = 0;   /*若开关 S1 闭合,则将点亮 D1 的数据暂存于 D1(即
                           PA8255 的第 1 位)*/
    else D0 =1;
    PA = PA8255;delay(200);   /*将暂存于变量 PA8255 的值赋给 PA,即由 PA
                                端口传送出去以驱动外设*/
  }
}
```

注意：我们可以声明 S0 ~ S7 为 PC8255 的第 0 ~ 7 位，D0 ~ D7 为 PA8255 的第 0 ~ 7 位。可以进行的除了示例中的判断位外，常用的还有以下几种：直接传递位（如 D1 = S1）、位取反后传递（如：D2 = ! S2）、与（如 D5 = S4&S5）、或（如 D7 = S1 | S2）等。

10.2 74LS245芯片及其应用

1. 74LS245芯片的认识

（1）认识实物和引脚名称。74LS245是8位、双向传输、三态输出的总线数据发送/接收器。其引脚名称和实物如图10-4所示。

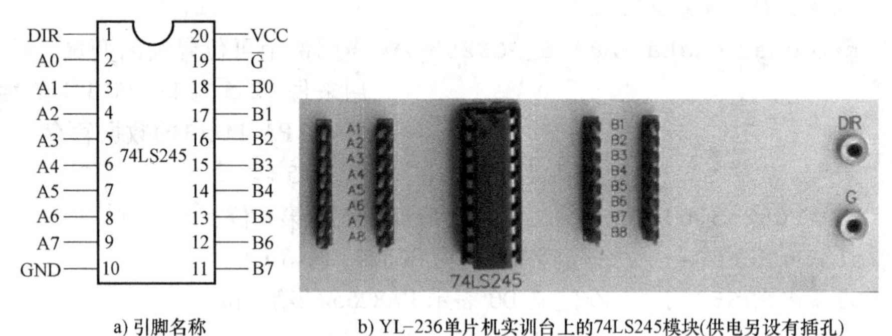

a) 引脚名称　　b) YL-236单片机实训台上的74LS245模块(供电另设有插孔)

图10-4　74LS245引脚名称和实物

（2）引脚功能。74LS245的引脚功能如下：

A：A总线端。

B：B总线端。

$\overline{G}$：收、发允许端。低电平时，数据传输有效（可以收或发）；高电平时，A、B均为高阻状态。

DIR：方向控制。当$\overline{G}=0$时，若DIR=1，B=A，即A端的数据传给B；若DIR=0，A=B，即B端的数据传给A。

2. 应用场合

74LS245设有锁存数据的功能，但能提高数据线的带负载能力。当多个器件并行数据线共用单片机的一个端口时，可用74LS245进行隔离，甚至使用多片74LS245进行隔离。具体应用将在第12章的综合项目中详细介绍。

10.3 端口复用的一些经验

所谓端口复用，就是当单片机的I/O端口不够用时，利用单片机的一组（或一个端口）连接多个外设（即多个模块使用一组或一条I/O口线）进行工作。

10.3.1 端口复用的一些具体策略

1. 实现端口复用必须满足的条件

实现端口复用必须满足的条件有以下两个：

（1）每个外设（模块）不需要长期使用这条（组）I/O口线，用完后可立即释放。

（2）一个模块使用这条（组）I/O口线时，高/低电平的变化对其他模块的工作不能造成影响。

2. 适合进行端口复用的模块

一般来说，液晶屏、数码管、A-D转换集成电路、D-A转换集成电路、8255集成电路的8位数据输入口等可共用一组端口（如P0口）。

需要注意的是，端口复用时要酌情做抗干扰处理，如下面的部分程序代码（注：只需要理解抗干扰的处理措施，对程序的具体作用不需考虑，因为代码不全）。

```
      void v()
      {
          uchar temp;
4行       cs2 = cs1 = en = 0;d = w = wr = 1;//关闭(断)数码管锁存和LCD12864的使能
          adcs = 0;adwr = 1;adrd = 1;delayms(1);
          adcs = 1;delayms(1);
          adwr = 0;
8行       gs = 0;
9行       P0 = 0xff;
          delayms(1000);
          while(!eoc);
          adcs = 0;adrd = 0;
          temp = P0;            //A-D转换输出的数据传至P0,这里是将P0的数据保存
                                  于temp
14行      gs = 1;
          val = (temp * 255/128);
      }
```

解释：

① 第4行：使数码管锁存和LCD12864的使能无效，以防止A-D转换时输出的数据通过导线传到LCD12864和数码管中，干扰显示。

② 第8行：gs端口接的是74LS245的$\overline{G}$口，$\overline{G}$口赋低电平能使A端与B端导通，使A-D数据端口与P0导通。端口复用时常用74LS245（可控制传送方向）来实现分时复用。

③ 第9行：使用P0口读取数据之前先把P0口全置为高电平，以消除原先的数据。

④ 第14行给$\overline{G}$赋高电平，使74LS245的数据传输功能无效（A、B之间为高阻状态），以防止A-D转换时输出的数据通过74LS245传输到数码管或其他器件的数据端口上。

3. 都具有时序操作的两条线可以复用

都具有时序操作的两条线，可以分时复用，例如：

（1）ds18b20与液晶屏的RW、RS可复用，但需做防干扰处理。即ds18b20在输出数据时，可利用液晶屏的使能信号，防止数据窜入液晶屏。

（2）8255的A0/A1/RD/WR可以与A-D转换的CS/RD/WR共用（没干扰）。

（3）液晶屏的CS1/CS2（选屏）不要与数码管的CS1/CS2（段位选择）共用。显示数据容易相互干扰。

4. 对在不同时间段中使用端口可以共用

对在不同时间段（可以在各个时间段设置表示状态的标志变量）中使用端口可以共用。例如：两个按键，如果要求在不同工作过程按下，则可以复用一个端口，检测到端口有低电平后，根据状态的标志变量来判断现在是哪个工作过程。针对不同工作过程执行相应的处理程序。

10.3.2 使用8255芯片时单片机及8255芯片的端口分配建议

当使用端口复用后，如果I/O口仍然不够用，则可使用8255扩展。至于哪些端口接什么器件比较好用，针对YL-236实训台的各模块，有以下几点经验（对其实验板、自行搭建的电路也有参考价值）：

1. 单片机的I/O口分配

针对YL-236需要使用8255时，常采用扩展地址的方式，P0除了接8255并口数据端，还可接LCD12864、LCD1602、数码管、ADC0809、DS18b20数据总线。P2、P3可接机械手传感器信号输出端、液晶屏与数码管的控制端等。P1可接机械手控制端及其他继电器，或步进电动机的CP端口。

2. 8255的端口分配

8255端口优先考虑接键盘（独立键盘最好使用字节操作）、机械手传感器、发光二极管。

当数码管或液晶数据端口共用8255的P0口时，数码管段位锁存和液晶屏的读/写时序操作端口，不宜接在8255上，因为8255也有时序，可能时序有时不协调。

补充：

（1）如果程序中途需要改变8255端口的输入输出模式设置，需先复位8255，再更改。

（2）若有时发现执行程序时部分功能时好时坏，这还是与8255有关。当你查不到原因时，可针对功能不正常的地方，给8255重新进行一次复位，往往就正常了。有的时候按键扫描子函数的写法本没有问题，但运行时按键有时失灵，原因是矩阵键盘该需要的电平没有得到，而矩阵键盘又是接在8255上面，因此可在刚进入按键子函数时给8255复位一次。然后再进入按键扫描函数，问题就解决了。

（3）现在有不少的新型微控制器，端口较多，不需用芯片来扩展端口。

（4）应用中，也可以增加一个单片机，可解决端口不够的问题，编程也变得很容易。

第3篇　综合应用篇

第 11 章　方便面生产线控制系统模拟

本章是一个多过程的综合性项目。通过该项目的实现，可使读者掌握按“工步”编程处理多过程、多任务项目的一般方法，大幅提高解决综合性问题的能力。

学习方法：阅读任务书，建立思路（编程的框架），画出程序流程图，连接硬件、再编程调试。若遇到学习障碍，再阅读本章的思路。

11.1　方便面模拟生产线任务书

1. 任务要求

请仔细阅读并理解方便面生产线的工作要求和有关说明，根据理解，在 YL-236 单片机实训考核装置选择你所需要的元器件。

（1）画出方便面生产线的电气原理图，在 YL-236 单片机实训考核装置上连接方便面生产线的电路，实物接线要与电气原理图相一致。

（2）请编写方便面生产线的控制程序。

（3）请调试编写的程序，检测和调整有关元器件的设置，完成方便面生产线的整体调试，使该方便面生产线能实现规定的工作要求。

2. 任务内容

（1）方便面生产线的流程。一个模拟方便面生产线的生产流程分别为面条生产装置，面条油炸及面饼生成装置，面饼烘干装置，成品包装装置，如图 11-1 所示。

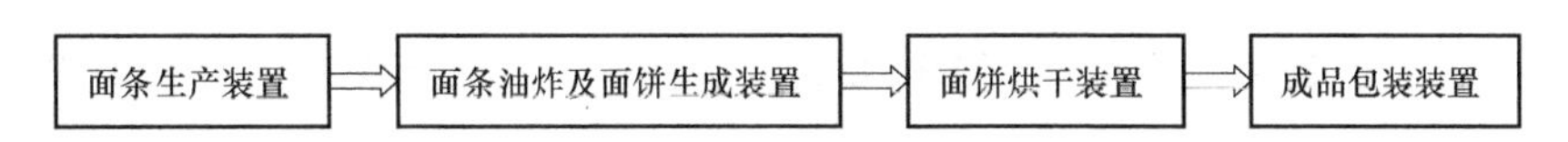

图 11-1　方便面生产线流程

1）面条生产装置。在加入面粉和水之后，电动机 1 搅拌 1.5min，然后停机等待生产面条指令，接到生产指令后电动机 2 转动 1min 完成面条的生产，完成面条的生产后蜂鸣器发声1s提示面条生产完成。

2）面条油炸及面饼生成装置：在面条生产之后，开始加热，当温度为50℃时，维持此温度1min，模拟面条被油炸的过程。油炸之后停机5s等待面饼成形，成形后蜂鸣器发声1s提示面饼生产完成。

3）面饼烘干装置：在面饼生产完成之后，等待降温，显示提示2显示“正在降温”，当降到40℃以下，启动加热，电动机3转动（风机），实现均匀加热，维持温度40℃持续10s（模拟面饼烘干过程），并显示温度。烘干之后停机5s等待面饼降温，完成面饼降温后发声1s提示面饼烘干完成。

4）成品包装装置：用交流电动机转5圈（模拟将成品转移到包装台），完成后蜂鸣器发声1s提示本次任务完成，等待下一次生产的开始。

注意： 1）~3）所用的三个电动机，在编程时用一个直流电动机代替。

3. 方便面生产线的控制要求

（1）初始状态。接通电源后，显示提示1显示“待机”，显示提示2显示“准备生产。

（2）工作过程

1）按下功能按键1后，显示提示1显示“请加原料”，按下功能按键2后表示面粉和水添加完毕，显示提示2显示“开始搅拌”，电动机转动开始搅拌，倒计时显示搅拌时间。

2）按下功能按键3开始面条生产，显示提示1显示“面条”，显示提示2显示“面条生产”，倒计时显示生产时间。

3）在面条生产完成后，显示提示1显示“油炸”，温度没有到达设定温度前显示提示2显示“正在加热”，并显示当前温度，温度到达设定温度后显示提示2显示“正在油炸”，温度到达设定温度后倒计时显示油炸时间，油炸之后显示提示1显示“成型”，显示提示2显示“正在成型”，倒计时显示成型时间。

4）在面饼生产完成之后，显示提示1显示烘干”，温度没有到达设定温度前显示提示2显示“正在加热”，温度到达设定温度后显示提示2显示“正在烘干”，温度到达设定温度后倒计时显示烘干时间。

5）在面饼烘干完成之后，显示提示1“包装”，显示提示2“正在包装”。

6）包装完成后，显示提示1“包装完成”，显示提示2“继续生产?”，按下功能按键1则重新开始下一次生产，如果5s内没有按键输入，则系统进入待机状态，显示提示1“待机”，显示提示2“准备生产”。

7）当系统以外掉电或出现其他意外情况导致系统重新启动时，如果同时按下功能按键2和功能按键3时，即按下组合按键时，显示提示1“选择”，显示提示2“功能选择”，并倒计时5s，如果在5s内有功能按键输入，则执行对应生产功能，否则倒计时完毕后进入待机状态。

注意： 要求显示温度、时间用LCD1602，显示提示1和显示提示2用LCD12864。

11.2 方便面模拟生产线的实现

11.2.1 方便面模拟生产线硬件模块接线和编程思路

1. 本项目涉及的硬件模块及接线

采用LCD1602显示温度、倒计时的时间信息（涉及的汉字用拼音表示），其余的显示用LCD12864，如图11-2所示。

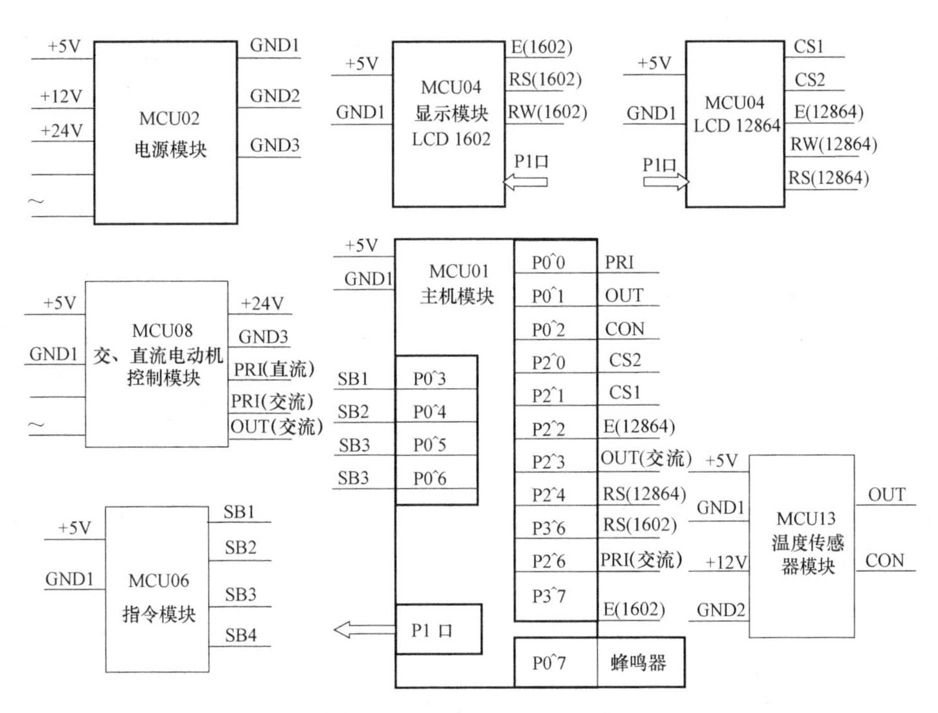

图11-2 方便面模拟生产线硬件及接线图

注：GND1、GND2、GND3分别为+5V、+12V、+24V的接地。

2. 编程思路

首先，浏览一遍任务书，大致了解各工序及要求，再细读、较详细地了解各个工序的过程。从宏观上建立思路框架。

（1）为了节省单片机端口，可将两块液晶屏共用P1口。LCD12864、LCD1602的R/W直接接地（置为“写”模式）。

（2）本项目涉及的过程较多。为了做好各个过程的衔接，我们可设一个（或几个）标志变量，在关键状态或关键时刻（如一个过程的结束时刻）给变量赋不同的值。这样，我们在编程时就可以用标志变量等于不同的值来代表这些关键状态（或关键时刻）。在这些关键状态需做的工作，可以这样写：把变量等于不同的值作为条件，满足条件则执行相应的工作语句。

（3）按功能将程序分成几个模块，将各个模块写成子函数，供主函数和其他子函数调用。

11.2.2 程序代码示例

```
#include <reg52.h>
#define uint unsigned int
#define uchar unsigned char
sbit cs2 = P2^0;  sbit cs1 = P2^1;//LCD12864 左半屏、右半屏选择
sbit en2 = P2^2;                   //LCD12864 使能
sbit out = P2^3;                   //交流电动机孔
sbit rs2 = P2^4;                   //LCD12864 数据/指令选择端
sbit djj = P2^6;                   //控制交流电动机的 PRI(转或不转)
sbit rs1 = P3^6;                   //LCD1602 数据/指令选择端
sbit en1 = P2^7;                   //LCD1602 使能端
sbit dj = P0^0;                    //直流电动机驱动(PRI)
10行 sbit wd = P0^1;               //接收 18b20 传来的温度信息
11行 sbit jr = P0^2;  //该端子驱动 18b20 旁的加热器升温(该升温模拟烘干等加热过程)
sbit k1 = P0^3;sbit k2 = P0^4;sbit k3 = P0^5;//功能键一、功能键二、功能键三
sbit k4 = P0^6;  sbit fmq = P0^7;         //功能键四、蜂鸣器
uchar n,ms,num,ksjb,sc,numsj;/* 这些变量的作用将在后续程序中出现时解
                                 释 */
uchar numwd;                              //存储 18B20 温度的变量
bit dsq;
uchar code table_12864[] = {              //显示数字取模
0x40,0x42,0x44,0xCC,0x00,0x60,0x5E,0x48,0xC8,0x7F,0xC8,0x48,0x4C,0x68,0x40,0x00,
0x00,0x40,0x20,0x1F,0x20,0x60,0x90,0x8C,0x83,0x80,0x8F,0x90,0x90,0xD0,0x5C,0x00,  //选 0
0x00,0x10,0x88,0xC4,0x33,0x40,0x44,0x44,0x44,0x7F,0x44,0xC4,0x46,0x64,0x40,0x00,
0x02,0x01,0x00,0xFF,0x00,0x02,0x0A,0x32,0x02,0x42,0x82,0x7F,0x02,0x03,0x02,0x00,  //待 1
0x10,0x10,0x10,0xFF,0x90,0x50,0x82,0x46,0x2A,0x92,0x2A,0x46,0x82,0x80,0x80,0x00,
0x02,0x42,0x81,0x7F,0x00,0x09,0x08,0x09,0x09,0xFF,0x09,0x09,0x0C,0x09,0x00,0x00,  //择 2
0x00,0x02,0x04,0xEC,0x40,0x20,0xF8,0x4F,0x48,0x49,0xFE,0x48,0x68,0x4C,0x08,0x00,
0x02,0x02,0x7F,0x00,0x00,0x00,0xFF,0x22,0x22,0x22,0x3F,0x22,0x23,0x32,0x20,0x00,  //准 3
0x00,0x00,0x90,0x88,0x44,0x4B,0x32,0x12,0x32,0x4A,0x46,0x82,0x80,0x80,0x80,0x00,
0x01,0x01,0x00,0xFF,0x49,0x49,0x49,0x7F,0x49,0x49,0x49,0xFF,0x00,0x01,0x00,0x00,  //备 4
0x00,0xC0,0x30,0x1E,0x10,0x10,0x10,0xFF,0x10,0x10,0x10,0x10,0x18,0x10,0x00,0x00,
0x41,0x40,0x42,0x42,0x42,0x42,0x42,0x7F,0x42,0x42,0x42,0x43,0x42,0x60,0x40,0x00,  //生 5
0x00,0x08,0x08,0x88,0x98,0xE8,0x89,0x8E,0x88,0xC8,0xA8,0x98,0xCC,0x88,0x00,0x00,
0x80,0x40,0x30,0x0F,0x00,0x00,0x00,0x00,0x00,0x00,0x00,0x00,0x00,0x00,0x00,0x00,  //产 6
0x20,0x22,0xEC,0x00,0x20,0x22,0xAA,0xAA,0xAA,0xBF,0xAA,0xAA,0xEB,0xA2,0x20,0x00,
0x00,0x00,0x7F,0x20,0x10,0x00,0xFF,0x0A,0x0A,0x0A,0x4A,0x8A,0x7F,0x00,0x00,0x00,  //请 7
0x10,0x10,0x10,0xFF,0x10,0x10,0xF8,0x10,0x00,0xF8,0x08,0x08,0x08,0xFC,0x08,0x00,
0x40,0x20,0x1E,0x01,0x20,0x40,0x3F,0x00,0x00,0x7F,0x20,0x20,0x20,0x7F,0x00,0x00,  //加 8
```

```
0x00,0x00,0xFE,0x02,0xE2,0xA2,0xB2,0xAE,0xA2,0xA2,0xA2,0xA2,0xF3,0x22,0x00,0x00,
0x40,0x30,0x0F,0x40,0x23,0x1A,0x42,0x82,0x7E,0x02,0x02,0x0A,0x13,0x60,0x00,0x00,    //原 9
0x20,0x22,0x2C,0xA0,0xFF,0x28,0x24,0x22,0x00,0x24,0xC8,0x00,0xFF,0x00,0x00,0x00,
0x10,0x08,0x06,0x01,0xFF,0x01,0x06,0x02,0x02,0x02,0x02,0x02,0xFF,0x01,0x01,0x00,    //料 10
0x80,0x82,0x82,0x82,0xFE,0x82,0x82,0x82,0x82,0x82,0xFE,0x82,0x83,0xC2,0x80,0x00,
0x00,0x80,0x40,0x30,0x0F,0x00,0x00,0x00,0x00,0x00,0xFF,0x00,0x00,0x00,0x00,0x00,    //开 11
0x10,0x10,0xF0,0x1F,0x10,0xF0,0x40,0x60,0x58,0x47,0x40,0x40,0x50,0x60,0xC0,0x00,
0x40,0x22,0x15,0x08,0x16,0x61,0x00,0xFE,0x42,0x42,0x42,0x42,0x42,0xFF,0x02,0x00,    //始 12
0x10,0x10,0x10,0xFF,0x90,0x38,0xC9,0x4E,0x48,0x49,0x4E,0x48,0xCC,0x2B,0x18,0x00,
0x02,0x42,0x81,0x7F,0x00,0x80,0x9F,0x40,0x20,0x1F,0x60,0x80,0x9F,0x80,0xE0,0x00,    //搅 13
0x10,0x10,0x10,0xFF,0x90,0x50,0x24,0x28,0x20,0xFF,0x20,0x28,0x24,0x20,0x00,0x00,
0x02,0x42,0x81,0x7F,0x00,0x02,0x02,0x02,0x02,0xFF,0x02,0x02,0x02,0x03,0x02,0x00,    //拌 14
0x02,0xF2,0x12,0x12,0x12,0xFA,0x96,0x92,0x92,0xF2,0x12,0x12,0x12,0xFB,0x12,0x00,
0x00,0xFF,0x40,0x40,0x40,0x7F,0x48,0x48,0x48,0x7F,0x40,0x40,0x40,0xFF,0x00,0x00,    //面 15
0x80,0x90,0x48,0x44,0x27,0x2A,0x12,0x92,0x12,0x2A,0x26,0x42,0x40,0xC0,0x40,0x00,
0x00,0x00,0x22,0x12,0x0A,0x42,0x82,0x7F,0x02,0x02,0x0A,0x13,0x32,0x00,0x00,0x00,    //条 16
0x10,0x22,0x64,0x0C,0x80,0xF0,0x10,0x10,0x10,0xFF,0x10,0x10,0x10,0xF8,0x10,0x00,
0x04,0x04,0xFE,0x01,0x00,0xFF,0x42,0x42,0x42,0x7F,0x42,0x42,0x42,0xFF,0x00,0x00,    //油 17
0x80,0x70,0x00,0xFF,0x10,0x48,0x30,0x0F,0xF8,0x88,0x88,0x88,0xC8,0x8C,0x08,0x00,
0x40,0x20,0x18,0x07,0x08,0x30,0x00,0x00,0xFF,0x08,0x08,0x08,0x08,0x0C,0x08,0x00,    //炸 18
0x00,0x02,0x02,0xC2,0x02,0x02,0x02,0xFE,0x82,0x82,0x82,0xC2,0x83,0x02,0x00,0x00,
0x40,0x40,0x40,0x7F,0x40,0x40,0x40,0x7F,0x40,0x40,0x40,0x40,0x40,0x60,0x40,0x00,    //正 19
0x08,0x08,0x08,0x08,0xC8,0x38,0x0F,0x08,0x08,0xE8,0x08,0x88,0x08,0x0C,0x08,0x00,
0x08,0x04,0x02,0xFF,0x00,0x40,0x41,0x41,0x41,0x7F,0x41,0x41,0x41,0x60,0x40,0x00,    //在 20
0x10,0x10,0x10,0xFF,0x10,0x10,0xF8,0x10,0x00,0xF8,0x08,0x08,0x08,0xFC,0x08,0x00,
0x40,0x20,0x1E,0x01,0x20,0x40,0x3F,0x00,0x00,0x7F,0x20,0x20,0x20,0x7F,0x00,0x00,    //加 21
0x00,0x88,0x88,0x48,0xFF,0x48,0x28,0x08,0x48,0xFF,0x08,0x08,0xFC,0x08,0x00,0x00,
0x80,0x60,0x04,0x08,0x27,0xC0,0x08,0x04,0x23,0xC0,0x01,0x00,0x27,0x48,0xC6,0x00,    //热 22
0x00,0x00,0xF8,0x88,0x88,0x88,0x88,0x08,0x7F,0x88,0x0A,0x0C,0x08,0xC8,0x00,0x00,
0x40,0x20,0x1F,0x00,0x08,0x10,0x0F,0x40,0x20,0x13,0x1C,0x24,0x43,0x80,0xF0,0x00,    //成 23
0x20,0x22,0x22,0xFE,0x22,0x22,0xFE,0x23,0x22,0x00,0xFC,0x00,0x00,0xFF,0x00,0x00,
0x40,0x4C,0x4A,0x49,0x48,0x48,0x4B,0x7E,0x48,0x48,0x48,0x4A,0x4C,0x6B,0x40,0x00,    //型 24
0x80,0x70,0x00,0xFF,0x20,0x10,0x10,0x10,0xFF,0x10,0x10,0xFF,0x10,0x10,0x00,0x00,
0x40,0x20,0x18,0x07,0x08,0x34,0x84,0x44,0x37,0x04,0x04,0x17,0x64,0xC6,0x04,0x00,    //烘 25
0x80,0x80,0x82,0x82,0x82,0x82,0x82,0xFE,0x82,0x82,0x82,0x83,0x82,0xC0,0x80,0x00,
0x00,0x00,0x00,0x00,0x00,0x00,0x00,0xFF,0x00,0x00,0x00,0x00,0x00,0x00,0x00,0x00,    //干 26
0x00,0x40,0x20,0xD0,0x48,0x4F,0x48,0x48,0xE8,0x48,0x08,0xFC,0x08,0x00,0x00,0x00,
0x00,0x00,0x00,0x3F,0x42,0x42,0x42,0x42,0x47,0x40,0x48,0x4F,0x40,0x70,0x00,0x00,    //包 27
0x00,0x42,0x24,0x10,0xFF,0x00,0x44,0xA4,0x24,0x3F,0x24,0x34,0x26,0x84,0x00,0x00,
0x01,0x21,0x21,0x11,0x09,0xFD,0x43,0x21,0x0D,0x11,0x29,0x25,0x43,0xC1,0x41,0x00,    //装 28
0x20,0x30,0xAC,0x63,0x30,0x00,0xFE,0x88,0x90,0xA0,0xFF,0xA0,0x90,0x98,0x00,0x00,
0x22,0x67,0x22,0x12,0x12,0x00,0x7F,0x48,0x44,0x42,0x7F,0x42,0x44,0x6C,0x40,0x00,    //继 29
0x20,0x30,0xAC,0x63,0x30,0x20,0x24,0x64,0xA4,0x3F,0xE4,0x26,0xA4,0x60,0x00,0x00,
0x22,0x63,0x22,0x12,0x12,0x14,0x85,0x46,0x24,0x1C,0x17,0x24,0x44,0xC6,0x04,0x00,    //续 30
0x00,0x00,0x30,0x38,0x28,0x04,0x04,0x04,0x84,0x84,0xC4,0x4C,0x78,0x30,0x00,0x00,
```

```
0x00,0x00,0x00,0x00,0x00,0x00,0x20,0x70,0x73,0x21,0x00,0x00,0x00,0x00,0x00,0x00,        //? 31
0x00,0x40,0x20,0xB0,0xAC,0xA7,0xA4,0xA4,0xB4,0xAC,0xA4,0xA0,0xF0,0x20,0x00,0x00,
0x20,0x18,0x02,0x3A,0x42,0x42,0x46,0x4A,0x5A,0x42,0x42,0x72,0x03,0x08,0x30,0x00,  //急32
0x40,0x20,0xF8,0x07,0x00,0x04,0x74,0x54,0x55,0x56,0x54,0x54,0x76,0x04,0x00,0x00,
0x00,0x00,0xFF,0x04,0x03,0x01,0x05,0x45,0x85,0x7D,0x05,0x05,0x01,0x05,0x03,0x00,  //停33
0x00,0x00,0x3E,0x00,0x00,0xFF,0x40,0x46,0x2A,0x12,0xAA,0x26,0x42,0xC0,0x40,0x00,
0x00,0x88,0x88,0x49,0x29,0x09,0x8D,0xFB,0x09,0x09,0x28,0x4C,0xD8,0x00,0x00,0x00,  //紧34
0x10,0x10,0xD0,0xFF,0x90,0x10,0x00,0xFC,0x04,0x04,0x04,0xFE,0x04,0x00,0x00,0x00,
0x04,0x03,0x00,0xFF,0x80,0x41,0x20,0x1F,0x00,0x00,0x00,0x3F,0x40,0x40,0x70,0x00,  //机35
0x08,0x08,0x08,0xF8,0x0C,0x28,0x20,0x20,0xFF,0x20,0x20,0x20,0x20,0xF0,0x20,0x00,
0x08,0x18,0x08,0x0F,0x84,0x44,0x20,0x1C,0x03,0x20,0x40,0x80,0x40,0x3F,0x00,0x00,  //功36
0x10,0xD8,0x54,0x53,0x50,0xDC,0x30,0x00,0x7F,0x90,0x88,0x84,0x86,0xE0,0x00,0x00,
0x00,0xFF,0x09,0x49,0x89,0x7F,0x00,0x00,0x7E,0x90,0x88,0x84,0x86,0x80,0xE0,0x00,  //能37
0x00,0x00,0x00,0x00,0x7F,0x49,0x49,0x49,0x49,0x49,0x7F,0x00,0x00,0x80,0x00,0x00,
0x01,0x81,0x41,0x21,0x1D,0x21,0x41,0x7F,0x89,0x89,0x8D,0x89,0x81,0xC1,0x41,0x00,  //是38
0x02,0x02,0x82,0x82,0x42,0x22,0x12,0xFA,0x06,0x22,0x22,0x42,0x42,0x83,0x82,0x00,
0x01,0x01,0x00,0xFE,0x42,0x42,0x42,0x43,0x42,0x42,0x42,0xFF,0x02,0x00,0x01,0x00,  //否39
0x00,0xFE,0x02,0x22,0xDA,0x06,0x88,0x44,0x57,0xA4,0x54,0x4C,0x84,0x80,0x80,0x00,
0x00,0xFF,0x08,0x10,0x08,0x07,0x10,0x1E,0x12,0xFF,0x12,0x12,0x18,0x11,0x00,0x00,  //降40
0x10,0x22,0x64,0x0C,0x80,0x00,0xFE,0x92,0x92,0x92,0x92,0x92,0xFF,0x02,0x00,0x00,
0x04,0x04,0xFE,0x01,0x40,0x7E,0x42,0x42,0x7E,0x42,0x7E,0x42,0x42,0x7E,0x40,0x00,  //温41
    };//汉字后面的0~41为汉字的序号,以方便显示函数调用
112行 uchar code table1_1602[]="0123456789";     //LCD1602显示数字取模
      uchar code table2_1602[]="  sj  wd  ks  ";//时间  温度  开始
      void delayms(uint z)                      //延时毫秒级子函数
      {
          uint x,y;
          for(x=z;x>0;x--)
              for(y=110;y>0;y--);
      }
      void delayus(uint z)while(z--);  //延时微秒级子函数
      void write_com12864(uchar com)   //LCD12864写命令
      {
          rs2=0;P1=com;
          en2=1;en2=0;
      }
      void write_dat12864(uchar dat)   //LCD12864写数据
      {
          rs2=1;P1=dat;
          en2=1;en2=0;
      }
```

```
void init_12864()                        //LCD12864 初始化
{
    write_com12864(0x3f);
    write_com12864(0xc0);
    qp_lcd();
}
void qp_lcd()                            //LCD12864 清屏
{
    uint a,b;
    cs1 = cs2 = 1;
    for(a = 0;a < 8;a ++ )
    {
      write_com12864(0xb8 + a);write_com12864(0x40);
      for(b = 0;b < 64;b ++ ){write_dat12864(0);}
    }
}
void write_com1602(uchar com)            //LCD1602 写命令
{
    rs1 = 0;
    P1 = com;delayms(1);
    en1 = 1;  en1 = 0;
}
void write_dat1602(uchar dat)            //LCD1602 写数据
{
    rs1 = 1;
    P1 = dat;delayms(1);
    en1 = 1;en1 = 0;
}
void init1602()                          //LCD1602 初始化显示格式设置
{
    write_com1602(0x38);write_com1602(0x0c);
    write_com1602(0x06);write_com1602(0x01);
}
/ * 16 × 16 点阵显示函数。参数为:d——页数;e——列数;dat——汉字序号 * * /
void display_12864(uchar d,uchar e,uchar dat)  //LCD12864 写汉字
{
    uchar i;
    if(e < 64){cs1 = 1;cs2 = 0;}
    else {cs1 = 0;cs2 = 1;e- = 64;}
```

```
            write_com12864(0xb8 +d);
            write_com12864(0x40 +e);
            for(i =0;i <16;i ++)write_dat12864(table_12864[i +32 * dat]);
177行       write_com12864(0xb8 +d +1);
178行       write_com12864(0x40 +e);
            for(i =0;i <16;i ++)write_dat12864(table_12864[i +32 * dat +16]);
    }
    void system_init()                          //系统上电时的初始化
    {
        dj =djj =0;                             //关掉电动机
        TMOD =0X01;                             //设置定时器T0,T1工作方式为方式一
        TH0 = (65536-45872)/256;                //50ms初值
        TL0 = (65536-45872)% 256;
        EA =ET0 =1;                             //开启总中断、开启T0,T1中断允许位
    }
    init_18b20(void)                            //18b20的初始化(初始化成功后才能读
和写)
    {
        bit yd;
        wd =1;delayus(5);                       //总线DQ拉高,延时。wd为18b20的
                                                  DQ(见第10行声明)
        wd =0;delayus(80);                      //总线DQ拉低480~960μs
        wd =1;delayus(5);                       //总线DQ拉高15~60μs,再判断DS18
                                                  B20是否存在应答
        yd =wd;delayus(50);                     //判断DQ是否为0,为0则有应答。yd
                                                  保存DQ的
        return(yd);                             //应答信息返回yd的值
    }
    char read_18b20(void)                       //读温度信息(读1字节的基础函数)
    {
      uchar i,dat;
      for(i =0;i <8;i ++)
      {
        wd =0;  dat > > =1;
        wd =1;  if(wd)dat |=0x80;
        delayus(7);
      }
      return(dat);
    }
```

```
    void write_18b20(uchar dat)//给18B20写命令(写1B),前面已介绍
    {
222行   uchar i;
223行   for(i=0;i<8;i++)
        {
            wd=0;  wd=dat&0x01;delayus(7);
            wd=1;  dat>>=1;
        }
    }
    void wendu()                    //读取温度和处理数据的完整过程
    {
      uchar tcl,tch;
      if(!init_18b20())
      {
        write_18b20(0xcc)           //跳过检查ROM
        write_18b20(0x44);          //启动温度转换
        init_18b20();               //再次初始化
        write_18b20(0xcc);
        write_18b20(0xbe);          //读取暂存器9字节内容
        tcl=read_18b20();           //读第0字节到TCL
        tch=read_18b20();           //读第1字节到TCH
      }
      numwd=((tch<<4)|(tcl>>4));
    }
    void key()                      //按键扫描函数。按键按下后产生相应的状态标志和
                                      显示
    {
246行   if(ms==0&&k2==0&&k3==0)  /*中途掉电后又来电,系统重启后,在待机状
                                    态,ms初值为0,同时按下功能键2和功能
                                    键3,选择生产线的运行功能*/
          {
            delayms(10);     //延时消抖
            if(k2==0&&k3==0)
            {
251行         ms=2;//ms=2为K2、K3组合键后的标志,也可避免重复执行246行
            }
            while(!k2,k3);//按键释放。逗号表达式将标识符K2、K3连成一个整体
          }
255行   if(ms==0&&k1==0)      //在待机状态,按下功能键K1
```

```
        {
          delayms(10);
          if(k1==0)
          {
            ms=1;/*ms=1为在待机状态按下K1时(即进入了加原料过程)的标志。它
                       也是执行第二道工序(见269行)的入口必要条件之一
            display_12864(2,32,7);  //显示"请"
            display_12864(2,48,8);  //显示"加"
            display_12864(2,64,9);  //显示"原"
265行       display_12864(2,80,10);  //显示"料"
266行     }
           while(!k1);
        }
269行   if(ms==1&&k2==0)      //在ms=1的条件下按下功能键K2(模拟加原料完毕)
        {
            delayms(10);
272行       if(k2==0)ksjb=1;            //开始搅拌的标志,在343行有应用
            while(!k2);
        }
275行       if(ksjb=1)
            {
                display_12864(2,32,11);  //显示"开"
                display_12864(2,48,12);  //显示"始"
                display_12864(2,64,13);  //显示"搅"
                display_12864(2,80,14);  //显示"拌"
        }
        if(ksjb==1&&k3==0)                  //经过搅拌后,按下功能键K3
        {
                delayms(10);
                if(k3==0)
                {
286行               sc=1;                     //面条生产的标志。在354行有应用
                    display_12864(0,48,15);  //----面
                    display_12864(0,64,16);  //----条
                    display_12864(2,32,15);  //----面
                    display_12864(2,48,16);  //----条
                    display_12864(2,64,5);   //----生
                    display_12864(2,80,6);   //----产
        }
```

```
  }
}
void display_1602()                              //LCD1602 显示函数
{
    uchar i;
    write_com1602(0x80);                         //第一行
    for(i=0;i<16;i++)
    {
      write_dat1602(table2_1602[i]);             //显示"  sj  wd  gs  "
    }
    write_com1602(0xc0);                         //第二行
    write_dat1602(0x20);                         //写空白
    write_dat1602(0x20);
    write_dat1602(table1_1602[numsj/10]); //显示时间(秒的十位)
    write_dat1602(table1_1602[numsj%10]);
    write_dat1602('s');                          //显示时间单位 s(秒的个位)
    write_dat1602(0x20);                         //写空白
    write_dat1602(0x20);
    write_dat1602(table1_1602[numwd/10]); //显示温度
    write_dat1602(table1_1602[numwd%10]);
    write_dat1602(0xdf);                         //显示℃前的那个"°"
    write_dat1602('c');                          //显示℃的"C"
    write_dat1602(0x20);                         //写空白
    write_dat1602(0x20);                         //写空白
    write_dat1602(table1_1602[numgs]);
300 行 write_dat1602(0x20);                      //写空白
    write_dat1602(0x20);                         //写空白
  }
303 行 void jldj()                               //处理交流电动机工作的函数
  {
    bit b;              //用于消抖的标志,初值为 0
    uchar mbcs;         //局部变量,记录交流电动机上小孔通过光耦传感器的次数
    while(mbcs!=40)//交流电动机皮带轮上设有 8 个小孔,当 mbcs 增大到等于 40
    {                   //时,交流电动机就刚好转过了 5 圈
      djj=1;            //交流电动机启动
      if(out==0&&b==0)                   //皮带盘上小孔进入光耦传感器时,out 为 0
      {
          mbcs++;                        //小孔进入光耦分器一次 mbcs 就加 1
          display_12864(0,48,27); //--------|包。调用显示函数进行显示
```

```
            display_12864(0,64,28); //--------|装
            display_12864(2,32,19); //--------|正
            display_12864(2,48,20); //--------|在
            display_12864(2,64,27); //--------|包
            display_12864(2,80,28); //--------|装
            b=1;                    //小孔进入后将标志置为1
        }
        if(out==1)                  //小孔离开光耦合器
        {
          b=0;                      //小孔离开光耦合器后标志置0
          display_12864(0,48,27);   //--------|包
          display_12864(0,64,28);   //--------|装
          display_12864(2,32,19);   //--------|正
          display_12864(2,48,20);   //--------|在
          display_12864(2,64,27);   //--------|包
          display_12864(2,80,28);   //--------|装
        }
    }
/*以上设标志位b的目的是:如果不设b,由于小孔进入光耦合器后out的值会变为0,但存在类似按键按下过程的抖动,即使小孔只有一次进入光耦合器,mbsc也会自加多次*/
      djj=0;  //mbsc计满达40也就是交流电动机转了5圈,停止交流电动机
      mbcs=0; //mbsc清0。为下一次包装做准备
    }
    void work()         //处理工作流程的函数
342行 {
343行      if(n==0&&ksjb=1)  //ksjb=1为开始搅拌的标志,见274行。给n赋不同的值,
           {              //用作各个工作步骤结束的标志。n=0(初值0为待机状态标志
           dj=1;                  //直流电动机起动
           numsj=90;              /*numsj为定时器控制的倒计时时间。赋不同的值可
                                    产生不同的倒计时,以满足生产过程不同工序对时
                                    间的需要*/
           TR0=1;                 /*开启定时器T0,倒计时结束停止定时器并停止直流
                                    电动机(见553行定时器T0中断函数)*/
           if(TR0=1)              //在T0中断函数里倒计时结束,停止了T0(有TR0=0
                                    语句)
           {
             n=1;                 //n=1为搅拌的倒计时结束的标志
             ksjb=0;              //搅拌结束后,开始搅拌的标志清0
           }
```

```
        }
354行   if(n==1&&sc==1)              //sc=1为面条生产的标志(见286行)
        {
          dj=1;numsj=60;TR0=1;       //起动直流电动机,启动定时器,倒计时60s
          if(TR0=1)                  //倒计时结束时,在T0中断中停止了T0
          {
            n=2;                     //n=2为面条生产结束(倒计时结束)的标志
360行       sc=0;
          }
        }
        if(n==2)     //面条生产结束蜂鸣器响提示(注:也可将蜂鸣器放入360行后)
        {
          fmq=1;delayms(500);fmq=0;
          n=3;                  //面条生产结束后蜂鸣器结束的标志
        }
        if(n==3)                //面条生产结束后进入油炸及面饼成型过程
        {
          wendu();              //检测温度
          display_1602();  //LCD1602显示温度信息
          if(numwd<49)//如果温度小于49℃就接通加热,显示"正在加热"。题意
          {    //是低于50℃启动加热。由于加热器有热惯性,所以这里用49℃
            jr=0;                              //接通加热继电器,开始加热
            display_12864(0,48,17);            //-----|油。显示提示1
            display_12864(0,64,18);            //-----|炸。显示提示1
            display_12864(2,32,19);            //-----|正。显示提示2
            display_12864(2,48,20);            //-----|在
            display_12864(2,64,21);            //-----|加
            display_12864(2,80,22);            //-----|热
          }
384行     if(numwd>50)                         //如果温度大于50℃
          {
            jr=1;                              //停止加热
            display_12864(2,32,19);            //-----|正
            display_12864(2,48,20);            //-----|在
            display_12864(2,64,17);            //-----|油
            display_12864(2,80,18);            //-----|炸
            numsj=60;                          //设定油炸时间为60s
            TR0=1;                             //启动定时器
            if(TR0=1)
```

```
    {
        n =4;                               //为油炸倒计时结束的标志
    }
  }
  if(n ==4)
  {
    numsj =5;                           //油炸过后需停机5s进行成型
    display_12864(0,48,23);             //--------|成
    display_12864(0,64,24);             //--------|型
    display_12864(2,32,19);             //--------|正
    display_12864(2,48,20);             //--------|在
    display_12864(2,64,23);             //--------|成
      display_12864(2,80,24);           //--------|型
      TR0 =1;                           //开启倒计时
      if(TR0 =1)
      {
        fmq =1;delayms(500);fmq =0;     //蜂鸣器响一声
        while(numwd >40)                //如果温度大于40℃就在{}内循环
        {
            jr =1;                      //停止加热以进行降温
            display_12864(2,32,19);     //-----|正
            display_12864(2,48,20);     //-----|在
            display_12864(2,64,40);     //-----|降
            display_12864(2,80,41);     //-----|温
            wendu();                    //读温度函数
            display_1602();             //LCD1602显示函数
      }
      n =5;           //为成型后蜂鸣器响结束,并已降温的标志
    }
  }
   if(n ==5)          //以下为进入烘干
426行 {
      wendu();        //读温度函数(检测温度可根据需要定时检测)
      display_1602();//LCD1602显示函数
429行  if(numwd <40)  //如果温度小于40℃
      {
        jr =0;                       //启动加热
        display_12864(0,48,25);//-----|烘
        display_12864(0,64,26);//-----|干
```

```
          display_12864(2,32,19);//-----|正
          display_12864(2,48,20);//-----|在
436行     display_12864(2,64,21);//-----|加
437行     display_12864(2,80,22);//-----|热
        }
        if(numwd>40){               //如果温度大于40℃
          jr=1;                     //停止加热
          display_12864(2,64,25);//烘。将436行的加热改为"烘"
          display_12864(2,80,46);//干。将436行的加热改为"干"
        }
        dj=1;                       //电动机3(风机)起动,实现均匀加热
        numsj=5;TR0=1;              //维持40℃的温度5s
        if(dsq=1){                  //5s倒计时结束
            dsq=0;
            fmq=1;delayms(500);fmq=0;
            n=6;                    //烘干结束待进入包装的标志
        }
        if(n==6){
            jldj(); //交流电动机转5圈。相应的显示写在jldj()内(见303行)
            qp_lcd(); //执行完成后LCD12864清屏
            n=7;      //模拟包装结束的标志
        }
        if(n=7)       //进入询问是否继续包装
        {
            display_12864(0,32,27);  //-----|包
            display_12864(0,48,28);  //-----|装
            display_12864(0,64,42);  //-----|完
            display_12864(0,80,43);  //-----|成
            display_12864(4,32,29);  //-----|继
            display_12864(4,48,30);  //-----|续
            display_12864(4,64,5);   //-----|生
            display_12864(4,80,6);   //-----|产
472行       display_12864(4,96,31);  //-----|?(显示问号)
473行       display_12864(6,16,38);  //-----|是
            display_12864(6,112,39);//-----|否
            numsj=5;TR0=1;  //启动5s倒计时
            while(TR0=1){   //倒计时结束时TR0=0,才退出while循环
              key();        //5s倒计时没有结束前,不停地检测按键
            }
```

```
            n =8;dsq =0;        //n =8 为此时的状态标志,倒计时标志清 0
          }
          if(n ==8&&ms =1){     //ms =1 说明在倒计时的 5s 内功能键 K1 被按下
          n =0;qp_lcd();k1 =0;  //重新开始生产(见 255 行)
      }
          else if(n =8){ms =0;n =0;qp_lcd();}   //转入 n =0、ms =0(待机状态)
}
void main()
{
  system_init();              //初始化
  init1602();                 //LCD1602 初始化
  init_12864();               //LCD12864 初始化
  while(1)
  {
      key();                  //按键扫描函数
494 行 if(ms ==0)              //ms =0 为没有键按下(即刚上电后的待机状态)
      {
         key();               //按键扫描函数
         display_12864(0,48,1);  //显示"待"
         display_12864(0,64,35); //显示"机"
         display_12864(2,32,3);  //显示"准"
         display_12864(2,48,4);  //显示"备"
         display_12864(2,64,5);  //显示"生"
         display_12864(2,80,6);  //显示"产"
      }                          //按键函数不含待机显示,可写在这里
504 行 if(ms ==1)                //ms =1 为功能键 K1 按下后的标志
      {
         wendu();key();work();   //温度转换,扫描按键,工作处理函数
         display_1602();         //LCD1602 显示函数
      }
      if(ms ==2)       //ms =2 为断电又来电后按下组合键 K2、K3 后选择工序的标志
      {
        ms =0;         //如果没有按键按下,则从 494 行进入待机模式
        if(k1 ==0)
        {
          delayms(10);
          if(k1 ==0)                  //功能键 1 按下
          {
            qp_lcd();//有键按下,需清屏(清除待机显示)再显示新内容
```

```
            display_12864(2,32,7);  //显示"请"
            display_12864(2,48,8);  //显示"加"
            display_12864(2,64,9);  //显示"原"
517 行      display_12864(2,80,10); //显示"料"
518 行      n=0;ms=1;     //程序循环执行时可由 504 行进入相应的工序
          }
          while(!k1);
        }
        if(k2==0)              //功能键 2 按下
        {
          delayms(10);
          if(k2==0)
          {
            n=0;ms=1;ksjb=1;//可使程序从 504 行进入,有 key()中再从 275
          }                      //行进入相应的工序
          while(!k2);
        }
        if(k3==0)                //按下功能键 3
        {
         delayms(10);
         if(k3==0){
            display_12864(0,48,15);    //显示"面"
            display_12864(0,64,16);    //显示"条"
            display_12864(2,32,15);    //显示"面"
            display_12864(2,48,16);    //显示"条"
            display_12864(2,64,5);     //显示"生"
            display_12864(2,80,6);     //显示"产"
            n=1;sc=1;ms=1;  //使程序从 504 行进入,再从 key()的 354
         }                       //行进入
         while(!k3);
        }
      }
    }
}
void time0()interrupt 1  //定时器 T0 工作函数
{
  TH0=(65536-45872)/256;
  TL0=(65536-45872)%256;
  num++;
```

```
      if(num==20)
      {
        num=0;
        if(numsj!=0)
562行   {
563行     numsj--;
          if(numsj==0){
            TR0=0;dj=0;  //倒计时结束,停止T0,停止直流电动机
          }
        }
      }
    }
```

11.3 模块化编程

本项目工作过程较复杂，工作任务较多，可采用模块化编程，即在工程中添加若干个".C"文件，每个".C"文件完成一个专门的任务。每个".C"文件对应着一个".h"文件，将相应的宏定义、变量声明和函数声明都放在".h"文件中，在".C"文件的宏定义中包含相应的".h"文件。于是，每个".C"文件和相应的".h"文件就是一个功能模块。在"main.c"文件中将各功能模块进行有机组合。采用这样的方法，层次清楚，各功能模块也有利于移植到其他的项目中。具体示例详见本书学习资料。

第12章 煤矿自动运输车模拟控制系统

本章导读

本章项目的任务多、过程多，涉及知识面广，综合性强，难度较大。初学者完成本项目后，可使自己解决较大型项目的综合编程能力得到本质的提高。

学习方法：阅读任务书后，可自行设想编程思路。若不能完整地构建思路，可以阅读本章的编程思路和程序示例，基本上看懂后，再自行编程，遇到障碍后再阅读本章寻求解决方法，直到自己能独立地完成本项目为止，并要总结经验和教训。

12.1 煤矿自动运输车模拟装置系统说明

1. 工作任务要求

请使用YL-236型单片机控制实训考核装置制作完成煤矿自动运输车模拟装置，具体工作任务和要求如下：

① 根据煤矿自动运输车的相关说明和工作要求，正确选用需要的控制模块和元器件，完成与制作过程相关的工作计划书上所涉及的有关知识答题。

② 根据工作任务及其要求，合理确定各模块的摆放位置，按照相关工艺规范连接煤矿自动运输车模拟装置的硬件电路。

③ 根据工作任务及其要求，编写控制程序，存放在“D”盘以工位号命名的文件夹内。

④ 调试你编写的程序，最后将编译通过的程序“烧入”单片机中。

2. 煤矿自动运输车的相关说明

（1）组成与功能简述

煤矿自动运输车的结构如图12-1所示。

系统由以下三部分组成：

① 控制部分。控制部分由控制按钮、液晶显示器和指示灯等部分组成，其主要功能为设置系统运行参数、暂停或继续，显示运输部件位置等信息。

② 运输部件。运输部件由直流电动机与步进电动机模块中的指针（游标）等部分组成，其主要功能是在控制部分的指挥下运行到指定工位装载煤，然后运输到矿道外的工位0处。

③ 呼叫部分。主要功能是：各工位采煤量达到装载要求后，由该工位作业者按下该工位的呼叫键，通知控制部分并排队等待处理。

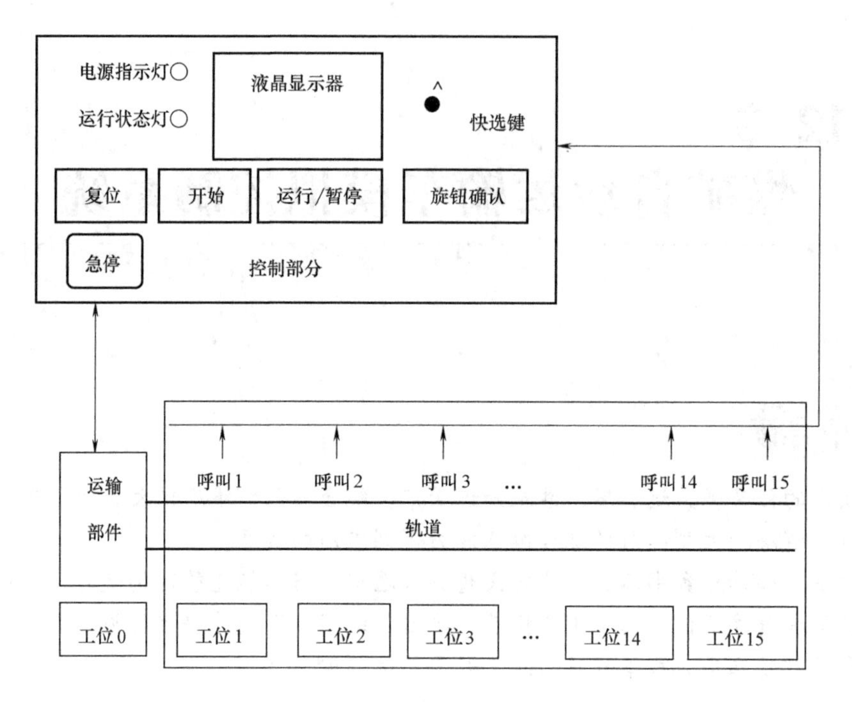

图12-1 煤矿自动运输车结构示意图

（2）煤矿自动运输车模拟装置的组成模块及相关说明

系统使用YL-236型单片机控制实训考核装置来模拟制作，具体要求如下：

① 液晶显示：使用128×64液晶显示模块，显示控制部分的信息。

② 功能按键：使用指令模块中的4个独立按键，从左至右分别设置为“复位”键、“开始”键、“运行/暂停”键、“旋钮确认”键。

③ 急停按钮：系统正常时，钮子开关SA1手柄打到上面；紧急状态下，将SA1手柄打到下面，直流电动机在硬件电路作用下强行停机，不受单片机程序控制。

④ 快选键：使用ADC/DAC模块中可调电压源的旋钮模拟，当逆时针转动该旋钮到底时，表示数字1；当顺时针转动该旋钮到顶时，表示数字15；当旋钮指示处于中间其他位置时，按照该电压源输出电压线性计算其代表的数字。

⑤ 功能指示灯：使用显示模块的2个LED灯。指示灯从左至右分别设置为电源指示灯、运行状态灯。

⑥ 运输部件：用皮带连接直流电动机轴上的转轮与步进电动机轴上的转轮，当直流电动机旋转时，在皮带传动下，步进电动机轴上的转轮随之转动，步进电动机模块上的指针也随之移动，当指针指向刻度尺上的0~15cm任意整数位置时（误差±2mm），表示运煤车到达该工位，工位0表示矿道外的存煤区。直流电动机的驱动电源为直流24V，为完成任务，直流电动机要能正反转。

⑦ 呼叫部分：a）使用指令模块中的15个矩阵按键，如图12-2所示。某工位作业者按下其呼叫键后，若控制部分成功登记，蜂鸣器长响0.5s；否则蜂鸣器1s响3次，提示登记失败，稍后重试。控制部分最多可登记10个工位的呼叫，若某工位呼叫已经登记，尚未处理完毕，该工位再次呼叫，系统视为无效的重复呼叫；若系统处理完毕某工位的登记，则系

统删除该登记信息。b）按下“旋钮确认”键，快选键对应数字代表该工位的呼叫，处理方法同上。

	呼叫1	呼叫2	呼叫3
呼叫 4	呼叫 5	呼叫 6	呼叫 7
呼叫 8	呼叫 9	呼叫10	呼叫11
呼叫 12	呼叫13	呼叫14	呼叫15

图 12-2　呼叫按键位置图

3. 煤矿自动运输车的制作要求

（1）系统初始化。系统上电后进行初始化，各部分初始状态要求如下：

① 电源指示灯亮，运行状态灯熄灭。液晶显示图 12-3 所示初始化显示界面，TT. T 值为 00. 0。

② 直流电动机转动，使步进电动机模块上的指针移到刻度 15 处后，停止 1s；直流电动机起动，使步进电动机模块上的指针移向刻度 0，测试计时开始，图 12-3 界面中 TT. T 值每 0. 1s 加 0. 1，当指针移到刻度 0 处时，电动机停止，停止计时，计时数据备用；延时 2s。

③ 液晶显示欢迎使用界面，如图 12-4 所示。

煤矿自动运输车

初始化中

测试计时：TT.T 秒

图12-3　初始化显示界面

欢迎使用

煤矿自动运输车

按开始键继续

图12-4　欢迎使用界面

注：液晶显示所有界面中汉字必须使用 16 × 16 宋体显示，标点符号和数字符号均使用 8 × 16 宋体显示。

（2）系统运行要求。在图 12-4 界面中，按下开始键后，进入停止模式界面，如图 12-5 所示。

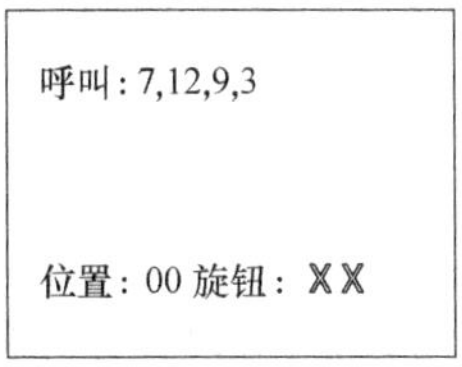

呼叫：7,12,9,3

位置：00 旋钮：XX

图 12-5　停止模式界面

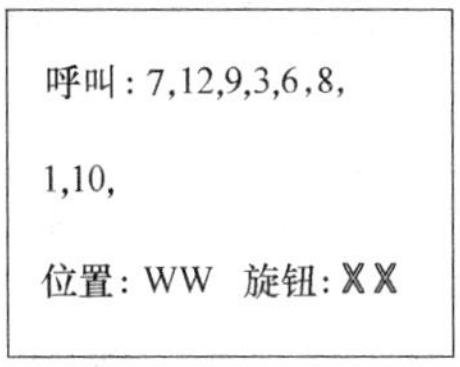

呼叫：7,12,9,3,6,8,

1,10,

位置：WW　旋钮：XX

图 12-6　运行模式界面

1）界面简介。图 12-5 与图 12-6 界面分别为“停止模式界面”、“运行模式界面”。

图 12-5 与图 12-6 界面上两行显示为呼叫登记区，系统初始化后为空白，按照有效呼叫的顺序进行登记。图 12-6 界面中第一个呼叫数字反白显示，表示正在处理中。

图12-5与图12-6界面中第三行实时显示运输车所在工位WW，系统初始化后为工位0。当运输车到达新工位后，更新显示，当运输车在两工位之间时，显示不变。

图12-5与图12-6界面中第三行实时显示快选键对应的数字XX，反白显示。

2）停止模式界面。在图12-5界面中，响应呼叫按键与快选键的呼叫。

在图12-5界面中，按下“运行/暂停”键后，若呼叫区不为空白进入运行模式界面；否则蜂鸣器响1s提示操作错误，停留在停止模式界面。

3）运行模式界面。运行状态灯亮。系统处理排在最前面的呼叫：①直流电动机起动，运输车开往正在处理的工位（排在最前面的呼叫工位）后停止；②延时2s（模拟装载煤）后，直流电动机起动，运输车开往工位0后停止；③延时2s（模拟卸载煤）后，系统删除已处理的呼叫信息，所有登记信息往前移动一次；④若登记区不为空白，则继续处理登记区排在最前面的呼叫，直至登记区空白，运行状态灯灭，自动进入停止模式界面。

系统开始处理排在最前面的某个呼叫，则本次任务倒计时启动，每秒SS值减1，到0停止，若在倒计时为0前系统删除已处理的该次呼叫，则倒计时自动到0。倒计时与实际时间误差≤2s。

在图12-6界面中，系统也响应呼叫按键与快选键的呼叫。

4）暂停。在图12-6界面中，在运行状态灯亮时，按下“运行/暂停”键，直流电动机暂停转动，系统暂停，倒计时暂停，运行状态灯以亮0.5s、灭0.5s的频率闪烁；等待再次按下“运行/暂停”键后，系统继续运行，倒计时继续，运行状态灯亮。

5）复位。系统处于图12-5与图12-6所示界面时，按下复位键，则放弃所有任务，系统初始化。

注意：在图12-6界面中，运行状态灯亮，运输车移动时，系统应实时更新其所在工位信息WW；运行状态灯亮或者闪烁时，系统均能实时处理呼叫，有效的呼叫可被登记。

6）报警。在图12-6界面中，当倒计时为0后，3s内本次任务未能结束，系统报警，运行状态灯熄灭；直流电动机停止；蜂鸣器以每秒响3次的频率不停报警；液晶显示报警界面如图12-7所示；系统不响应“急停按钮”外其他按键操作。

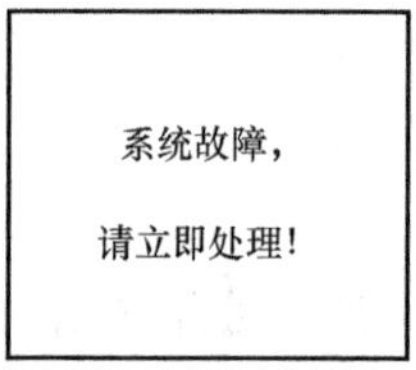

系统故障， 请立即处理！

图12-7 报警界面

12.2 煤矿自动运输车模拟系统的实现

12.2.1 煤矿自动运输车模拟系统硬件接线

煤矿自动运输车模拟系统所需的模块及硬件接线（参考）如图12-8所示。

注意：①将74LS245的DIR已接高电平，使数据传送方向为B=A（即由A传给B）。②ADC0809的三个通道选择端子全接地（为节省单片机的端口），选择通道0。③矩阵键盘的键值设置、与单片机的接线如图12-9所示。

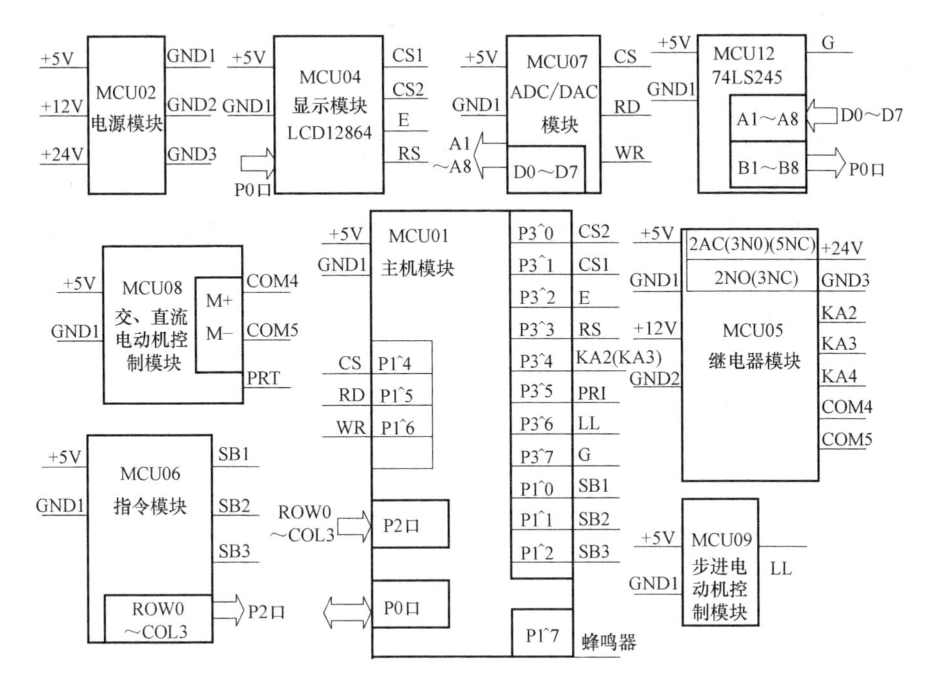

图 12-8　煤矿自动运输车模拟系统硬件接线图

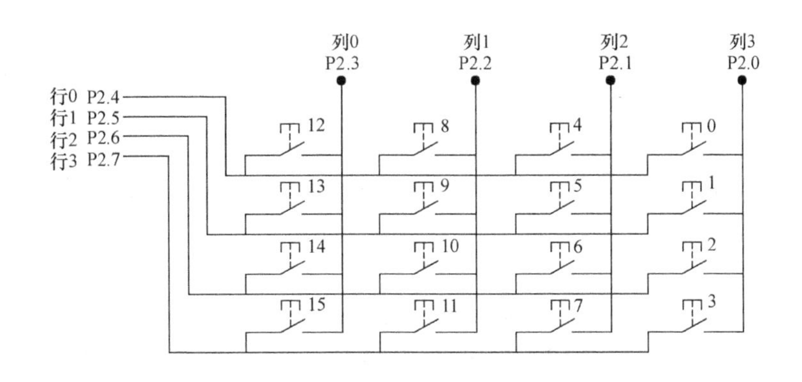

图 12-9　煤矿自动运输车模拟系统矩阵键盘设置

12.2.2　煤矿自动运输车模拟系统的程序代码示例及解释

1. 思路分析

煤矿自动运输车模拟系统的程序代码有多种写法。下面介绍比较符合初学者思维习惯的思路。

（1）由于显示信息量较大，我们可将需显示的汉字、字符的字模一次性取出来，再写出公式化的显示函数（注：有三个参数，即字符欲显示在哪一页、哪一列、字符在字模数组中的序号）。需显示信息时，调用显示函数（只需修改页、列、序号等参数）就在规定的位置显示我们欲显示的内容。

（2）由于子任务较多，我们可将子任务单独写成子函数（子函数的难度并不大），供主函数或其他子函数调用。在工作过程的关键时刻（关键状态），设置状态标志（如给变量赋不同的值来表示不同的关键时刻，或者用不同的变量取某一个值来表示不同的关键时刻）。这些状态标志可作为各个子函数及主函数之间的联络桥梁。

（3）本项目的难点、关键是对呼叫的登记和排队。我们可用一个变量 numhj 记录呼叫的次数（任意工位的键按下一次则 numhj 就加 1），用一个数组 table [ ] 来保存键值。任意工位的键按下，键值就保存在 table [numhj] 内，这样实现呼叫工位的登记和排除。详见本书 257 页的矩阵键盘扫描函数 jzjp ( )。

2. 程序代码示例

```
#include <reg52.h>
#define uint unsigned int
#define uchar unsigned char
sbit cs2 = P3^0;  sbit cs1 = P3^1;        //LCD12864 左右屏选择
sbit en = P3^2;  sbit rs = P3^3;          //LCD12864 使能端子、数据/命令设置端子
sbit fx = P3^4;                           //直流电动机的方向控制
sbit dj = P3^5;                           //直流电动机的驱动(PRI)端子
sbit zuo = P3^6;                          //步进电动机模块左限位信号(LL)
sbit gs = P3^7;                           //74LS245 的 G 端子(数据收/发允许端)
sbit k2 = P1^1;
sbit k3 = P1^2;  sbit k4 = P1^3;
12 行 sbit adcs = P1^4;sbit adrd = P1^5;sbit adwr = P1^6;  //AD0809 的片选、读、
                                                           写端子
13 行 sbit fmq = P1^7;                    //蜂鸣器控制端
sbit aa = P2^4;sbit bb = P2^5;sbit cc = P2^6;sbit dd = P2^7;//矩阵键盘的
                                                           4 条行线
uchar code hz16[] = {                     //本项目所需显示的汉字的字模
x80,0x70,0x00,0xFF,0x20,0x18,0x08,0xFF,0xA8,0xA8,0xA8,0xFF,0x08,0x0C,0x08,0x00,
0x40,0x20,0x10,0x0F,0x12,0x62,0x22,0x12,0x0A,0xFF,0x0A,0x12,0x22,0x63,0x22,0x00, //煤0
0x04,0x04,0xE4,0x9C,0x84,0xC6,0x84,0xF8,0x08,0x09,0x0E,0x08,0x08,0x0C,0x08,0x00,
0x02,0x01,0x3F,0x10,0x90,0x5F,0x20,0x1F,0x00,0x00,0x00,0x00,0x00,0x00,0x00,0x00,  //矿1
0x00,0x00,0x00,0xF8,0x48,0x4C,0x4A,0x49,0x48,0x48,0x48,0xFC,0x08,0x00,0x00,0x00,
0x00,0x00,0x00,0xFF,0x44,0x44,0x44,0x44,0x44,0x44,0x44,0xFF,0x00,0x00,0x00,0x00, //自2
0x20,0x24,0x24,0xE4,0x26,0x34,0x20,0x10,0x10,0xFF,0x10,0x10,0x10,0xF8,0x10,0x00,
0x08,0x1C,0x0B,0x08,0x08,0x8A,0x4C,0x30,0x0C,0x03,0x40,0x80,0x40,0x3F,0x00,0x00,  //动3
0x40,0x42,0x44,0xCC,0x00,0x20,0x22,0x22,0xE2,0x22,0x22,0x23,0x32,0x20,0x00,0x00,
0x00,0x40,0x20,0x1F,0x20,0x48,0x4C,0x4B,0x48,0x48,0x4A,0x4C,0x58,0x60,0x20,0x00, //运4
0x88,0x68,0x1F,0xC8,0x0C,0x28,0x90,0xA8,0xA6,0xA1,0x26,0x28,0x10,0xB0,0x10,0x00,
0x09,0x09,0x05,0xFF,0x05,0x00,0xFF,0x0A,0x8A,0xFF,0x00,0x1F,0x80,0xFF,0x00,0x00,  //输5
0x00,0x04,0xC4,0xA4,0x94,0x8C,0x87,0xF4,0x84,0x84,0xC4,0x84,0x06,0x04,0x00,0x00,
0x04,0x04,0x04,0x04,0x04,0x04,0x04,0xFF,0x04,0x04,0x04,0x04,0x04,0x06,0x04,0x00, //车6
0x10,0x10,0x91,0xD6,0x30,0x98,0x00,0x08,0x08,0xF8,0x08,0x08,0x08,0xFC,0x08,0x00,
0x02,0x01,0x00,0xFF,0x01,0x82,0x40,0x20,0x18,0x07,0x40,0x80,0x40,0x3F,0x00,0x00,  //初7
```

```
0x10,0x10,0xF0,0x1F,0x10,0xF0,0x40,0x60,0x58,0x47,0x40,0x40,0x50,0x60,0xC0,0x00,
0x40,0x22,0x15,0x08,0x16,0x61,0x00,0xFE,0x42,0x42,0x42,0x42,0x42,0xFF,0x02,0x00, //始8
0x80,0x40,0x20,0xF8,0x07,0x00,0x00,0x00,0xFF,0x40,0x20,0x10,0x18,0x00,0x00,0x00,
0x00,0x00,0x00,0xFF,0x00,0x04,0x02,0x01,0x3F,0x40,0x40,0x40,0x40,0x40,0x70,0x00,        //化9
0x00,0xF8,0x08,0x08,0x08,0x08,0x08,0xFF,0x08,0x08,0x08,0x08,0x08,0xFC,0x08,0x00,
0x00,0x03,0x01,0x01,0x01,0x01,0x01,0xFF,0x01,0x01,0x01,0x01,0x01,0x03,0x00,0x00,//中10
0x10,0x22,0x6C,0x00,0x80,0xFC,0x04,0xF4,0x04,0xFE,0x04,0xF8,0x00,0xFE,0x00,0x00,
0x04,0x04,0xFE,0x01,0x40,0x27,0x10,0x0F,0x10,0x67,0x00,0x47,0x80,0x7F,0x00,0x00,        //测11
0x40,0x42,0xCC,0x00,0x10,0x90,0x90,0x90,0x90,0x90,0xFF,0x10,0x12,0x14,0x10,0x00,
0x00,0x00,0x7F,0x20,0x10,0x20,0x60,0x3F,0x10,0x10,0x01,0x3E,0x40,0x80,0x70,0x00,//试12
0x40,0x40,0x42,0xCC,0x00,0x40,0x40,0x40,0x40,0xFF,0x40,0x40,0x40,0x60,0x40,0x00,
0x00,0x00,0x00,0x7F,0x20,0x10,0x08,0x00,0x00,0xFF,0x00,0x00,0x00,0x00,0x00,0x00,        //计13
0x00,0xFC,0x84,0x84,0x84,0xFE,0x14,0x10,0x90,0x10,0x10,0x10,0xFF,0x10,0x10,0x00,
0x00,0x3F,0x10,0x10,0x10,0x3F,0x00,0x00,0x00,0x23,0x40,0x80,0x7F,0x00,0x00,0x00,//时14
0x20,0x24,0x24,0xA4,0xFE,0xA3,0x22,0x80,0x70,0x00,0xFF,0x00,0x10,0x20,0x60,0x00,
0x10,0x08,0x06,0x01,0xFF,0x00,0x81,0x80,0x40,0x20,0x17,0x08,0x04,0x03,0x00,0x00,        //秒15
0x04,0x34,0xC4,0x04,0xC4,0x3C,0x20,0x10,0x0F,0xE8,0x08,0x08,0x28,0x18,0x00,0x00,
0x10,0x08,0x06,0x01,0x82,0x8C,0x40,0x30,0x0C,0x03,0x0C,0x10,0x60,0xC0,0x40,0x00,//欢16
0x40,0x42,0x44,0xC8,0x00,0xFC,0x04,0x02,0x82,0xFC,0x04,0x04,0x04,0xFE,0x04,0x00,
0x00,0x40,0x20,0x1F,0x20,0x47,0x42,0x41,0x40,0x7F,0x40,0x42,0x44,0x63,0x20,0x00,        //迎17
0x40,0x20,0xF8,0x07,0x04,0xF4,0x14,0x14,0x14,0xFF,0x14,0x14,0x14,0xF6,0x04,0x00,
0x00,0x00,0xFF,0x00,0x80,0x43,0x45,0x29,0x19,0x17,0x21,0x21,0x41,0xC3,0x40,0x00,//使18
0x00,0x00,0xFE,0x22,0x22,0x22,0x22,0xFE,0x22,0x22,0x22,0x22,0xFF,0x02,0x00,0x00,
0x80,0x60,0x1F,0x02,0x02,0x02,0x02,0x7F,0x02,0x02,0x42,0x82,0x7F,0x00,0x00,0x00,        //用19
0x10,0x10,0x90,0xFF,0x90,0xA0,0x98,0x88,0x88,0xE9,0x8A,0x88,0x88,0xA8,0x98,0x00,
57行0x01,0x41,0x80,0x7F,0x00,0x00,0x80,0x84,0x4B,0x30,0x10,0x28,0x47,0xC0,0x00,0x00,//按20
0x80,0x82,0x82,0x82,0xFE,0x82,0x82,0x82,0x82,0x82,0xFE,0x82,0x83,0xC2,0x80,0x00,
0x00,0x80,0x40,0x30,0x0F,0x00,0x00,0x00,0x00,0x00,0xFF,0x00,0x00,0x00,0x00,0x00,        //开21
0x10,0x10,0xF0,0x1F,0x10,0xF0,0x40,0x60,0x58,0x47,0x40,0x40,0x50,0x60,0xC0,0x00,
0x40,0x22,0x15,0x08,0x16,0x61,0x00,0xFE,0x42,0x42,0x42,0x42,0x42,0xFF,0x02,0x00,//始22
0x10,0x28,0xE7,0x24,0x24,0xC2,0xB2,0x8E,0x10,0x54,0x54,0xFF,0x54,0x7C,0x10,0x00,
0x01,0x01,0x7F,0x21,0x51,0x24,0x18,0x27,0x48,0x89,0x89,0xFF,0x89,0xCD,0x48,0x00,        //键23
0x20,0x30,0xAC,0x63,0x30,0x00,0xFE,0x88,0x90,0xA0,0xFF,0xA0,0x90,0x98,0x00,0x00,
0x22,0x67,0x22,0x12,0x12,0x00,0x7F,0x48,0x44,0x42,0x7F,0x42,0x44,0x6C,0x40,0x00,//继24
0x20,0x30,0xAC,0x63,0x30,0x20,0x24,0x64,0xA4,0x3F,0xE4,0x26,0xA4,0x60,0x00,0x00,
0x22,0x63,0x22,0x12,0x12,0x14,0x85,0x46,0x24,0x1C,0x17,0x24,0x44,0xC6,0x04,0x00,        //续25
0x00,0xFC,0x04,0x04,0xFE,0x04,0x14,0x64,0x04,0xFC,0x44,0x22,0x33,0x82,0x00,0x00,
0x00,0x1F,0x08,0x08,0x1F,0x01,0x01,0x41,0x81,0x7F,0x01,0x01,0x01,0x01,0x01,0x00,//呼26
0x00,0xFC,0x04,0x04,0x04,0xFE,0x04,0x00,0xFC,0x00,0x00,0x00,0x00,0xFF,0x00,0x00,
0x00,0x1F,0x08,0x08,0x08,0x1F,0x00,0x00,0x1F,0x08,0x08,0x04,0x04,0xFF,0x00,0x00,        //叫27
0x80,0x40,0x20,0xF8,0x07,0x10,0xD0,0x10,0x11,0x16,0x10,0x10,0xD8,0x10,0x00,0x00,
0x00,0x00,0x00,0xFF,0x20,0x20,0x20,0x23,0x2C,0x20,0x38,0x27,0x20,0x30,0x20,0x00,//位28
0x00,0x10,0x17,0xD5,0x55,0x57,0x55,0x7D,0x55,0x57,0x55,0xD5,0x17,0x10,0x00,0x00,
0x40,0x40,0x40,0x7F,0x55,0x55,0x55,0x55,0x55,0x55,0x55,0x7F,0x40,0x60,0x40,0x00,        //置29
0x40,0x20,0xF8,0x07,0x44,0x64,0x5C,0xC4,0x54,0x66,0x04,0xF0,0x00,0xFF,0x00,0x00,
```

```
0x00,0x00,0xFF,0x00,0x22,0x62,0x22,0x3F,0x12,0x12,0x00,0x4F,0x80,0x7F,0x00,0x00,//倒30
0x40,0x40,0x42,0xCC,0x00,0x40,0x40,0x40,0x40,0xFF,0x40,0x40,0x40,0x60,0x40,0x00,
0x00,0x00,0x00,0x7F,0x20,0x10,0x08,0x00,0x00,0xFF,0x00,0x00,0x00,0x00,0x00,0x00,      //计31
0x00,0x02,0x22,0x22,0x32,0x2E,0xA2,0x62,0x22,0x22,0x91,0x09,0x01,0x00,0x00,0x00,
0x00,0x00,0x42,0x22,0x1A,0x43,0x82,0x7E,0x02,0x02,0x0A,0x13,0x66,0x00,0x00,0x00,//系32
0x20,0x30,0xAC,0x63,0x30,0x88,0xC8,0xA8,0x99,0x8E,0x88,0xA8,0xCC,0x88,0x00,0x00,
0x22,0x67,0x22,0x12,0x92,0x40,0x30,0x0F,0x00,0x00,0x3F,0x40,0x40,0x41,0x70,0x00,      //统33
0x10,0x10,0x10,0xFF,0x10,0x18,0x50,0x20,0xD0,0x1F,0x10,0x10,0xF0,0x18,0x10,0x00,
0x00,0x7F,0x21,0x21,0x21,0x7F,0x80,0x80,0x43,0x24,0x18,0x24,0x43,0xC0,0x40,0x00,//故34
0x00,0xFE,0x22,0x5A,0x86,0x10,0xD2,0x56,0x5A,0x53,0x5A,0x56,0xF2,0x58,0x10,0x00,
0x00,0xFF,0x04,0x08,0x17,0x10,0x17,0x15,0x15,0xFD,0x15,0x15,0x17,0x10,0x10,0x00,      //障35
0x20,0x22,0xEC,0x00,0x20,0x22,0xAA,0xAA,0xAA,0xBF,0xAA,0xAA,0xEB,0xA2,0x20,0x00,
0x00,0x00,0x7F,0x20,0x10,0x00,0xFF,0x0A,0x0A,0x0A,0x4A,0x8A,0x7F,0x00,0x00,0x00,      //请36
0x00,0x10,0x10,0x90,0x10,0x10,0x11,0x16,0x10,0x10,0x10,0xD0,0x18,0x10,0x00,0x00,
0x40,0x40,0x40,0x40,0x43,0x5C,0x40,0x40,0x50,0x4C,0x43,0x40,0x40,0x60,0x40,0x00,      //立37
0x00,0xFE,0x92,0x92,0x92,0x92,0xFE,0x00,0xFE,0x02,0x02,0x02,0x02,0xFF,0x02,0x00,
0x00,0x3F,0x10,0x10,0x08,0x06,0x18,0x00,0xFF,0x00,0x02,0x04,0x08,0x07,0x00,0x00,//即38
0x00,0x00,0xE0,0x1E,0x10,0x10,0xF0,0x00,0x00,0xFF,0x20,0x40,0x80,0x80,0x00,0x00,
0x82,0x41,0x20,0x1B,0x04,0x1B,0x20,0x40,0x40,0x5F,0x40,0x40,0x40,0x61,0x20,0x00,      //处39
0x44,0x44,0xFC,0x46,0x44,0x00,0xFE,0x92,0x92,0xFE,0x92,0x92,0xFF,0x02,0x00,0x00,
0x10,0x30,0x1F,0x08,0x48,0x48,0x44,0x44,0x44,0x7F,0x44,0x46,0x44,0x60,0x40,0x00,//理40
0x08,0x08,0xF9,0x4E,0x48,0xCC,0x28,0x10,0x2F,0x24,0xE4,0x24,0x24,0xA6,0x64,0x00,
0x40,0x30,0x0F,0x20,0x40,0xBF,0x40,0x20,0x1F,0x20,0x7F,0x84,0x86,0xC4,0x40,0x00,      //旋41
0x10,0x28,0xE7,0x24,0x24,0x82,0x82,0xFE,0x82,0x82,0x82,0x82,0xFF,0x02,0x00,0x00,
101行 0x01,0x01,0x3F,0x11,0x49,0x40,0x40,0x7F,0x40,0x40,0x40,0x40,0x7F,0x40,0x40,0x00      //钮42
};//数组中汉字后面的数字为汉字的序号,这样调用较方便
uchar code asc8b[] = {                    //8×16数字0~9取模(不反白。b为"不"之意)
0xF8,0xFC,0x04,0xC4,0x24,0xFC,0xF8,0x00,0x07,0x0F,0x09,0x08,0x08,0x0F,0x07,0x00, //-0-
0x00,0x10,0x18,0xFC,0xFC,0x00,0x00,0x00,0x00,0x08,0x08,0x0F,0x0F,0x08,0x08,0x00, //-1-
0x08,0x0C,0x84,0xC4,0x64,0x3C,0x18,0x00,0x0E,0x0F,0x09,0x08,0x08,0x0C,0x0C,0x00, //-2-
0x08,0x0C,0x44,0x44,0x44,0xFC,0xB8,0x00,0x04,0x0C,0x08,0x08,0x08,0x0F,0x07,0x00, //-3-
0xC0,0xE0,0xB0,0x98,0xFC,0xFC,0x80,0x00,0x00,0x00,0x00,0x08,0x0F,0x0F,0x08,0x00, //-4-
0x7C,0x7C,0x44,0x44,0xC4,0xC4,0x84,0x00,0x04,0x0C,0x08,0x08,0x08,0x0F,0x07,0x00, //-5-
0xF0,0xF8,0x4C,0x44,0x44,0xC0,0x80,0x00,0x07,0x0F,0x08,0x08,0x08,0x0F,0x07,0x00, //-6-
0x0C,0x0C,0x04,0x84,0xC4,0x7C,0x3C,0x00,0x00,0x00,0x0F,0x0F,0x00,0x00,0x00,0x00,      //-7-
0xB8,0xFC,0x44,0x44,0x44,0xFC,0xB8,0x00,0x07,0x0F,0x08,0x08,0x08,0x0F,0x07,0x00,      //-8-
0x38,0x7C,0x44,0x44,0x44,0xFC,0xF8,0x00,0x00,0x08,0x08,0x08,0x0C,0x07,0x03,0x00, //-9-
0x00,0x00,0x00,0x30,0x30,0x00,0x00,0x00,0x00,0x00,0x00,0x06,0x06,0x00,0x00,0x00, //-:-
0x18,0x3C,0x64,0x44,0xC4,0x9C,0x18,0x00,0x06,0x0E,0x08,0x08,0x08,0x0F,0x07,0x00,      //-S-
0xFC,0xFC,0x00,0x80,0x00,0xFC,0xFC,0x00,0x03,0x0F,0x0E,0x03,0x0E,0x0F,0x03,0x00, //-W-
0x0C,0x3C,0xF0,0xC0,0xF0,0x3C,0x0C,0x00,0x0C,0x0F,0x03,0x00,0x03,0x0F,0x0C,0x00, //-X-
0x00,0x00,0x00,0x00,0x00,0x00,0x00,0x00,0x00,0x00,0x00,0x0C,0x0C,0x00,0x00,0x00, //-.-
0x00,0x00,0x00,0x00,0x00,0x00,0x00,0x00,0x00,0x00,0x10,0x1E,0x0E,0x00,0x00,0x00, //-,-
0x00,0x00,0x38,0xFC,0xFC,0x38,0x00,0x00,0x00,0x00,0x00,0x0D,0x0D,0x00,0x00,0x00, //-!-
0x00,0x00,0x00,0x00,0x00,0x00,0x00,0x00,0x00,0x00,0x00,0x00,0x00,0x00,0x00,0x00, //--
```

```
};
uchar code asc8f[] = {//8×16 的字符 0、1、2、3、4、5、6、7、8、9 反白取模(f 为"反"之意)
0xFF,0x1F,0xEF,0xF7,0xF7,0xEF,0x1F,0xFF,0xFF,0xF0,0xEF,0xDF,0xDF,0xEF,0xF0,0xFF,//0
0xFF,0xEF,0xEF,0x07,0xFF,0xFF,0xFF,0xFF,0xFF,0xDF,0xDF,0xC0,0xDF,0xDF,0xFF,0xFF,//1
0xFF,0x8F,0xF7,0xF7,0xF7,0x77,0x8F,0xFF,0xFF,0xCF,0xD7,0xDB,0xDD,0xDE,0xCF,0xFF,//2
0xFF,0xCF,0xF7,0x77,0x77,0xB7,0xCF,0xFF,0xFF,0xE7,0xDF,0xDF,0xDF,0xEE,0xF1,0xFF,//3
0xFF,0xFF,0x3F,0xDF,0xEF,0x07,0xFF,0xFF,0xFF,0xF8,0xFB,0xDB,0xDB,0xC0,0xDB,0xFF,//4
0xFF,0x07,0xF7,0x77,0x77,0xF7,0xF7,0xFF,0xFF,0xE6,0xDE,0xDF,0xDF,0xEE,0xF1,0xFF,//5
0xFF,0x1F,0xEF,0x77,0x77,0xE7,0xFF,0xFF,0xFF,0xF0,0xEE,0xDF,0xDF,0xEE,0xF1,0xFF,//6
0xFF,0xC7,0xF7,0xF7,0x37,0xC7,0xF7,0xFF,0xFF,0xFF,0xFF,0xC0,0xFF,0xFF,0xFF,0xFF,//7
0xFF,0x8F,0x77,0xF7,0xF7,0x77,0x8F,0xFF,0xFF,0xE3,0xDD,0xDE,0xDE,0xDD,0xE3,0xFF,//8
0xFF,0x1F,0xEF,0xF7,0xF7,0xEF,0x1F,0xFF,0xFF,0xFF,0xCE,0xDD,0xDD,0xEE,0xF0,0xFF,//9
};
uchar table[] = {0,0,0,0,0,0,0,0,0,0};/*该数组初值全为0,记录各工位的呼叫
                                        (即按键的键值),tab[0]为最先按下
                                        的键,tab[1]为第二次按下的键,其余
                                        类推。若不加 code,则数据存储在
                                        RAM 中*/
uchar table1[] = {11,11,11,11,11,11,11,11,11,11,11,11,11,11,11,11,11,
11,11,11,11,11,11,11,11,11,11,11,11,11,11,11,11,11};
//该数组为 LCD12864 提供显示内容(即将欲显示的内容存入该数组)
uchar mbjl,cshsj,numdj,djsj,n,numys,numsj,djs,wz,numhj,numnr,sd;
/* mbjl——游标要到达某刻度,直流电动机的运行时间由 mbjl 决定。cshsj——初始化时
   间。numdj——计时中间变量。djsj——定时器计时的过渡变量。n——在工作函数中
   当作工作步骤的变量。numys——定时器计时的中间变量。numsj——每一次运煤模
   拟装煤或者模拟卸煤的停留的时间。djs——根据测试的速度,预计处理一次呼叫所
   需的时间(用于倒计时)。wz——当前位置。numhj——呼叫次数。numnr——表示数
   据存入显示数组 table1[]内的什么位置。sd——游标每移动 1cm 所用的时间,由测试
   结果得出*/
bit csjs,dsq1,kss,ztyx,gw1,gw2,gw3,gw4,gw5,gw6,gw7,gw8,gw9,gw10,
gw11,gw12,gw13,gw14,gw15,csh,qrr;  /*csjs——测试计时标志变量。详见标注
                                     5。xh2——定时器标志变量。dsq1——
                                     为每一次运煤到达目标地点后需停留的
                                     时间(2s)的倒计时完毕的标志变量。
                                     kss——开始键按下的标志变量。
                                     ztyx——暂停/运行键按下的标志变量。
                                     gw1~gw15——工位按键按下的标志变
                                     量。csh——初始化标志变量。qrr——
                                     确认键按下的标志变量*/
uint val;                       //存储 A-D 转换后输出的值
```

```
void delay(uint z)                  //毫秒级延时函数
{
    uint x,y;
    for(x=z;x>0;x--)
        for(y=110;y>0;y--);
}
void write_com(uchar com){          //LCD12864 写命令函数
    rs=0;P0=com;en=1;en=0;
}
void write_dat(uchar dat){          //LCD12864 写数据函数
    rs=1;P0=dat;en=1;en=0;
}
void qp_lcd(){                      //LCD12864 清屏函数
    uchar i,j;cs1=cs2=1;
    for(i=0;i<8;i++){
        write_com(0xb8+i);write_com(0x40);
        for(j=0;j<64;j++){write_dat(0);}
    }
}
void init_lcd(){                    //初始化 LCD12864 函数
    write_com(0x3f);write_com(0xc0);qp_lcd();
}
void system_init(){                 //系统初始化函数
    TMOD=0x11;
    TH0=(65536-45872)/256;TL0=(65536-45872)%256;
    TH1=(65536-921)/256;TL1=(65536-921)%256;
    EA=ET0=ET1=TR0=1;
    fmq=0;dj=0;                    //蜂鸣器为高电平时鸣响,电动机为高电平时起动、
                                    运行
}
void hz16x16(uchar y,uchar l,uchar dat){     //12864  16×16 汉字显示函数
    uchar i;
    if(l<64){cs1=1;cs2=0;}
    else {cs1=0;cs2=1;l-=64;}
    write_com(0xb8+y);write_com(0x40+l);
    for(i=0;i<16;i++){write_dat(hz16[i+32*dat]);}
178 行  write_com(0xb8+y+1);write_com(0x40+l);
179 行  for(i=0;i<16;i++){write_dat(hz16[i+32*dat+16]);}
}
```

```
void asc8x16b(uchar y,uchar l,uchar dat){     //LCD12864 的 8×16ASC 显示函数
    uchar i;
    if(l<64){cs1=1;cs2=0;}
    else {cs1=0;cs2=1;l-=64;}
    write_com(0xb8+y);write_com(0x40+l);
    for(i=0;i<8;i++){write_dat(asc8b[i+16*dat]);}
    write_com(0xb8+y+1);write_com(0x40+l);
    for(i=0;i<8;i++){write_dat(asc8b[i+16*dat+8]);}
}
void jzjp()  //矩阵键盘扫描函数。注意看矩阵键盘的键值分布和接线图(见图12-9)。该函数巧
{            //用数组记录了呼叫的工位,并进行了排队。是本项目的关键(难点)。
    P2=0xf0;                              //行线全为高电平、列线全为低电平
    if(((P2&0xf0)!=0xf0)&&(numhj<10))  //numhj 记录呼叫次数
    {
      delay(10);
      if(((P2&0xf0)!=0xf0)&&(numhj<10))
      {
        P2=0xf0;P2=0xfe         //扫描第3列
        if(bb==0&&gw1==0)       //若 bb=0,则第3列的第1行的键(即1键)按下
        {      //第3列第1行的键为0,不需使用,所以不判断 aa=0 时的情况
            table[numhj]=1;     //将按键所产生的键值输入到数组 table[]中
            gw1=1;              //工位1标志 gw1 置为1,表示工位1键按下
            numhj=numhj+1;          //每按下一个键、呼叫次数加1
        }
        if(cc==0&&gw2==0){table[numhj]=2;gw2=1;numhj=numhj+1;}
        if(dd==0&&gw3==0){table[numhj]=3;gw3=1;numhj=numhj+1;}
        P2=0xf0;  P2=0xfd;          //oxfd 为 1111 1101,扫描第2列
        if(aa==0&&gw4==0){table[numhj]=4;gw4=1;numhj=numhj+1;}
        if(bb==0&&gw5==0){table[numhj]=5;gw5=1;numhj=numhj+1;}
        if(cc==0&&gw6==0){table[numhj]=6;gw6=1;numhj=numhj+1;}
        if(dd==0&&gw7==0){table[numhj]=7;gw7=1;numhj=numhj+1;}
        P2=0xf0;  P2=0xfb;          //oxfb 为 1111 1011,扫描第1列
        if(aa==0&&gw8==0){table[numhj]=8;gw8=1;numhj=numhj+1;}
        if(bb==0&&gw9==0){table[numhj]=9;gw9=1;numhj=numhj+1;}
        if(cc==0&&gw10==0){table[numhj]=10;gw10=1;numhj=numhj+1;}
        if(dd==0&&gw11==0){table[numhj]=11;gw11=1;numhj=numhj+1;}
        P2=0xf0;  P2=0xf7;          //oxf7 为 1111 0111,扫描第0列
```

```
        if(aa==0&&gw12==0){table[numhj]=12;gw12=1;numhj=numhj+1;}
        if(bb==0&&gw13==0){table[numhj]=13;gw13=1;numhj=numhj+1;}
        if(cc==0&&gw14==0){table[numhj]=14;gw14=1;numhj=numhj+1;}
        if(dd==0&&gw15==0){table[numhj]=15;gw15=1;numhj=numhj+1;}
        fmq=1;delay(200);fmq=0;    //每检测到一个键按下,则蜂鸣器响一声
223行    qp_lcd();              //因为每按下一个键,就要进行新的显示
      }                          //所以清屏后再显示新内容
     while((P2&0xf0)!=0xf0);     //按键释放后,有P2&0xf0=0xf0
    }
    if(((P2&0xf0)!=0xf0)&&(numhj==10))  //当呼叫次数已达10后,再有键
                                         按下
    {
     fmq=1;delay(1000);fmq=0;   //蜂鸣器长响1s。table[]不再记录呼叫
    }
  }
  /*以下为各种界面的显示函数。需要显示某界面,就可调用相应的显示函数*/
  void xs_csh()                 //初始化界面的显示函数
  {
      hz16x16(0,0,0);           //煤
      hz16x16(0,16,1);          //矿
      hz16x16(0,32,2);          //自
      hz16x16(0,48,3);          //动
      hz16x16(0,64,4);          //运
      hz16x16(0,80,5);          //输
      hz16x16(0,96,6);          //车
      hz16x16(2,32,7);          //初
      hz16x16(2,48,8);          //始
      hz16x16(2,64,9);          //化
      hz16x16(2,80,10);         //中
      hz16x16(6,0,11);          //测
      hz16x16(6,16,12);         //试
      hz16x16(6,32,13);         //计
      hz16x16(6,48,14);         //时
      asc8x16b(6,64,10);        //中
250行 asc8x16b(6,72,cshsj/100);     //显示初始化时间的百位
251行 asc8x16b(6,80,cshsj/10%10);  //显示初始化时间的十位
      asc8x16b(6,88,14);             //显示“.”
      asc8x16b(6,96,cshsj%10);/*显示初始化时间的个位。cshsj为三位数。人为
                               地将百位、十位当做整数部分,写上一个小数
```

```
                              点,后面再写上个位,就能显示出“XX.X”*/
    hz16x16(6,104,15);        //显示“秒”
}
void xs_hy()                  //欢迎界面显示函数
{
    hz16x16(2,0,0);           //煤
    hz16x16(2,16,1);          //矿
    hz16x16(2,32,2);          //自
    hz16x16(2,48,3);          //动
    hz16x16(2,64,4);          //运
    hz16x16(2,80,5);          //输
    hz16x16(2,96,6);          //车
    hz16x16(0,32,16);         //欢
266行 hz16x16(0,48,17);       //迎
    hz16x16(0,64,18);         //使
    hz16x16(0,80,19);         //用
    hz16x16(6,16,20);         //按
    hz16x16(6,32,21);         //开
    hz16x16(6,48,22);         //始
    hz16x16(6,64,23);         //键
    hz16x16(6,80,24);         //继
    hz16x16(6,96,25);         //续
}
void xs_gw()                  //该函数实现 LCD12864 显示已登记的呼叫工位,字体
                                8×16
{
    uchar i,j,l,p;            //p、l 表示工位号在液晶屏上所在的页、列
    bit fbkz;                 //显示内容反白的控制标志
    for(i=0;i<26;i++){table1[i]=numnr=0;} //数组清0。numnr——表示数据
                                           存入
    for(i=0;i<numhj;i++)                   //显示数组 table1[]内的什么
                                             位置
    {
        if(table[i]<10)                    //tab[]存储的是键值即工位
        {                                  号。若工位号小于10(是个位数)
            table1[numnr]=table[i];   //将键值存入 table1[]中,table[0]存入
                        //table1[0]、table[1]存入 table1[1],其余类推上
            numnr=numnr+1;            //位置加1
            table1[numnr]=16;   /*在往数组里写入一个小于10的键值后,接着
```

```
                                        写入16,代替逗号。我们编程在LCD12864
                                        上显示键值时,如果table1[numnr]的值为
                                        16,则使屏上显示"," */
            numnr = numnr +1;
            if(i ==0)fbkz =0;         /* 排在最前面的工位号要反白显。如果排在最
                                        前面的数为小于10的数,fbkz =0为该状态反白
                                        控制的标志 */
        }
        else
        if(table[i] > =10)         //若工位号为大于或等于10的数(两位数)
        {
            table1[numnr] = (table[i])/10;  //将工位号的十位数存入
            numnr = numnr +1;                //存放位加1
            table1[numnr] = (table[i])% 10; //写入工位号的个位数
            numnr = numnr +1;                //存放位置加1
            table1[numnr] =16;//写入16,和前面一样,编程时若table1[]的值为16,则
                                在LCD12864上显示逗号
            numnr = numnr +1;   //存放位置加1。可以看出,存入了几个工位号,numnr
                                的值就等于几
            if(i ==0)fbkz =1;   //若大于或等于10的数排在最前面,则该状态反白控
        }                       //制标志为fbkz =1
    }
    for(i =0;i <numnr;i ++)  //这个for循环是将登记的工位号写在LCD12864上
310行{                       //i取每一个值,在屏上写一个字
        l =40 +i *8;          /* 如图12-5所示,在工位号前面有"呼叫:",汉字为16 ×
                                16的,":"8 ×16规格的,共占0 ~39列,所以工位号需
                                从第40列开始写。而工位号的数字和","也是8 ×16
                                的,所以有l =40 +i *8 */
        if(l > =128){l- =128;p =2;}  /* 一个字占两页,一行字的页地址为0页和1
                                    页,大于127列时(即一行字写满后写第2
                                    行,页地址为2页、3页 */
        else p =0;
        if(l <64){cs1 =1;cs2 =0;}      //选左屏
        else {cs2 =1;cs1 =0;l- =64;}  //选右屏
        write_com(0xb8 +p);           //写页地址
        write_com(0x40 +l);           //写列地址
         /* 以下为写数字的上半部(一个数字8个字节,所以有for(j =0;j <8;j ++) */
        if(table1[i] ==16)            //i =10时为写逗号
        {
```

```
  for(j =0;j <8;j ++)write_dat(asc8b[15 *16 +j]);  //写逗号。逗号在
}                                  asc8b[ ]中为 15 ×16 ~15 ×16 +7 个字节
else
{
  if(fbkz ==0)        //判断工作数组中现在显示的这个工位号是不是小于 10
  {
    if(ztyx ==0)      //ztyx =0 为没有按下暂停/运行键的标志。
    {
      for(j =0;j <8;j ++)write_dat(asc8b[table1[i]*16 +j]);
                      //不反白
    }
    else  //否则(如果已经按下运行键),第一个工位就需要反白显示
    {
      if(i ==0)for(j =0;j <8;j ++)write_dat(asc8f[table1[i]*16 +
         j]);/*因为工位号小于 10,就只需要反白一个字符即 i =0 时的字符)*/
      else            //否则(即 i 不等于 0 时)
      for(j =0;j <8;j ++)write_dat(asc8b[table1[i]*16 +j]);
                      //不反白的显示
    }
  }
  if(fbkz ==1)        //如果工位号大于 10(一个工位号有两位数)
  {
    if(ztyx ==0)      //如果没有按下运行/暂停键(最前面的工位号就不
    {                 //反白显示)
        for(j =0;j <8;j ++)write_dat(asc8b[table1[i]*16 +j]);
    }
    else    //否则(已经按下暂停/运行键),最前面的工位号就需要反白
    {
        if(i < =1)for(j =0;j <8;j ++)write_dat(asc8f[table1[i]*
                 16 +j]);/*反白显示两个字符(即 i =0、i =1 时)/
        else          //i 大于 1 时(注:就不需反白)
        for(j =0;j <8;j ++)write_dat(asc8b[table1[i]*16 +j]);//
        不反白显示
354 行     }
    }
  }
  /*以下为写数字和下半部*/
  write_com(0xb8 +p +1);    //页地址需加 1
  write_com(0x40 +1);       //列地址同上半部
```

```
if(table1[i]==16)
{
  for(j=0;j<8;j++)write_dat(asc8b[15*16+j+8]);//写逗号
}
else                          //否则(table1[i]不等于16)
{
  if(fbkz==0)                 //工位号小于10(一个工位只有一位数)
  {
      if(ztyx==0)             //运行/暂停键没有按下
      {
        for(j=0;j<8;j++)write_dat(asc8b[table1[i]*16+j+
        8]);                  //不反白
      }
      else                    //否则(运行/暂停键按下)
      {
        if(i==0)for (j=0;j<8;j++)write_dat(asc8f[table1[i]
                      *16+j+8]);/*反白写最前面的工位号(i=0)*/
        else                  //否则(即i大于0时)
        for(j=0;j<8;j++)write_dat(asc8b[table1[i]*16+j+
        8]);//不反白显示
      }
  }
  if(fbkz==1)                 //工位号数大于10(一个工位号为两位数)
  {
    if(ztyx==0)               //运行/暂停键没有按下
    {
        for(j=0;j<8;j++)write_dat(asc8b[table1[i]*16+j+
        8]);                  //不反白显示
    }
    else                      //否则(即运行/暂停键按下)
    {
        if(i<=1)for (j=0;j<8;j++)
                      write_dat(asc8f[table1[i]*16+j+8]);
                      //前两个数字(i=0,i=1)白写数据
        else                  //否则(即i大于1)
        for(j=0;j<8;j++)write_dat(asc8b[table1[i]*16+j+
        8]);                  //不反白显示
    }
  }
```

```
        }
      }
    }
    void xs_zt()                    //暂停界面的显示函数
398 行{
      hz16x16(0,0,26);              //显示“呼”
      hz16x16(0,16,27);             //叫
      asc8x16b(0,32,10);            //显示“:”
      xs_gn();                      //调用 LCD12864 显示已登记的呼叫工位的函数
      hz16x16(6,16,28);             //位
      hz16x16(6,32,29);             //置
      asc8x16b(6,48,10);            //显示“:”
      asc8x16b(6,56,wz/10);         //位置的十位。wz 为运输车所在的位置
      asc8x16b(6,64,wz%10);         //位置的个位
      hz16x16(6,72,41);             //旋
      hz16x16(6,88,42);             //钮
      asc8x16b(6,104,10);           //显示“:”
      asc8x16b(6,112,val/10);       //val 为快选键产生的数值(工位的数值)
      asc8x16b(6,120,val%10);
    }
    void xs_yx()                    //运行界面的显示函数
    {
      hz16x16(0,0,26);              //显示“呼“
      hz16x16(0,16,27);             //叫
      asc8x16b(0,32,10);            //显示“:”
      xs_gw();                      //调用显示登记的呼叫工位的函数
      hz16x16(4,0,28);              //位
      hz16x16(4,16,29);             //置
      asc8x16b(4,32,10);            //显示“:”
      asc8x16b(4,40,wz/10);         //位置的十位
      asc8x16b(4,48,wz%10);         //位置的个位
      hz16x16(4,72,41);             //旋
      hz16x16(4,88,42);             //钮
      asc8x16b(4,104,10);           //“:”
528 行 asc8x16b(4,112,val/10);      //电压源经 A-D 转换后输出给单片机的数值,见
                                      711 行
      asc8x16b(4,120,val%10);
      hz16x16(6,0,30);              //倒
      hz16x16(6,16,31);             //计
```

```
  hz16x16(6,32,14);        //时
  asc8x16b(6,48,10);       //":"
  asc8x16b(6,56,djs/10);   //djs为设定的倒计时数值。根据题意,每次处理排
  asc8x16b(6,64,djs%10);   //在最前面的呼叫,都需启动本次任务的倒计时。
                             见614行、828行
  hz16x16(6,72,15);        //秒
}
void xs_gz()               //故障界面的显示函数
{
  hz16x16(2,32,32);hz16x16(2,48,33);  //显示"系"、"统"
  hz16x16(2,64,34);hz16x16(2,80,35);  //显示"故"、"障"
542行 asc8x16b(2,96,15);              //显示","
  hz16x16(4,16,36);hz16x16(4,32,37);hz16x16(4,48,38);//显示"请"、
                                                       "立"、"即"
  hz16x16(4,64,39);hz16x16(4,80,40);  //显示"处"、"理"
  asc8x16b(4,96,16);                  //显示"!"
}
void gzhs()                           //故障处理函数
{
  uchar i;
  if(djs==0)//任意一次任务(处理任意一次呼叫)所需时间是用倒计时来表现的,
  {          //倒计时结束的标志为djs=0
    numsj=3;  //据题意,每一任务的倒计时结束,若3s内任务未完成,则系统报
                警。再设一个3s的倒计时
    dsq1=1;  //启动3s倒计时
    while(table[0]==0&&dsq1==0)
    {
        qp_lcd();              //LCD12864清屏
        dj=0;TR0=0;TR1=0;//电动机停止,T0、T1停止
        xs_gz();               //调用显示故障的函数
        fmq=~fmq;              //fmq取反,蜂鸣器鸣响
        for(i=0;i<15;i++){xs_gz();}     //调用xs_gz()15遍延时,为蜂
    }                                   //鸣器鸣响的时间
  }
}
void work_csh()  //工作的初始化。使游标从任意位置移到150mm处,再从
{                //150mm处移到0刻度处,
  dj=1;          //电动机起动
  fx=0;          //给方向,游标向15cm处运动
```

```
        while(zuo ==0) //zuo =0 表示遮光片还没有到左限位。到了左限位后 zuo =1,会
        {              //跳出 while
          xs_csh();    //调用初始化显示函数
        }
        dj =0;         //如果遮光片到了左限位处,就停止电动机
        fx =1;         //给方向。改变方向
574 行  mbjl =18;   /*遮光片在左限位处时,游标离 15cm 的目标距离为 18(游标要到
                      达某刻度,直流电动机的运行时间由 mbjl 的值决定,这是试验得
                      出的,若设备不同,则要修正,详见定时器 T1 的中断函数)*/
        TR1 =1;dj =1;     //开启定时器 T1、开启电动机
        while(TR1 ==1)    //如果还没有走到 15cm 处。在 T0 中断函数里,当 mbjl 减
        {                 //为 0 时,会停止 T0。当 TR1 =0 时退出 while
          xs_csh();       //显示初始化函数
        }
        dj =0;            //停止电动机
        delay(1000);      //延时 1000ms
        mbjl =147;        //给目标距离(游标从 15cm 处走到 0 刻度处所用的时间,试
                            验得出)
        fx =1;            //向 0 刻度处移动的方向
        TR1 =1;           //开启定时器,初始化过程的计时 cshsj 开始计时,见 T1 中
                            断函数
586 行  dj =1;            //开启电动机
587 行  csjs =1;          //csjs =1 为开始测试计时的标志
        while(TR1 ==1)    //在还没有走到的时候
        {
          xs_csh();       //显示初始化函数
        }
      }
      void weiyi()      //工位号前移的函数。根据题意,每处理完一个呼叫,登记的工位
      {                 //号都要朝前移一位
          table[0] =table[1];  //将 table[1]中的值赋给 table[0]
          table[1] =table[2];  //将 table[2]中的值赋给 table[1]
          table[2] =table[3];  //将 table[3]中的值赋给 table[2]
          table[3] =table[4];  //将 table[4]中的值赋给 table[3]
          table[4] =table[5];  //将 table[5]中的值赋给 table[4]
          table[5] =table[6];  //将 table[6]中的值赋给 table[5]
          table[6] =table[7];  //将 table[7]中的值赋给 table[6]
          table[7] =table[8];  //将 table[8]中的值赋给 table[7]
          table[8] =table[9];  //将 table[9]中的值赋给 table[8]
```

```
        table[9]=0;           //table[9]的值清0
        numhj--;              //呼叫次数减减
        qp_lcd();             //清屏,以显示新内容时不产生重影
    }
    void work()        //工作函数。处理排要最前面的呼叫(从呼叫的工位将煤运送到
                         矿外的工位0)
    {
        switch(table[0])      //table[0]为排在前面的呼叫工位号
        {
          case 1:
614行       if(n==1&&dsq1==0&&gw1==1)/*dsq1=0为每一次模拟装煤或卸煤停2s
                                        倒计时完毕的标志(这里是指上一次运
                                        煤结束)。gw1=1表示该工位的呼叫
                                        还没处理。n表示工作步骤*/
          {
              djs=2*sd*table[0]+4;  /*最初车停在工位0,从工位0到某工位
                                        (table[]的值),再从该工位到工位0,
                                        需时间为2*sd*table[],由于模拟装
                                        煤和卸煤各需4s,所以处理一个工位
                                        的呼叫需2*sd*table[]+4s*/
              mbjl=8;fx=0;dj=1;TR1=1;n=1;//试验得出游标移动1cm,mbjl
              }                             //的值为8。起动电动机,车从工
                                              位0向工位1移动
          if(TR1==0&&n==1)         //当mbjl减为0(已到工位1),在T1中断函数
                                    里已
          {
              wz=1;        //有TR1=0位置变量置1
              numsj=2;  //numsj表示车停2s(模拟装煤的倒计时时间)。由T0实现
                          倒计时
              dsq1=1;n=2;      //标志置1
          }
624行       if(n==2&&dsq1==0)        //模拟装煤的倒计时结束
          {
            mbjl=8;fx=1;dj=1;TR1=1;n=3;  //朝工位0移动
          }
          if(TR1==0&&n=3)             //mbjl减为0(已到工位0)
          {
            wz=0;numsj=2;  //位置置0,倒计时置为2s(模拟卸煤)
            dsq1=1;gw1=0;  //卸煤结束,将dsq1(标志)置1,工位号清0
```

```
    weiyi();n=0;     //每个工位号都朝前移一位
  }
  break;
  case 2:
    if(n==0&&gw2==1&&dsq1==0)
    {djs=2*sd*table[0]+4;mbjl=18;fx=0;dj=1;TR1=1;n=1;}
    if(n==1&&TR1==0){wz=2;numsj=2;dsq1=1;n=2;}
    if(n==2dsq1==0){mbjl=18;fx=1;dj=1;TR1=1;n=3;}
    if(n=3&&TR1==0){wz=0;numsj=2;dsq1=1;gw2=0;weiyi();}
    break;
  case 3:
    if(n==0&&gw3==1&&dsq1==0)
    {djs=2*sd*table[0]+4;mbjl=28;fx=0;dj=1;TR1=1;n=1;}
    if(n==1&&TR1==0){wz=3;numsj=2;dsq1=1;n=2;}
    if(n==2&&dsq1==0){mbjl=28;fx=1;dj=1;TR1=1;n=3;}
    if(n==3&&TR1==0)
    {wz=0;numsj=2;dsq1=1;n=0;gw3=0;weiyi();}break;
  case 4:
    if(n==0&&gw4==1&&dsq1==0)
    {djs=2*sd*table[0]+4;mbjl=38;fx=0;dj=1;TR1=1;n=1;}
    if(n==1&&TR1==0){wz=4;numsj=2;dsq1=1;n=2;}
    if(n==2&&dsq1==0){mbjl=38;fx=1;dj=1;TR1=1;n=3;}
    if(n==3&&TR1==0)
    {wz=0;numsj=2;dsq1=1;n=0;gw4=0;weiyi();}break;
  case 5:
    if(n==0&&gw5==1&&dsq1==0)
    {djs=2*sd*table[0]+4;mbjl=48;fx=0;dj=1;TR1=1;n=1;}
    if(n==1&&TR1==0){wz=5;numsj=2;dsq1=1;n=2;}
    if(n==2&&dsq1==0){mbjl=48;fx=1;dj=1;TR1=1;n=3;}
    if(n==3&&TR1==0)
    {wz=0;numsj=2;dsq1=1;n=0;gw5=0;weiyi();}break;
  case 6:
    if(n==0&&gw6==1&&dsq1==0)
    {djs=2*sd*table[0]+4;mbjl=58;fx=0;dj=1;TR1=1;n=1;}
    if(n==1&&TR1==0){wz=6;numsj=2;dsq1=1;n=2;}
    if(n==2&&dsq1==0){mbjl=58;fx=1;dj=1;TR1=1;n=3;}
    if(n==3&&TR1==0)
    {wz=0;numsj=2;dsq1=1;n=0;gw6=0;weiyi();}break;
  case 7:
```

```
    if(n==0&&gw7==1&&dsq1==0)
    {djs=2*sd*table[0]+4;mbjl=68;fx=0;dj=1;TR1=1;n=1;}
    if(n==1&&TR1==0){wz=7;numsj=2;dsq1=1;n=2;}
    if(n==2&&dsq1==0){mbjl=68;fx=1;dj=1;TR1=1;n=3;}
    if(n==3&&TR1==0)
    {wz=0;numsj=2;dsq1=1;n=0;gw7=0;weiyi();}break;
  case 8:
    if(n==0&&gw8==1&&dsq1==0)
    {djs=2*sd*table[0]+4;mbjl=78;fx=0;dj=1;TR1=1;n=1;}
    if(n==1&&TR1==0){wz=8;numsj=2;dsq1=1;n=2;}
    if(n==2&&dsq1==0){mbjl=78;fx=1;dj=1;TR1=1;n=3;}
668行 if(n==3&&TR1==0)
    {wz=0;numsj=2;dsq1=1;n=0;gw8=0;weiyi();}break;
  case 9:
    if(n==0&&gw9==1&&dsq1==0)
    {djs=2*sd*table[0]+4;mbjl=88;fx=0;dj=1;TR1=1;n=1;}
    if(n==1&&TR1==0){wz=9;numsj=2;dsq1=1;n=2;}
    if(n==2&&dsq1==0){mbjl=88;fx=1;dj=1;TR1=1;n=3;}
    if(n==3&&TR1==0)
    {wz=0;numsj=2;dsq1=1;n=0;gw9=0;weiyi();}break;
  case 10:
    if(n==0&&gw10==1&&dsq1==0)
    {djs=2*sd*table[0]+4;mbjl=98;fx=0;dj=1;TR1=1;n=1;}
    if(n==1&&TR1==0){wz=10;numsj=2;dsq1=1;n=2;}
    if(n==2&&dsq1==0){mbjl=98;fx=1;dj=1;TR1=1;n=3;}
    if(n==3&&TR1==0)
    {wz=0;numsj=2;dsq1=1;n=0;gw10=0;weiyi();}break;
  case 11:
    if(n==0&&gw11==1&&dsq1==0)
    {djs=2*sd*table[0]+4;mbjl=108;fx=0;dj=1;TR1=1;n=1;}
    if(n==1&&TR1==0){wz=11;numsj=2;dsq1=1;n=2;}
    if(n==2&&dsq1==0){mbjl=108;fx=1;dj=1;TR1=1;n=3;}
    if(n==3&&TR1==0)
    {wz=0;numsj=2;dsq1=1;n=0;gw11=0;weiyi();}break;
  case 12:
    if(n==0&&gw12==1&&dsq1==0)
    {djs=2*sd*table[0]+4;mbjl=118;fx=0;dj=1;TR1=1;n=1;}
    if(n==1&&TR1==0){wz=12;numsj=2;dsq1=1;n=2;}
    if(n==2&&dsq1==0){mbjl=118;fx=1;dj=1;TR1=1;n=3;}
```

```
            if(n ==3&&TR1 ==0){wz =0;numsj =2;dsq1 =1;n =0;gw12 =0;
            weiyi();}break;
          case 13:
            if(n ==0&&gw13 ==1&&dsq1 ==0)
            {djs =2 * sd * table[0] +4;mbjl =128;fx =0;dj =1;TR1 =1;n =1;}
            if(n ==1&&TR1 ==0){wz =13;numsj =2;dsq1 =1;n =2;}
            if(n ==2&&dsq1 ==0){mbjl =128;fx =1;dj =1;TR1 =1;n =3;}
            if(n ==3&&TR1 ==0){wz =0;numsj =2;dsq1 =1;n =0;gw13 =0;
            weiyi();}break;
          case 14:
            if(n ==0&&gw14 ==1&&dsq1 ==0)
            {djs =2 * sd * table[0] +4;mbjl =138;fx =0;dj =1;TR1 =1;n =1;}
            if(n ==1&&TR1 ==0){wz =14;numsj =2;dsq1 =1;n =2;}
            if(n ==2&&dsq1 ==0){mbjl =138;fx =1;dj =1;TR1 =1;n =3;}
            if(n ==3&&TR1 ==0){wz =0;numsj =2;dsq1 =1;n =0;gw14 =0;
            weiyi();}break;
          case 15:
            if(n ==0&&gw15 ==1&&dsq1 ==0)
            {djs =2 * sd * table[0] +4;mbjl =148;fx =0;dj =1;TR1 =1;n =1;}
            if(n ==1&&TR1 ==0){wz =15;numsj =2;dsq1 =1;n =2;}
            if(n ==2&&dsq1 ==0){mbjl =148;fx =1;dj =1;TR1 =1;n =3;}
            if(n ==3&&TR1 ==0){wz =0;numsj =2;dsq1 =1;n =0;gw15 =0;
            weiyi();}break;
      }
    }
    void v()  //将 YL-236 实训台上的电压源(见第 7 章图 7-14)输出的电压经 A-D 转
    {         //换后传给 P0 口。A-D 转换的程序若有不懂,请阅读第 7 章的 ADC0809
                的程序示例
      uchar temp;        //用于存储 ADC0809 输出的数据
      adcs =0;adwr =1;
      adrd =1;delay(2);
      adcs =1;adwr =0;
      P0 =0XFF;          //读 P0 口之前首先要把 P0 口置为高电平
      gs =0;             //74LS245 的 G 端子为低电平时单向传输数据有效
      adcs =0;  adrd =0;
      temp =P0;          //读 P0 口
711 行 val =14 * temp/255 +1;  //在运行的显示函数 xs_yx()中显示,见 528 行
712 行 gs =1;                  //关 74LS245
```

/ * 以上程序说明:当电压源(实质是一个可调电位器)旋钮逆时针转动旋钮到底时,可调

```
电位器中间抽头到地的电阻为0,中间抽头输出电压为0V,该电压A-D转换的数值为
0,对应数字为1。当顺时针转动旋钮一定角度时,中间抽头到地的电阻线性增加,中
间抽头输出电压也线性增加,该电压经A-D转换后的数值(数字量)设为adnum,它也
在线性增加,adnum对应的模拟量为14adnum/255+1。当顺时针转动该旋钮到顶时,
可调电位器中间抽头到地的电阻为最大值,中间抽头输出电压为最大值(为电源电
压,即5V),该电压A-D转换的数值为255,对应数字为15。*/
}
void vhj()          //该函数通过用快选旋钮来代替各工位的呼叫
{
    switch(val)
    {
        case 1:         //快选旋钮经A-D转换后传给单片机的值为1时
        if(gw1==0)  //若工位1的按键没按下
        {
            table[numhj]=1;numhj++;gw1=1;  /*将工位1的呼叫保存在数
                                              组里,请参阅矩阵键盘扫
                                              描函数jzjp()*/
            qrr=0;      //确认键按下后(标志为qrr=1),这里是将该标志清0
        }
        break;          //遇到break后退出
        case 2:if(gw2==0){table[numhj]=2;numhj++;gw2=1;qrr=0;} break;
        case 3:if(gw3==0){table[numhj]=3;numhj++;gw3=1;qrr=0;} break;
        case 4:if(gw4==0){table[numhj]=4;numhj++;gw4=1;qrr=0;} break;
        case 5:if(gw5==0){table[numhj]=5;numhj++;gw5=1;qrr=0;} break;
        case 6:if(gw6==0){table[numhj]=6;numhj++;gw6=1;qrr=0;} break;
        case 7:if(gw7==0){table[numhj]=7;numhj++;gw7=1;qrr=0;} break;
        case 8:if(gw8==0){table[numhj]=8;numhj++;gw8=1;qrr=0;} break;
        case 9:if(gw9==0){table[numhj]=9;numhj++;gw9=1;qrr=0;} break;
        case 10:if(gw10==0){table[numhj]=10;numhj++;gw10=1;qrr=0;} break;
        case 11:if(gw11==0){table[numhj]=11;numhj++;gw11=1;qrr=0;} break;
        case 12:if(gw12==0){table[numhj]=12;numhj++;gw12=1;qrr=0;} break;
        case 13:if(gw13==0){table[numhj]=13;numhj++;gw13=1;qrr=0;} break;
        case 14:if(gw14==0){table[numhj]=14;numhj++;gw14=1;qrr=0;} break;
        case 15:if(gw15==0){table[numhj]=15;numhj++;gw15=1;qrr=0;} break;
    }
}
void key()
{
    if(k2==0)
```

```
        {
            delay(10);
            if(k2 ==0)                //K2 表示开始键
            {
749 行          kss =1;           //开始键按下的标志
                qp_lcd();         //清屏。为其他显示做准备
            }
            while(!k2);
        }
        if(k3 ==0)                         //暂停/运行按键
        {
            delay(10);
            if(k3 ==0)
            {
                ztyx = ~ztyx;  //最初上电时 ztyx 的值为 0,为暂停状态。第一次按下,
            }                  //变为 1(为运行状态),再次按下变为 0,为暂停状态
            while(!k3);
        }
        if(k4 ==0&&qrr ==0)
        {
            delay(10);
            if(k4 ==0)            //按下确认键
            {
                qrr =1;           //确认键按下的标志
            }
            while(!k4);
        }
    }
    void main()                   //主函数里协调调用各子函数实现项目的全部功能
    {
        uchar j;
        if(j ==0)                           //j 默认值是 0,所以最初就直接进入
        {
            system_init();init_lcd(); //开定时器。LCD12864 开显示
            xs_csh();                 //显示初始化函数
            j =1;                     //显示初始化结束的标志
        }
        qp_lcd();                     //清屏
        if(j ==1&&csh ==0)  //如果上面的程序执行完成且游标从 15cm 归 0 的时间里
```

```
    {                           //测试还没完成(见851行)
        work_csh();             //执行初始化工作函数
        xs_csh();               //初始化显示函数
    }
    qp_lcd();                   //清屏
    if(csh==1&&kss==0)  //如果初始化函数执行完成(csh=1)后还没有按下开始键
    {
        xs_hy();                        //显示欢迎
    }
793行 qp_lcd();                             //清屏
    sd=(15/((cshsj-(cshsj%10))/10));//计算刚才初始化工作函数中测试计时
                                      的速度
    while(1)                          //大循环
    {
        if(kss==0)                    //如果还没有按下开始键
        {
            xs_hy();                  //显示欢迎
            key();                    //调用按键扫描函数随时判断是否按下开
                                      //始键
        }
        if(kss==1&&ztyx==0)           //按下开始键但是还没有按下运行键
        {
            xs_tz();                  //显示停止界面
            key();                    //调用按键随时判断是否按下运行按键
            jzjp();                   //调用矩阵键盘扫描函数,检测运行键是否按下
        }
        if(ztyx==1)                   //如果按下运行按键
        {
            xs_yx();                  //显示运行界面
            if (table[0]!=0)work(); //如果数组table[]没有记录键值(即没有工
                                        位呼叫,就不执行工作函数work();,有记
                                        录键值则执行work();
            jzjp();                   //调用矩阵键盘扫描函数
            gzhs();                   //调用故障函数
            v();                      //调用A-D转换函数
            if(qrr==1&&numhj<10){vhj();}  //若确认键按下且登记的呼叫工
                                            位小于10,调用vhj()函数,以
                                            确定、登记快选键的输入
            key();                    //调用按键扫描函数
```

```
        }
      }
    }
    void time0()interrupt 1              //定时器 0 中断函数
    {
      TH0 = (65536-45872)/256;
      TL0 = (65536-45872)% 256;          //装初值,使 50ms 产生一次溢出
      numys ++;                          //计时的中间变量
      if(numys ==20)                     //1s
      {
        numys =0;
828 行   if(djs >0)djs--;                 //dsj 为处理一次呼叫所需的预计时间
        if(djs ==0)djs =01;
        jzjp();                          //调用键盘扫描,以记录新的工位的呼叫
        if(numsj >0){numsj--;}           //numsj 为模拟装煤、卸煤的停机时间(2s)
        if(numsj ==0&&dsq1 ==1){dsq1 =0;}  //dsq1 =0 为每一次运煤到达目标
                                              地点
     }            //后需停留的时间(模拟装煤、卸煤)的倒计时完毕的标志
    }
    void time1()interrupt 3          //T1 中断
    {
      TH1 = (65536-921)/256;             //装初值
      TL1 = (65536-921)% 256;            //装初值
840 行 numdj ++;          //numdj 为计时的中间变量,T1 每产生一次中断 numdj 就自加 1
      if (csjs ==1)djsj ++;       //csjs ==1 为游标从 150mm 向 0 刻度移动的过程,刚
                                    起动电动机,需计时的标志,见 work_csh()的 587
                                    行。djsj 为计时的中间变量
      if(numdj ==104)
      {
        numdj =0;
        if(mbjl! =0)mbjl--;  /* T 产生 104 次中断,mbjl 就自减 1。mbjl 是控制
                                直流电动机运行时间的变量,见 574 行 */
846 行   if(mbjl ==0)              //游标到达目的地
        {
          TR1 =0;
851 行     csh =1;                  //初始化结束(从 15cm 走到 0 刻度)
        }
      }
864 行 if(djsj ==100)
```

```
    {
        djsj =0;
        cshsj ++;      //初始化时的计时,在初始化显示函数 xs_csh()中显示在
    }                  //LCD12864 上,见 250 行、251 行
}
```

注：关于快选键的补充说明。

当逆时针转动旋钮到底时，可调电位器中间抽头到地的电阻为0，中间抽头输出电压为0V，该电压A-D转换的数值为0，对应数字为1。

当顺时针转动旋钮一定角度时，中间抽头到地的电阻线性增加，中间抽头输出电压也线性增加，该电压A-D转换的数值也线性增加，假设为adnum，则对应数字为14adnum/255+1。

当顺时针转动该旋钮到顶时，可调电位器中间抽头到地的电阻为最大值，中间抽头输出电压为最大值（电源电压），该电压A-D转换的数值为255，对应数字为15。

说明：① 本项目采用模块化编程，层次更清晰一些，参考程序见本书所附学习资料。

② 想一想，本项目的程序怎样更简化一些？变量和函数的命名怎样修改更人性化一些？

附　录

C51 中的关键字

1. ANSI C 标准关键字

ANSI C 标准共规定了 32 个关键字，详见附表 1-1。

附表 1-1　ANSI- C 标准关键字

关　键　字	用　　途	说　　明
auto	存储种类说明	用以说明局部变量，缺省值为此
break	程序语句	退出最内层循环
case	程序语句	Switch 语句中的选择项
char	数据类型说明	单字节整型数或字符型数据
const	存储类型说明	在程序执行过程中不可更改的常量值
continue	程序语句	转向下一次循环
default	程序语句	Switch 语句中的失败选择项
do	程序语句	构成 do... while 循环结构
double	数据类型说明	双精度浮点数
else	程序语句	构成 if... else 选择结构
enum	数据类型说明	枚举
extern	存储种类说明	在其他程序模块中说明了的全局变量
flost	数据类型说明	单精度浮点数
for	程序语句	构成 for 循环结构
goto	程序语句	构成 go to 转移结构
if	程序语句	构成 if... else 选择结构
int	数据类型说明	基本整型数
long	数据类型说明	长整型数
register	存储种类说明	使用 CPU 内部寄存的变量
return	程序语句	函数返回
short	数据类型说明	短整型数

（续）

关 键 字	用 途	说 明
signed	数据类型说明	有符号数，二进制数据的最高位为符号位
sizeof	运算符	计算表达式或数据类型的字节数
static	存储种类说明	静态变量
struct	数据类型说明	结构类型数据
swicth	程序语句	构成 switch 选择结构
typedef	数据类型说明	重新进行数据类型定义
union	数据类型说明	联合类型数据
unsigned	数据类型说明	无符号数数据
void	数据类型说明	无类型数据
volatile	数据类型说明	该变量在程序执行中可被隐含地改变
while	程序语句	构成 while 和 do... while 循环结构

2. C51编译器中的扩展关键字

Keil C51 编译器除了支持 ANSI C 标准关键字外，还根据 51 单片机的特点扩展了一些关键字，详见附表 1-2。

附表 1-2 C51 编译器的扩展关键字

关 键 字	用 途	说 明
bit	位标量声明	声明一个位标量或位类型的函数
sbit	位标量声明	声明一个可位寻址变量
Sfr	特殊功能寄存器声明	声明一个特殊功能寄存器
Sfr16	特殊功能寄存器声明	声明一个 16 位的特殊功能寄存器
data	存储器类型说明	直接寻址的内部数据存储器
bdata	存储器类型说明	可位寻址的内部数据存储器
idata	存储器类型说明	间接寻址的内部数据存储器
pdata	存储器类型说明	分页寻址的外部数据存储器
xdata	存储器类型说明	外部数据存储器
code	存储器类型说明	指定存储于程序存储器中的数据
interrupt	中断函数说明	定义一个中断函数
reentrant	再入函数说明	定义一个再入函数
using	寄存器组定义	定义芯片的工作寄存器

3. AT89C51 特殊功能寄存器

AT89C51 特殊功能寄存器详见附表 1-3。

附表 1-3 AT89C51 特殊功能寄存器列表（适用于同一架构的芯片）

符 号	地 址	注 释
* ACC	E0H	累加器
* B	F0H	乘法寄存器
* PSW	D0H	程序状态字
SP	81H	堆栈指针
DPL	82H	数据存储器指针低 8 位
DPH	83H	数据存储器指针高 8 位
* IE	A8H	中断允许控制器
* IP	D8H	中断优先控制器
* P0	80H	端口 0
* P1	90H	端口 1
* P2	A0H	端口 2
* P3	B0H	端口 3
PCON	87H	电源控制及波特率选择
* SCON	98H	串行口控制器
SBUF	99H	串行数据缓冲器
* TCON	88H	定时器控制
TMOD	89H	定时器方式选择
TL0	8AH	定时器 0 低 8 位
TL1	8BH	定时器 1 低 8 位
TH0	8CH	定时器 0 低 8 位
TH1	8DH	定时器 1 高 8 位

注：带 * 号的特殊功能寄存器都是可以位寻址的寄存器。